普通高等教育“十三五”规划教材
工业设计专业规划教材

产品设计快速表现技法
——手绘与数位绘制

张蓓蓓　罗莹奥　岳志鹏　著

電子工業出版社
Publishing House of Electronics Industry
北京·BEIJING

内 容 简 介

本书围绕产品设计中的手绘和计算机表现两种主要表达方式，从理论和实践相结合的角度出发，深入浅出地讲解产品设计过程中四个绘制阶段需要掌握的绘制方法，帮助读者提高产品设计快速表现的能力。

本书分为手绘篇、数位绘制篇两大部分，共10章。前4章重点介绍产品设计快速表现中手绘表达阶段涉及的产品造型分析处理方法、产品色彩分析处理方法、产品细节表达及深化草图辅助绘制内容等。第5章至第10章分别介绍数位绘制的相关基础知识；Photoshop、SAI在产品数位绘制中的应用技巧；数位绘制流程及产品质感、光影、细节等的表达方法。通过绘制灯具、高跟鞋、皮鞋、电钻、工程车、沙滩车6个范例，介绍了综合使用二维平面软件与数位板共同绘制产品的方法和技巧。最后为读者提供了一些经典的家电类、交通工具类及其他类工业产品的优秀作品案例。

本书可作为工业设计专业相关课程的教材，也可作为产品设计从业人员及产品设计爱好者的自学指导用书。

图书在版编目（CIP）数据

产品设计快速表现技法：手绘与数位绘制 / 张蓓蓓, 罗莹奥，岳志鹏著. —北京：电子工业出版社，2021.2

ISBN 978-7-121-40548-8

Ⅰ.①产… Ⅱ.①张… ②罗… ③岳… Ⅲ.①产品设计－绘画技法 Ⅳ.①TB472

中国版本图书馆CIP数据核字（2021）第025158号

责任编辑：赵玉山
印　　刷：北京缤索印刷有限公司
装　　订：北京缤索印刷有限公司
出版发行：电子工业出版社
　　　　　北京市海淀区万寿路173信箱　　邮编：100036
开　　本：787×1092　1/16　印张：16.25　字数：416千字
版　　次：2021年2月第1版
印　　次：2023年9月第2次印刷
定　　价：79.00元

凡所购买电子工业出版社图书有缺损问题，请向购买书店调换。若书店售缺，请与本社发行部联系，联系及邮购电话：（010）88254888，88258888。

质量投诉请发邮件至 zlts@phei.com.cn，盗版侵权举报请发邮件至dbqq@phei.com.cn。

本书咨询联系方式：（010）88254556，zhaoys@phei.com.cn。

前言

工业设计是改变人类生活方式，创造人与物及环境的和谐关系的一门专业，专业所涉及的内容体现出人们对事物的感悟和延伸。

目前，工业设计的发展水平已成为国家产业核心竞争力的重要体现，工业设计人才的需求随之增长。优秀的工业设计人才应具备两个基本能力：一是意识设计能力；二是设计表达能力，即表现能力。在设计与设计表现两者中，设计起着主导和决定作用；设计表现影响设计，决定设计的表达效果，对设计有着不可忽视的影响作用。手绘设计借用手绘草图和数位绘制方式，可以完成从他人那里获取创意，并分享自己创意的一个闭合设计循环。设计师运用强大的可视化工具与工程师、模型师、客户等顺畅交流。因此，设计思想与设计表现两者相辅相成，不可分割。

本书分为手绘篇和数位绘制篇两部分。从理论和实践相结合的角度出发，以图文并茂的方式重点讲述产品设计过程中手绘四个阶段的绘制技法。通过大量实例的设计过程，讲解二维软件配合数位板绘制的操作步骤和技巧。同时，本书还提供复杂案例的教学视频，方便读者学习。初学者可以通过反复模仿绘图过程，达到举一反三、融会贯通，从而跨越式地提高产品设计快速表现的能力。

读者可登录华信教育资源网（www.hxedu.com.cn）免费下载本书课件。

本书作者打破按图索骥式的画法，将多年设计实践和教学成果进行总结，希望通过本书的出版能和设计教育界的同人加强交流。本书在编写过程中得到了学生闫莹、宋佳鑫、吴柏辰、毛竹青、景屏、苗宁、乔元杰、田佳鑫、魏潇婷、张济鹏的支持，在此对他们表示感谢。由于编写仓促，书中难免有不足之处，恳请专家和同行批评指正。

编　者

2020 年 10 月

目 录

手 绘 篇

第1章

第2章

第3章

第4章

数位绘制篇

手绘篇

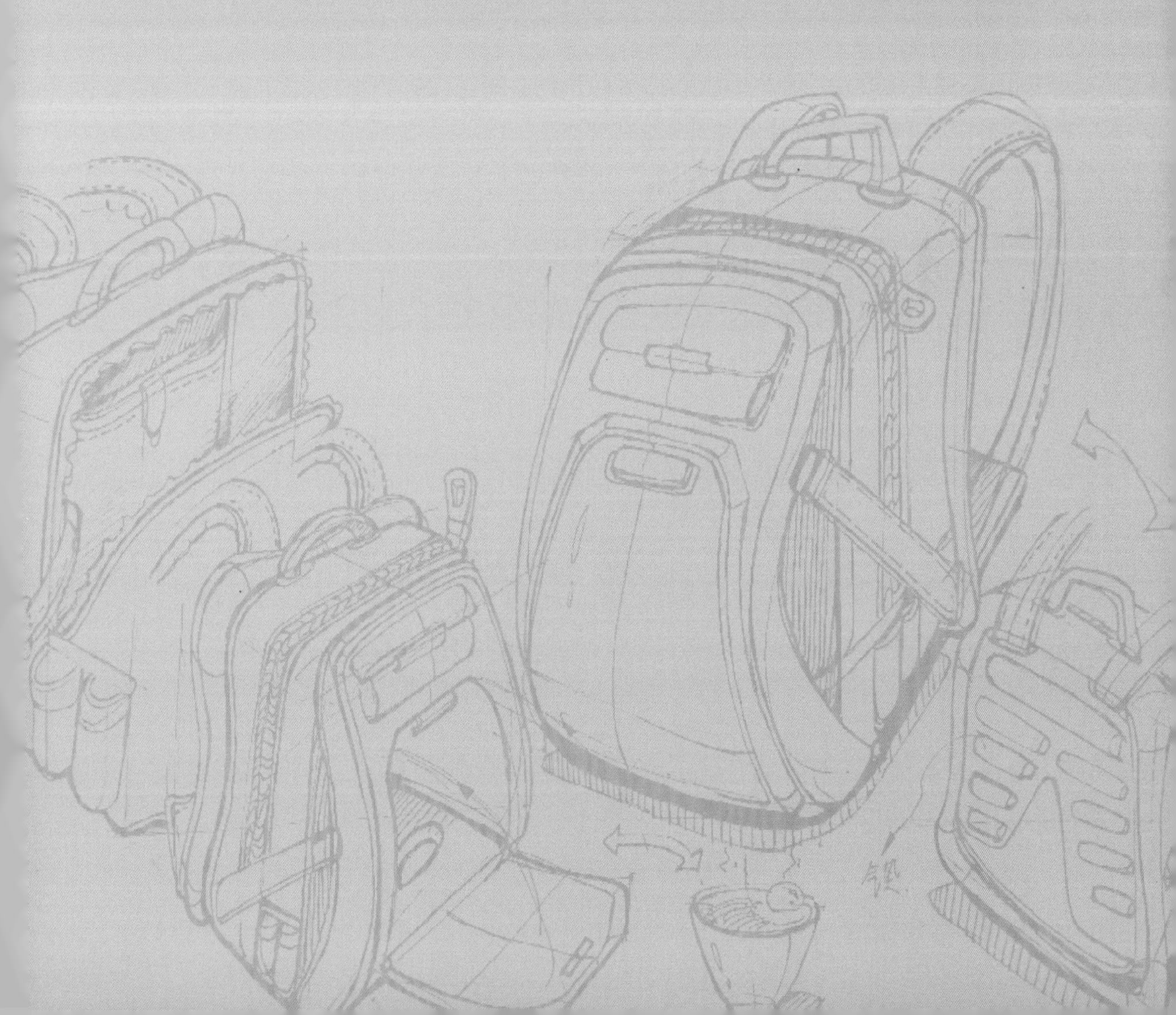

第1章 产品设计快速表现概述

本章重点

◎产品设计快速表现的种类和作用
◎快速表现工具的分类

学习目的

◎通过学习产品设计快速表现种类，明确不同阶段的表达侧重点及工具选择方法。

产品设计快速表现是利用画笔、计算机等工具快捷、简明地将自己的设计想法加以绘制，传递构思和创意的方法，是当代设计界最受设计师欢迎，使用频率最高的一种表现方法。它是产品设计中重要的实践环节。产品设计快速表现所绘制的图稿是设计师将自己对设计项目的理解和构想逐渐明晰化的一个十分重要的创造过程。它实现了从抽象思考到图解思考的过渡，这也是设计师开展产品设计的一个重要过程。

1.1 产品设计快速表现的种类和作用

在产品设计快速表现的构思阶段，如果只用文字和口述的方式与他人交流，有些创意细节是无法准确描述的，所以会使设计的原创性大打折扣。因此，在不同的设计阶段，选择正确的设计表现手段，使原创的设计构思与设计效果同步地表达出来，是专业设计人员需要熟练掌握的重要技能。根据产品设计程序与每个阶段所需的表达内容和目标，我们将产品设计快速表现的图稿分为四类，按照使用顺序分别是构思草图、概念草图、深化草图、数位绘制图，如图 1-1 所示。

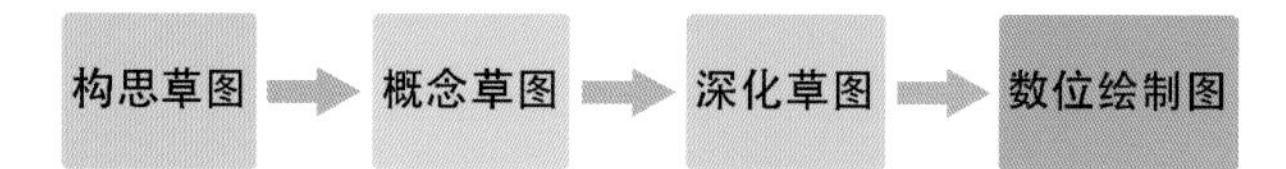

图 1-1　产品设计快速表现图稿分类

构思草图是产品设计最初构思阶段使用的一种表现形式，也是产品设计快速表现初期以线条形式为主来记录灵感、想法和思路的过程。构思草图阶段更加侧重整理和理解的过程。构思草图与摄影、录像等现代设备相比，虽然都可以达到记录的效果，但构思草图是设计师亲自观察，以亲手操作的方式来记录和表现作品形态、结构关系的，可以加深对设计思想的体验，同时还极大地充实了设计师的语汇，为日后的设计创作建立了一个内容丰富、详实的数据库。在设计的过程中，构思草图可以使设计师的思维保持灵活、开放，也能激发创作灵感。同时，构思草图可以记录设计师大量的、杂乱无章的想法，在设计师推敲理解过程中，可以直观地回忆前期想法，并将其打乱重组，这样可以引发更多的创意思维，有助于设计思想的进一步升华。大量含有少许细节或者完全不含细节刻画的设计草图在对比与探讨过程中，比那些渲染得很"优美"的产品效果图更能激发你的创意灵感，如图 1-2、图 1-3 所示。

图 1-2　灵感素材

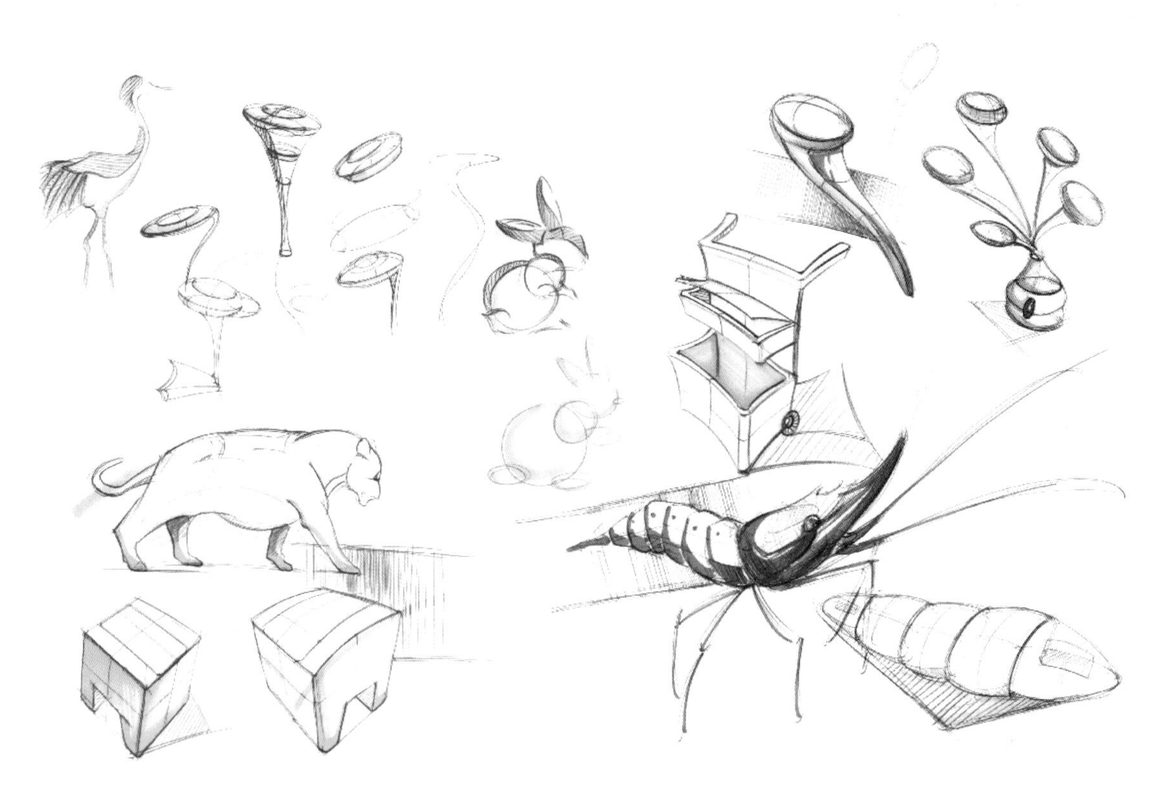

图 1-3　灵感记录过程

概念草图是产品设计快速表现的第二阶段，是素材收集后，开始设计概念的形成过程中常用的快速表现形式，为产品创新设计和造型推导提供主要表现手段。设计师在拓展思维以及收集设计资料之后，利用前期构思草图将无形创意变成可视的图形语言，再利用概念草图的绘制方法，对产品外形、结构及功能特征进行推敲，如图 1-4、图 1-5 所示。此阶段也是考

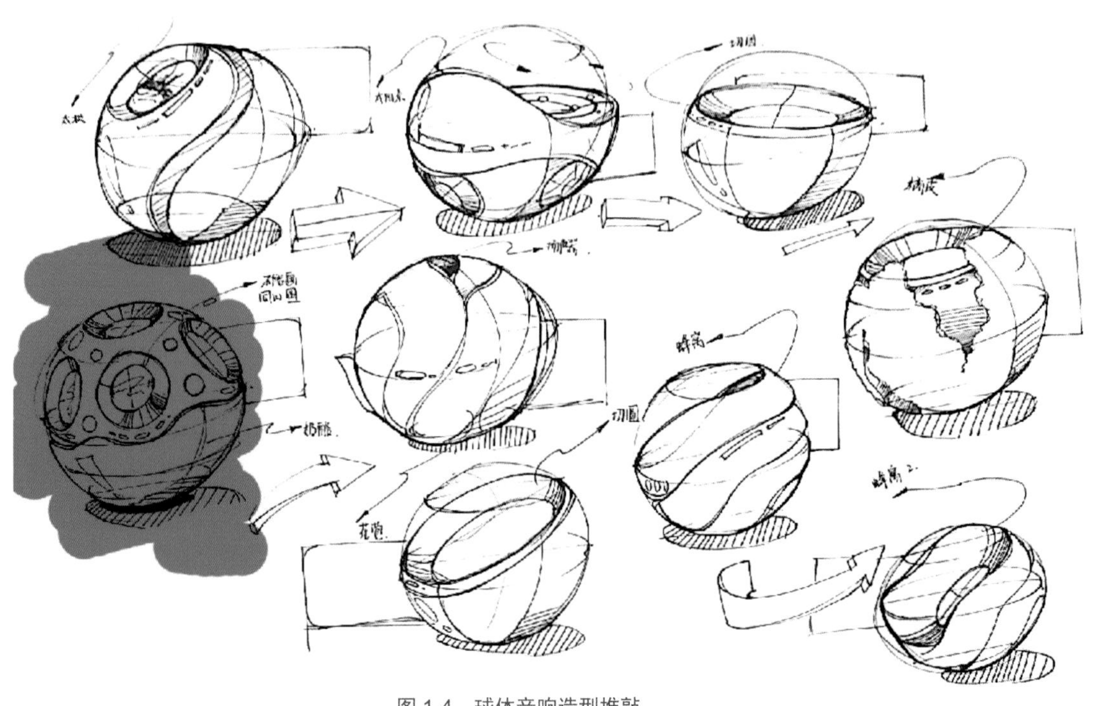

图 1-4　球体音响造型推敲

验设计师造型功底和空间结构处理能力的重要环节。从大量的概念草图中可以清晰地看到设计师是如何推演和完善设计，并最终生成合理的产品造型的。

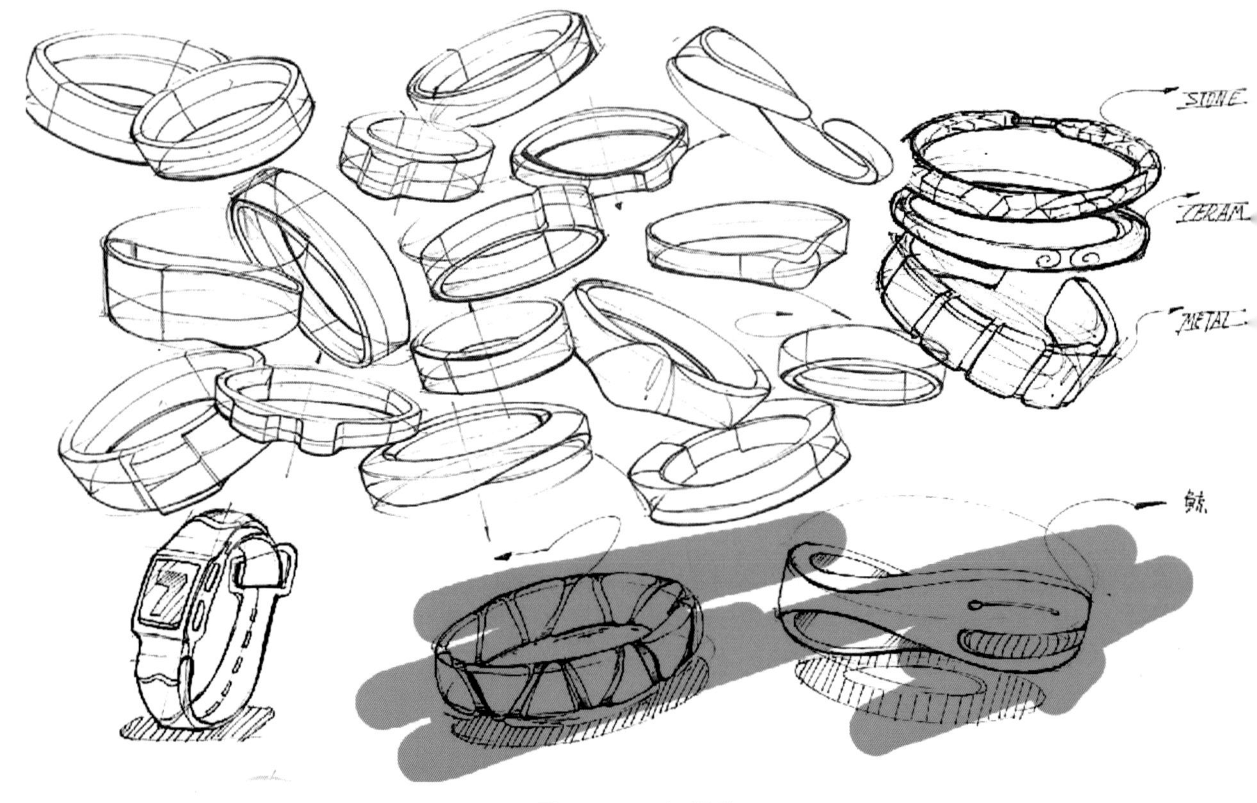

图 1-5　手环造型推敲

经历了概念草图的发散思维过程，生成很多设计造型和方案，需要选择可行性方案并进一步深化。深化草图是产品设计快速表现的第三阶段，是对产品功能、外观造型细节进一步推敲时使用的快速表现形式，是用于设计交流的一种重要形式。图形与文字相比，更易于沟通。图形可以有效传递信息，一目了然，用图形语言表达心中的想法是对人脑思考过程的模拟，也是对大脑思维的加工过程。所以，好的图解应该是“思考的全景图”，比文字传达更直截了当、形象生动，能把握住问题的重点。就像 FLEX 公司设计创新实验室设计主管杰罗思 · 韦布吕热（Jeroen Verbrugge）所说的那样：“在这个日益数字化的社会，手绘依然是设计师表达个人设计理念和与他人交流时，最直接、最有影响力的方式。”所以，好的图解能把复杂的东西简单化，平面的东西立体化，无形的东西形象化。在设计师同其合作者之间的交流中，深化草图通过将设计师抽象的思维具象地表达出来，很形象地体现了设计师的思想和意图。这样更有利于合作者清晰地了解设计师的创意，如图 1-6、图 1-7 所示。

数位绘制图是产品设计快速表现的第四阶段。使用数位板绘制方式将产品、产品的使用方式、场景等加以深化表达出来，不仅效果全面、逼真，也为 3D 数据建模打好基础。设计师与客户讨论设计方案的时候，利用数位板和二维绘图软件绘制的数位图稿比耗时的三维渲染图更受青睐。因为，三维计算机渲染图虽然比例关系准确，细节突出，但是修改时间较长。修改时间长这一缺点就容易变成双方沟通与交流的障碍。数位绘制可以使设计师把头脑中的设计理念通过各种方式转化为适合演示的草图和效果图，不但节省时间，而且可以随时启发设计师产生新的设计灵感，如图 1-8 所示。

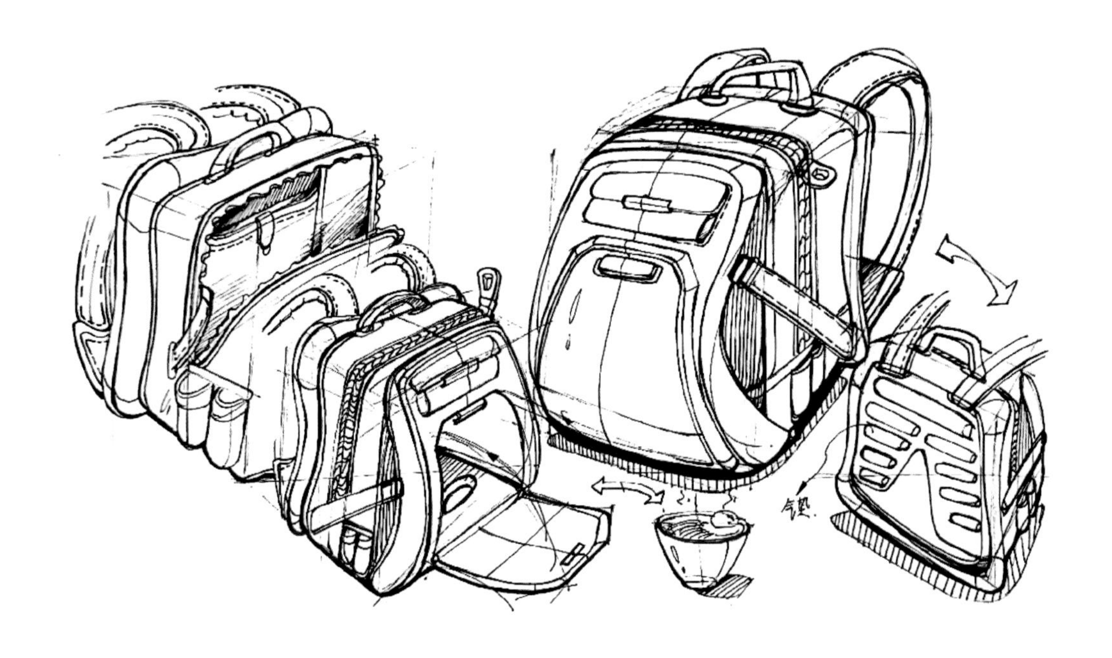

图 1-6　背包产品功能与结构分析图

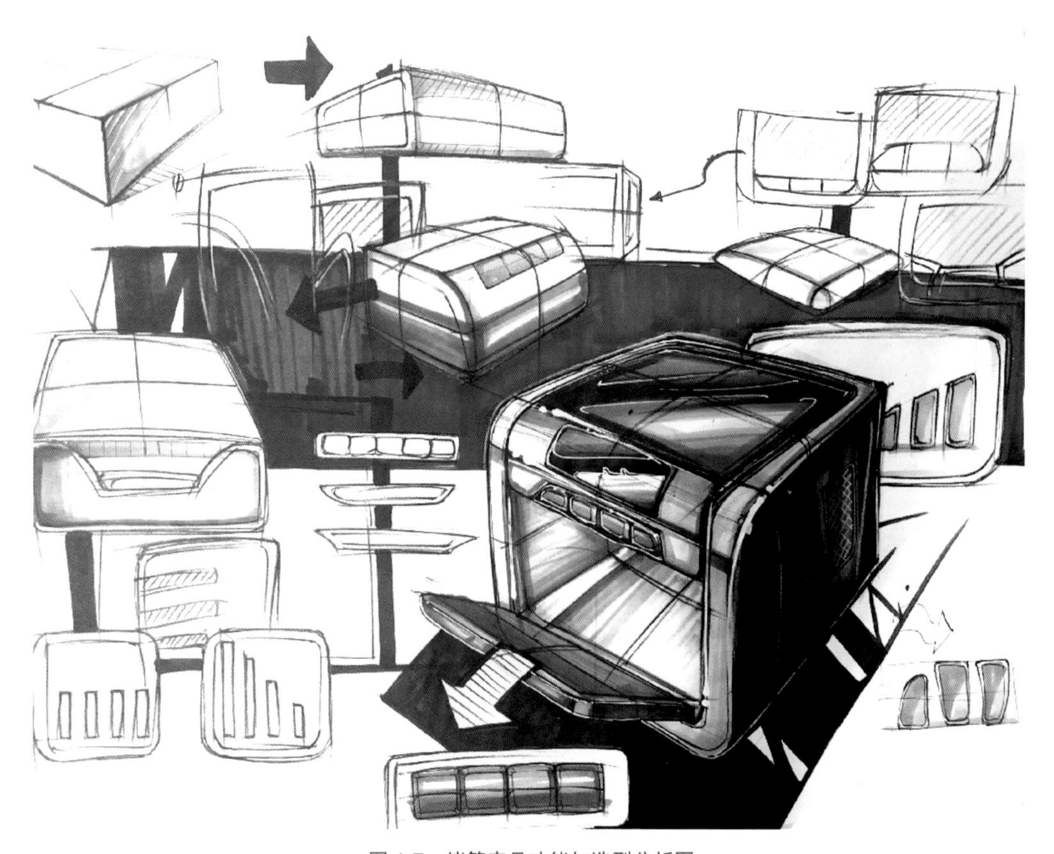

图 1-7　烤箱产品功能与造型分析图

图 1-8　轮毂产品数位绘制图稿

1.2 产品设计快速表现工具介绍

1.2.1 手绘工具

适合产品快速表现的色彩工具很多，例如，单线绘制可以选择铅笔、中性笔、针管笔、美工笔等。色彩绘制可以选择马克笔、色粉、彩铅等。

单线绘制工具的选择主要考虑工具与纸面绘制过程中的流畅性以及后期与色彩工具结合使用时的渗色程度。目前市面上常见的用于产品线条绘制的工具有普通铅笔和彩铅，适合初学者选用。下面给大家介绍几款常用专业画笔。德国辉柏嘉水溶性彩铅 499、油性彩铅 399，这两种彩铅在纸面上易着色，根据用笔轻重可以方便控制色彩深浅，如图 1-9 所示。樱花牌各类型号的针管笔，因型号多，绘制流畅度高，常被作为线稿终极版的绘制工具，如图 1-10 所示。派通草图笔具有鸭嘴装双面笔头，可用于顿、钩、捺等，书写宽度为 0.4 ～ 0.7mm，也被作为常用速写工具，如图 1-11 所示。

图 1-9　德国辉柏嘉水溶性彩铅 499

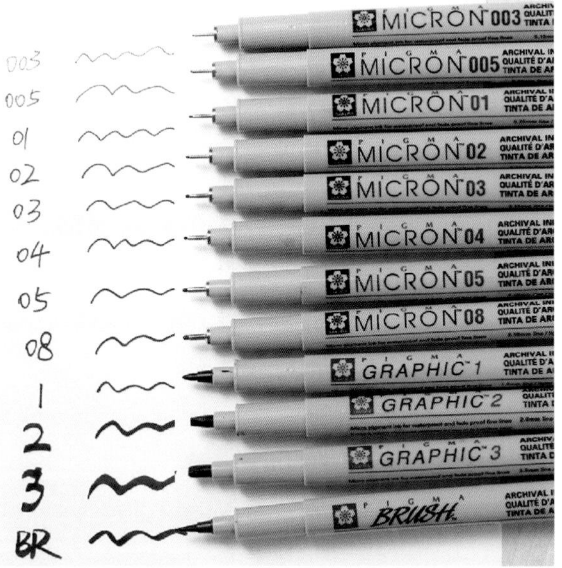

图 1-10 樱花牌针管笔

色彩工具中马克笔以其快捷、干净、耐光、色彩艳丽等特点深受广大专业设计人员青睐。常用马克笔按笔头种类分为纤维型笔头、发泡型笔头两类。纤维型笔头的笔触硬朗、犀利，色彩均匀，高档笔头设计为多面，随着笔头的转动可以画出不同宽度的笔触。此类马克笔适合空间体块的塑造，多用于建筑、室内、产品设计等专业的手绘表达。发泡型笔头较纤维型笔头更宽，笔触柔和，色彩饱满，画出的色彩有颗粒状的质感，适合景观、人物、水体等的表达，多用于景观、园林、服装、动漫等领域。

图 1-11 派通草图笔

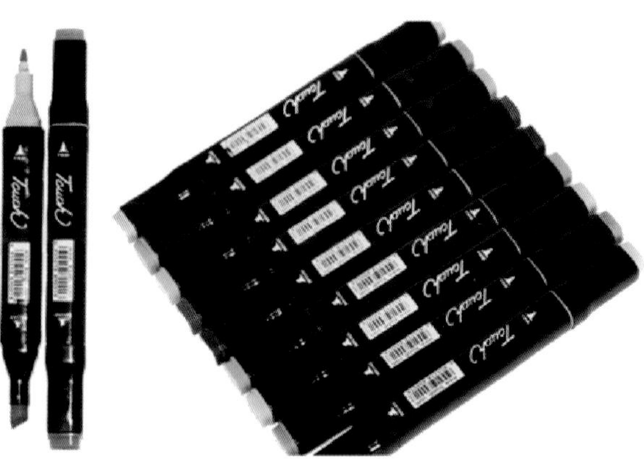

图 1-12 Touch 马克笔

常用马克笔按墨水种类分油性马克笔、酒精性马克笔、水性马克笔三类。油性马克笔速干、耐水，而且耐光性相当好，颜色多次叠加不会伤纸。酒精性马克笔可在任何光滑表面书写，速干、防水、环保，可用于绘图、书写、记号、POP 广告等。因为酒精性马克笔色料的主要成分是染料、变性酒精、树脂，因此墨水具挥发性，应置于通风良好处使用，使用完需要盖紧笔帽，远离火源并防止日晒。水性马克笔则颜色亮丽有透明感，但多次叠加颜色后会变灰，而且容易损伤纸面。选购马克笔时，建议提前了解马克笔的属性与纸面绘制效果。适合产品设计专业的常见马克笔品牌有 Touch、法卡勒、SAT 等，如图 1-12 ～图 1-14 所示。

图 1-13 法卡勒马克笔

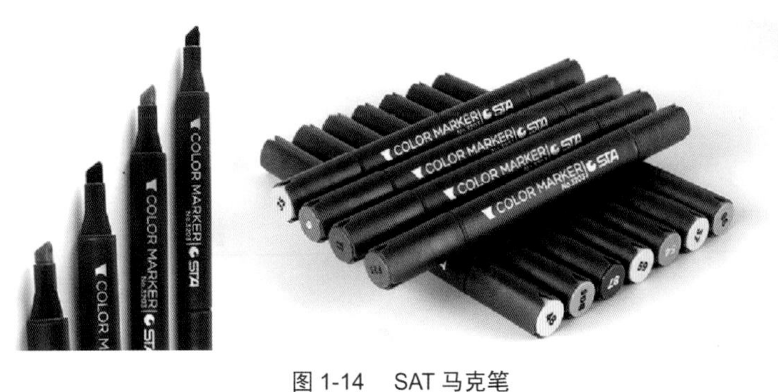

图 1-14　SAT 马克笔

所有类型的马克笔都有重复上色且不混色的特点，所以初学者最好持有五十色以上，方便绘制使用。同时，不同品牌的马克笔色彩也略有不同。为了能够自由地表现点线面，建议尝试不同种类的马克笔，交叉使用，力求达到最佳绘制效果。

1.2.2　数位绘制工具

绘图能力是现代设计师与人沟通最基本的工具。如果手绘表达能力较高，有时还可以使用计算机直接画草图，用于方案讨论。产品快速表现借助数位板技术，计算机绘图和手工绘图可以有机地融合，这种表达方式打破了手绘设计的常规，可以在短时间内绘制出具有精致细节和丰富场景的产品效果图，因此越来越多的设计师更倾向于使用这一表现手法。

1.2.2.1　数位板品牌介绍

伴随着软件与硬件技术的革新发展，手绘表现的方法也逐渐和计算机结合起来，演绎出更加丰富自由的创意表现形式和日益完美的表现结果。目前很多设计师都尝试数位板绘画以提高自身的表现技术水准。市场上的数位板主要有 WACOM（影拓系列）、汉王（创艺大师）、友基等知名品牌。其中 WACOM 以相对出色的精确性和技术更新性占据着市场的很大份额。随着数位板技术的成熟，一些国内品牌也在积极推出新品。数位绘制之所以被设计人员所喜爱，是因为数位板可以让你找回拿着笔在纸上画画的感觉，并且还可以利用计算机处理图像的优势，做出传统工具无法实现的效果。

1.2.2.2　数位板构成

数位板，又名电子绘图板、绘画板、手绘板等，它是一种基于计算机电磁式输入技术的计算机输入设备。它由一只应用无线无源技术的电子压感笔和一块感应数位板组成，如图 1-15 所示。它和手写板相类似，是一种非常规的输入产品。与手写板不同的是，数位板主要针对设计人员，用于绘画创作等方面。它在软硬件配合下可实现模拟传统绘画工具的表现效果。不同品牌、型号的数位板在外观上都

图 1-15　数位板与压感笔

有差异，而且各公司在研发的新产品外观上也都进行了人性化的设计和改进，下面分别介绍数位板和压感笔的基本使用功能（本章以影拓系列产品为例介绍）。

（1）数位板

本书中所使用的数位板主要由两部分构成：绘图区和快捷键，如图 1-16 所示。

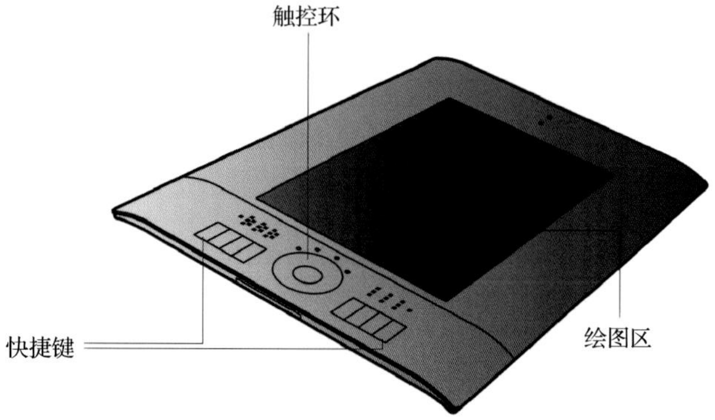

绘图区：主要的绘图区域。绘图区相当于作画的纸。

快捷键：任何一款数位板的绘图区和快捷键都是必不可少的，但是快捷键的位置和使用方式略有不同。有些数位板的快捷键是菜单形式的，位于数位板的最上方，需要用压感笔点击；有些数位板增加了实体快捷键按钮，在绘图区的一侧，使用也很方便。

图 1-16　数位板的主要构成部分

（2）压感笔

使用数位板绘图时，压感笔就是鼠标的替代品，它的具体使用方法与鼠标是一致的，只是外形和压感方面有所区别。压感笔的握笔位置附近有一个长方形按钮。一般情况下，按住按钮的下端可执行鼠标右键单击的操作，按住按钮的上端可执行鼠标左键双击的操作，如图 1-17 所示。同时，压感笔的尾部还增加了橡皮擦的功能，让使用变得更加方便，如图 1-18 所示。

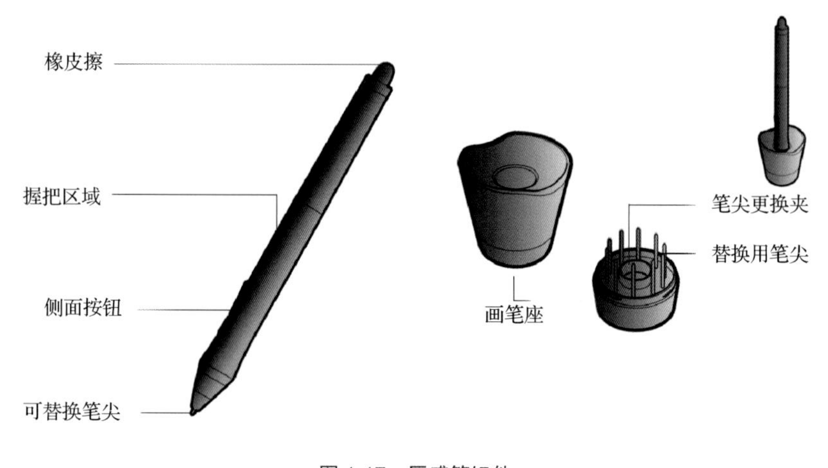

图 1-17　压感笔组件

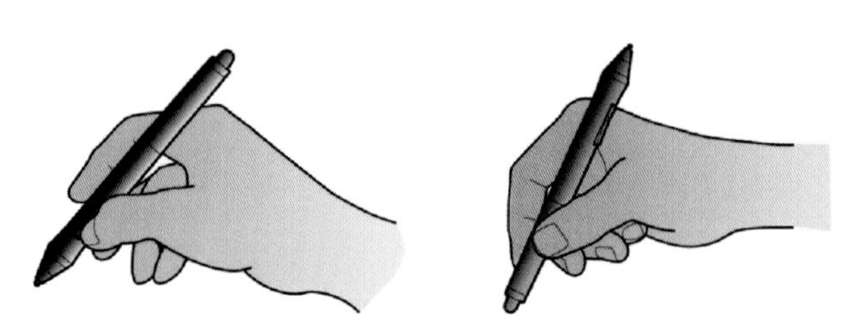

图 1-18　画笔与橡皮擦使用方法

1.2.2.3 数位板相关设置

在使用数位板之前，需要在计算机上安装数位板驱动程序。数位板与计算机连接可以通过有线连接和无线连接两种方式实现。有线连接的数位板通过 USB 数据线与计算机连接即可。无线数位板与计算机通过蓝牙配对后，两个装置将会记忆连接，就像在两者之间建立了虚拟的连接线。数位板将会记忆本身与哪一台计算机连接，且拒绝与其他计算机的连接尝试。驱动程序安装完成后，使用者可以根据自己的绘图习惯对数位板的快捷键、感应度、数位板对屏幕的映射关系等进行设置。

（1）配置数位板方向

由于左右手使用习惯不同，数位板可以根据不同使用者来设置其使用方向。

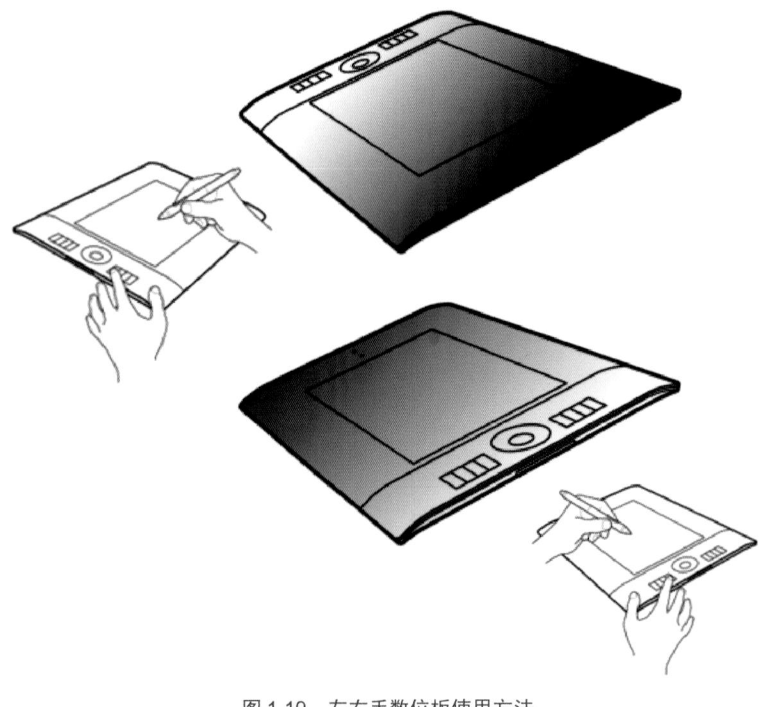

图 1-19　左右手数位板使用方法

方法一：安装数位板驱动程序期间，系统会提示选择预设数位板方向。使用安装驱动程序选择的预设来进行数位板方向的设定。若要变更预设方向，还需重新安装驱动程序或者在“设置”选项中修改。

方法二：开启数位板控制台，选择“映射”——“左侧快速键”选项卡命令。数位板驱动程序会自动配置数位板的一切，以便正确使用右手功能。同理，选择“右侧快捷键”，数位板快捷键将设置于右侧，以便正确使用左手功能，如图 1-19 所示。

（2）快捷键设置

在工作时使用快捷键修改画笔或其他输入工具的设置，可以有效提高作图速度。在产品设计快速表现中，数位板经常配合 Photoshop、SAI 等软件使用，而这些软件在绘图过程中经常配合键盘上的“Alt”“Ctrl”“Shift”键进行修改工具操作（或切换成替代工具）。因此，数位板快捷键可以配合这方面内容进行设置。

快捷键设置方法：打开“快捷键”选项卡，快捷键当前功能会显示在下拉式功能列表中，使用者可以根据自己的操作习惯加以设置，如图 1-20 所示。

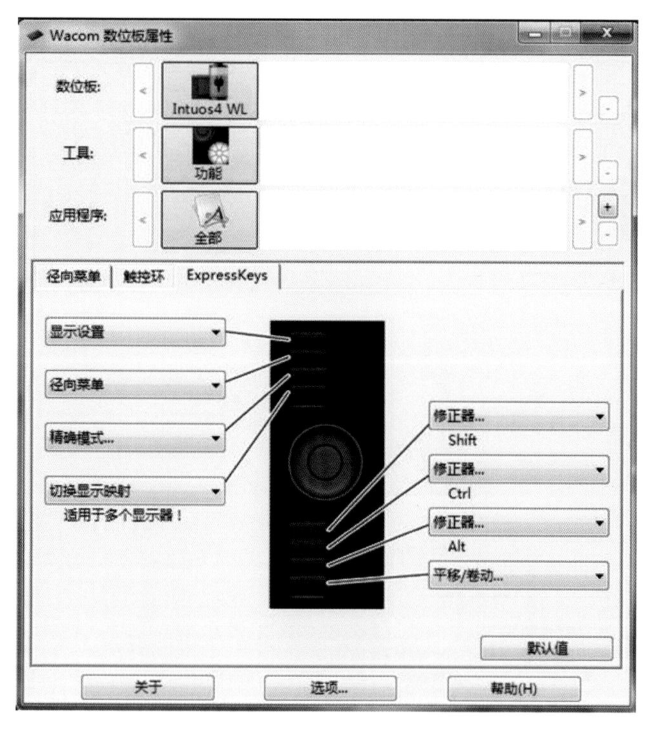

图 1-20　数位板快捷键设置选项卡

数位板的触控环也可以根据使用习惯来进行设置。打开数位板“触控环”选项卡，便会显示目前触控环功能。使用者可以根据使用习惯自定义触控环来执行缩放、滚动等动作，如图 1-21 所示。

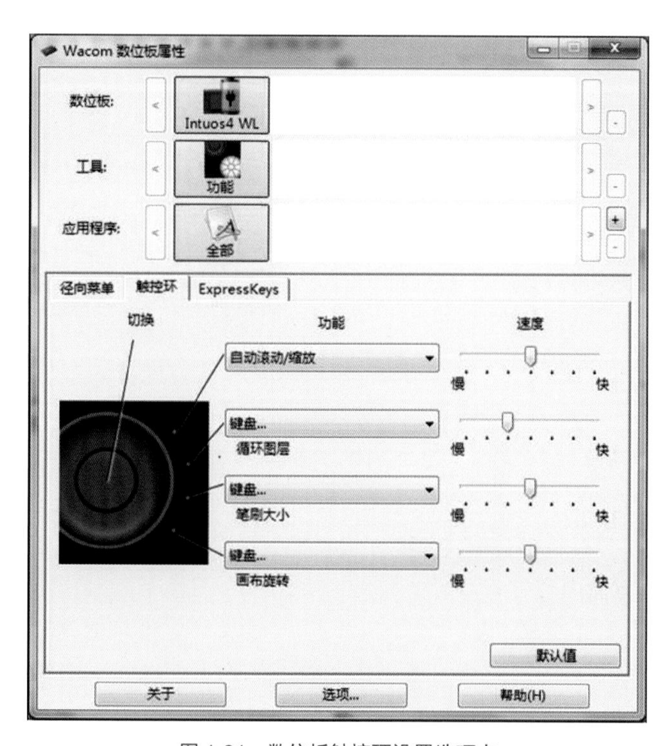

图 1-21　数位板触控环设置选项卡

（3）数位板对计算机屏幕的映射关系

可以在“映射”面板中来设置数位板表面上工具的移动与显示器屏幕上画笔的移动之间的关系。使用“映射”——“屏幕范围”选项来设置数位板将要对应的显示部分，如图 1-22 所示。

图 1-22 数位板映射关系设置

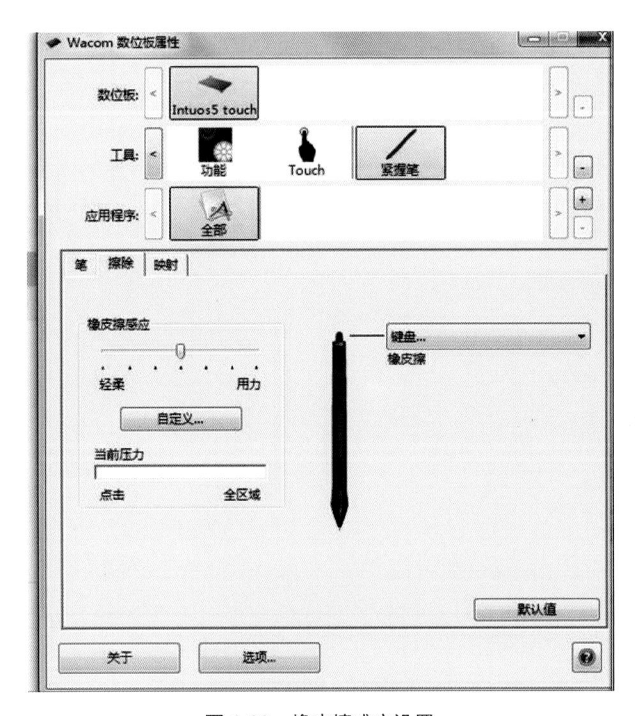

图 1-23 橡皮擦感应设置

（4）画笔自定义

画笔、橡皮擦感应和画笔压力等可以在“笔”选项卡中进行设置，以调整其相关敏感范围等，如图 1-23 所示。一般默认力度适中，“轻柔”的效果是使用较轻的力量可以画出压感变化明显的线条，“用力”的效果反之，为达到同样的压感效果则需要大一些的力量。这个可以根据每个人的手劲大小和习惯来设置。同时，笔上面的两个按键功能也可以自定义。每个按键功能选项里面都有很多内容可以选择，一般推荐将上面的按键设成左键双击，下面的按键设成右键单击，这样可以很好地实现鼠标的功能，如图 1-24 所示。

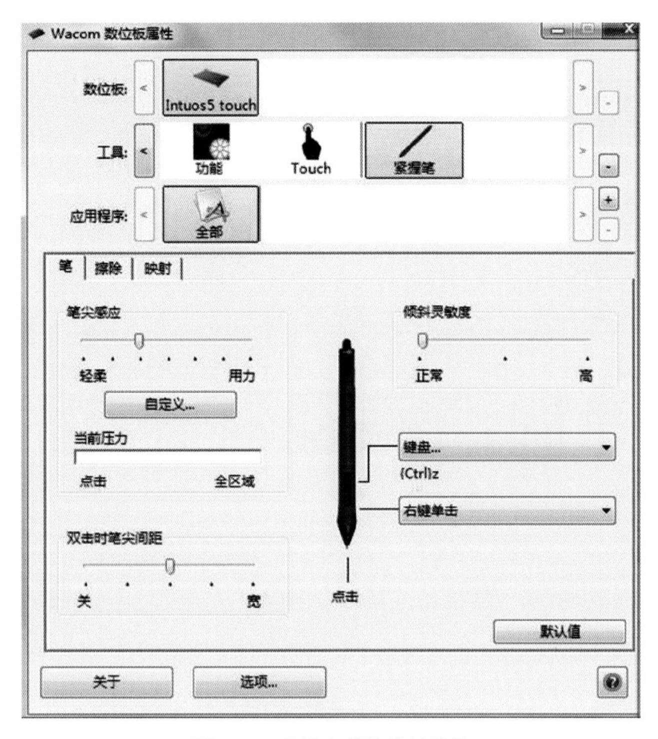

图 1-24　画笔自带快捷键设置

课后作业

1. 收集产品设计快速表现的不同阶段草图，分析、理解不同阶段草图的意义。
2. 收集各种图形素材，使用构思草图完成一款交通工具的初步造型分析。

第2章

产品设计快速表现——构思草图

本章重点

◎线条练习方法
◎三大透视
◎马克笔绘制方法

学习目的

◎通过本章学习掌握产品透视绘制方法，做到线条绘制流畅、马克笔上色熟练。

构思草图是确定了设计目标后，围绕设计目标展开发散思维的第一步。构思草图主要侧重灵感收集、目标理解和方案记录。构思草图可以将调研内容和设计目标进行各种可行性整合，以便激发可行性方案，为后期设计提供优选方案。绘制构思草图需要注意线条绘制、产品透视、视角以及马克笔的使用等。

2.1 产品透视与视角选择

产品设计快速表现中，各类产品的透视线稿是效果图的骨架，直接决定了物体最终形态的准确性。因为在构思草图中，首先要解决透视问题。透视是形体的一切，如果透视不准，线条、上色、明暗都是经不起推敲的。至于构图、上色的效果等技法问题，其重要程度排在透视之后，因为透视图是根基。

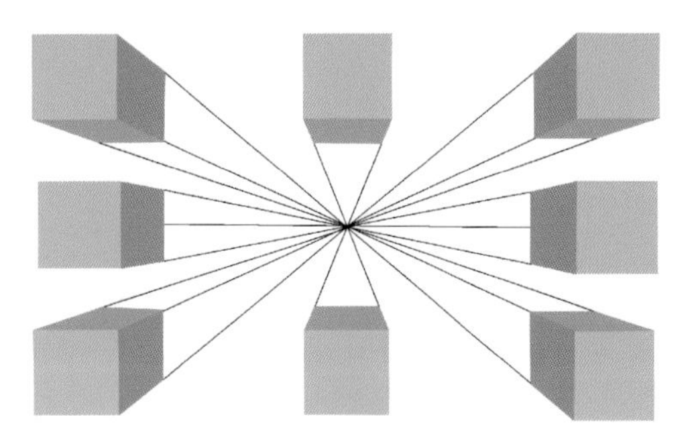

图 2-1　一点透视示意图

物体的透视方法分为一点透视（平行透视）、两点透视（成角透视）和三点透视三种，如图 2-1 ～图 2-3 所示。产品效果图中最常见的是一点透视和两点透视。在选择透视种类时，应根据产品结构和形态特征表达的需要来决定。当产品形态特征主要集中在一面时，产品表现绘制可以使用一点透视（平行透视），如图 2-4 所示；当需要同时展示产品的两个及两个以上面来说明问题时，可采用两点透视（成角透视），如图 2-5 所示。透视图传达的视觉信息会受到观察者的视角、物体数量、物体大小以及透视法则的运用等诸多因素的影响，绘制者应根据表达的需要来选取最佳的透视角度，绘制效果应符合产品正常的视觉习惯。

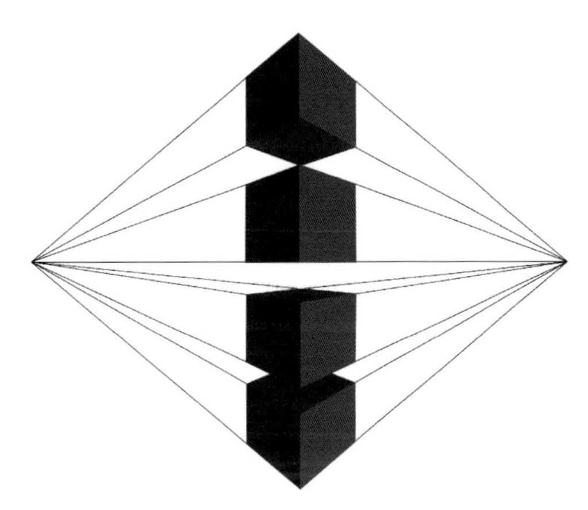

图 2-2　两点透视示意图

熟练使用透视画法会帮助设计师绘制出更真实、更具说服力的产品效果图，如图 2-6 所示。在遵循透视规律完成的透视图中，没有施加任何线条变化和明暗关系的情况下，本身就具有很强的空间主体表现力。

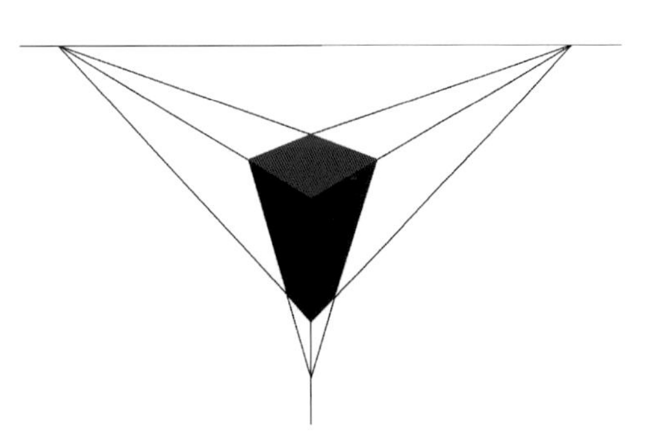

图 2-3　三点透视示意图

图 2-4　一点透视产品效果

图 2-5　两点透视产品效果

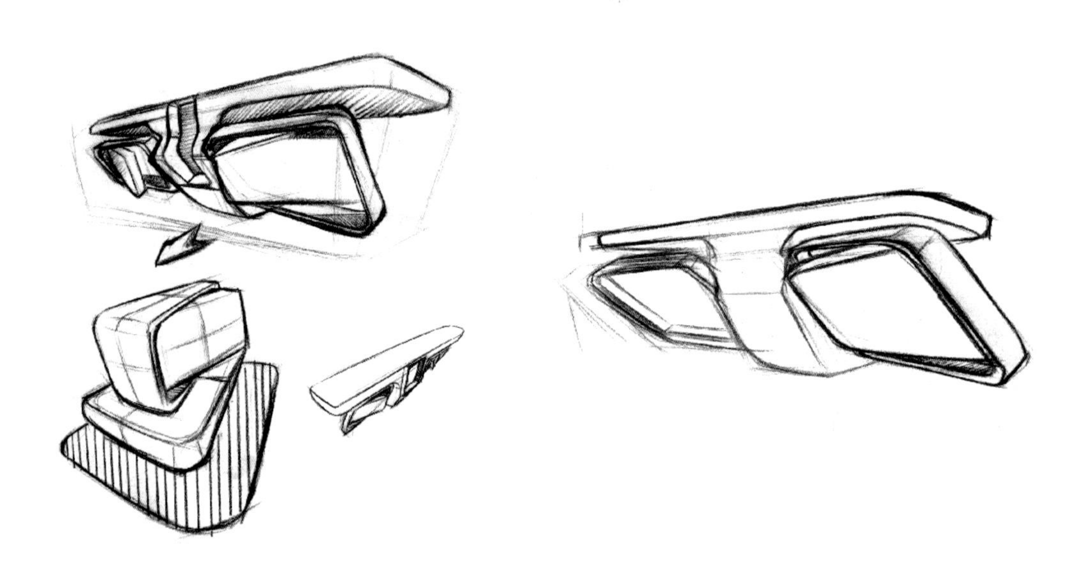

图 2-6　反光镜透视效果

让透视成为一种习惯，牢记透视关键点，培养透视感觉，方可既快又准地画出透视图。

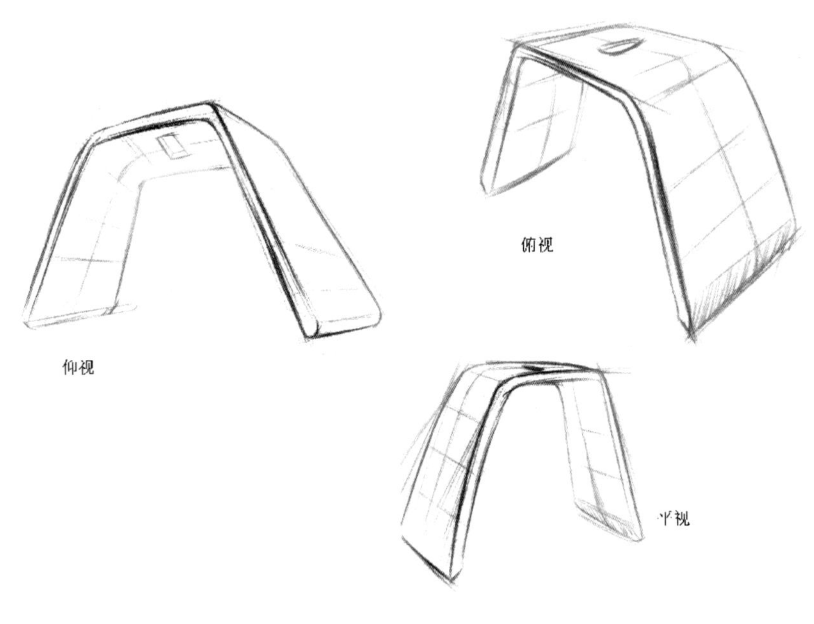

图 2-7　同一产品的三种视角表现

当透视原理掌握后，还需要注意观察和绘制产品的视角。在透视准确的前提下，视角的选择可以让画稿更加有吸引力。我们可以任意地从不同的高度、不同的方向观察物体，如图 2-7 所示。

视角有很多类型。一般归纳为俯视、平视和仰视。从较高的视角（俯视）观察物体，更容易看清物体的造型轮廓，选择这样的角度入手绘制能够传达丰富的信息。平视的透视效果较容易把握，绘制效果符合常规的视觉效果。仰视可以使物体的体量感增大，如图 2-8 所示。无论何种产品，我们可以从类似使用者习惯的视角着手绘制，这样很容易在阅读效果图的时候把产品和使用者联系起来，从而更加方便使用者明确设计意图。

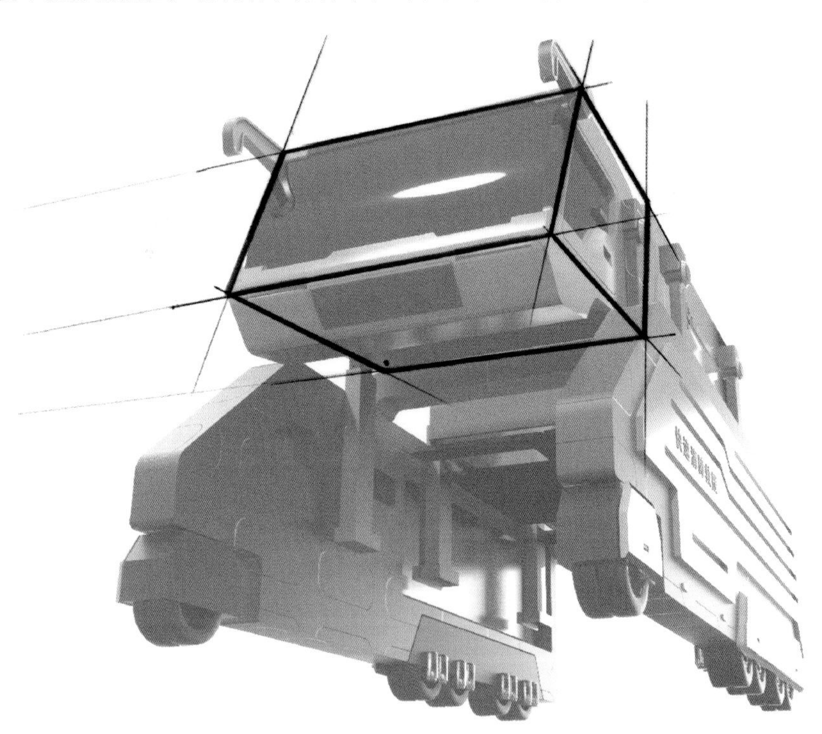

图 2-8　较大体量产品的仰视表现效果

对于比较复杂的物体来说，任何一个视角都仅能展示这个物体的一部分外观和结构。在构思草图中，为了便于进行交流和思想表达，通常我们会选择可以清楚表现产品重要信息、能够优化产品造型和富有表现力的视角来绘制效果图。

2.2 线条绘制

构思草图阶段的图稿，多以线条绘制为主，有时附以文字的解释说明和记录。此时的线条绘制需要听从大脑指挥，绘制游刃有余，轻松自在。这些需要在大量的实践中练就。线条的练习过程应该由易及难，循序渐进。练习时，先做定点直线练习，再做定点曲线练习，最后做圆、椭圆练习，如图 2-9 ～图 2-13 所示。直线绘制练习可以从横向、竖向、360° 等多方向训练，其目的是画直且能够定点通过。曲线练习的目标是增强曲线的稳定性，即每条曲线的长度、曲度以及位置的稳定性。绘制曲线时尽量保持手腕与小臂稳定，用上臂带动小臂绘制。学习过程中，随时、随手绘制线条，可培养线条的敏感性，对

图 2-9　定点直线（同向）

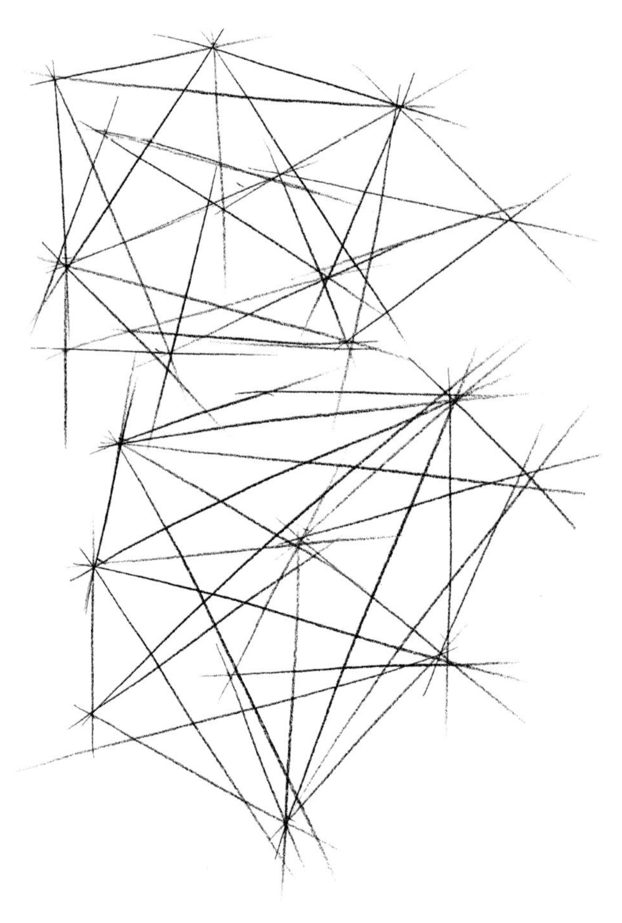

图 2-10　定点直线练习（不同方向）

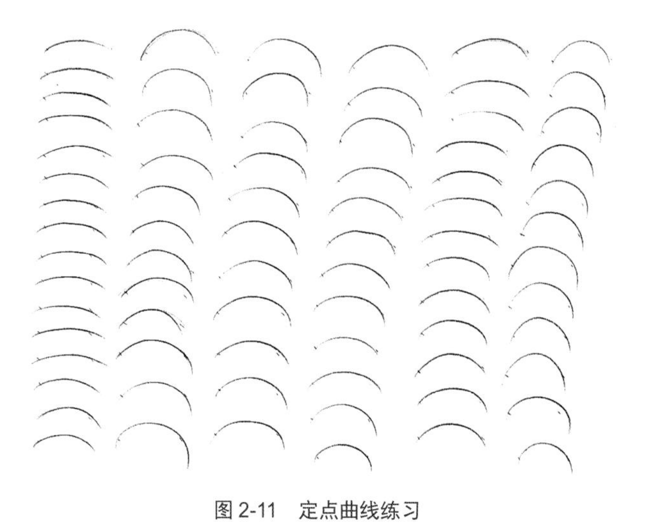

图 2-11　定点曲线练习

提高正式绘制的线条准确度会有很大帮助。练习时，大家选择一种适合自己的线条表现形式，不需刻意去模仿甚至强求某种风格的线条，当具有一定练习量的积累后，便可以达到得心应手、线随心走的理想境界。

产品设计快速表现中通常用线来表达产品的空间关系。一条线可以表示一个面，也可以表示一个面的转折，凌乱的线条会造成产品形态视觉上的混乱，也会导致造型不确定，使观者不能准确理解设计者所要表现的产品形态。重复线条过多，就无法分辨轻重主次，容易造成产品外部轮廓模糊不清。在构思草图阶段需要熟悉手绘线条的手感，能够辨别用笔轻重缓急的表达效果。构思草图线条可以多，但不可以太乱，起形线条画的轻淡一些，待确定后再加重，如图 2-14、图 2-15 所示。绘制过程中如果线条画错，不要纠结和担心，可以继续进行绘制，因为一两条错线不会影响整体画面效果。

结构线是专门用来解释说明和强调造型变化的。在塑造和理解造型的过程中，结构线扮演了重要的角色，尤其对于那些比较容易产生歧义的结构。在构思草图阶段，产品造型绘制的结构细节不需要考虑太多，只要能够说明思路和想法，方便后期比较分析即可。但是，产品设计的目标是设计优化其结构，构思草图中的结构线就显得尤为重要，就需要重点分析和推敲。

结构线一方面能清楚地表现产品形体的起伏转折和凹凸，明确传达造型特征，更好地表现产品的形体走向，如图 2-16 所示。同时，刻画细腻的局部，可以增加设计图稿的说服力，如图 2-17 所示，使设计构思表达清楚明了，方便后期设计交流。

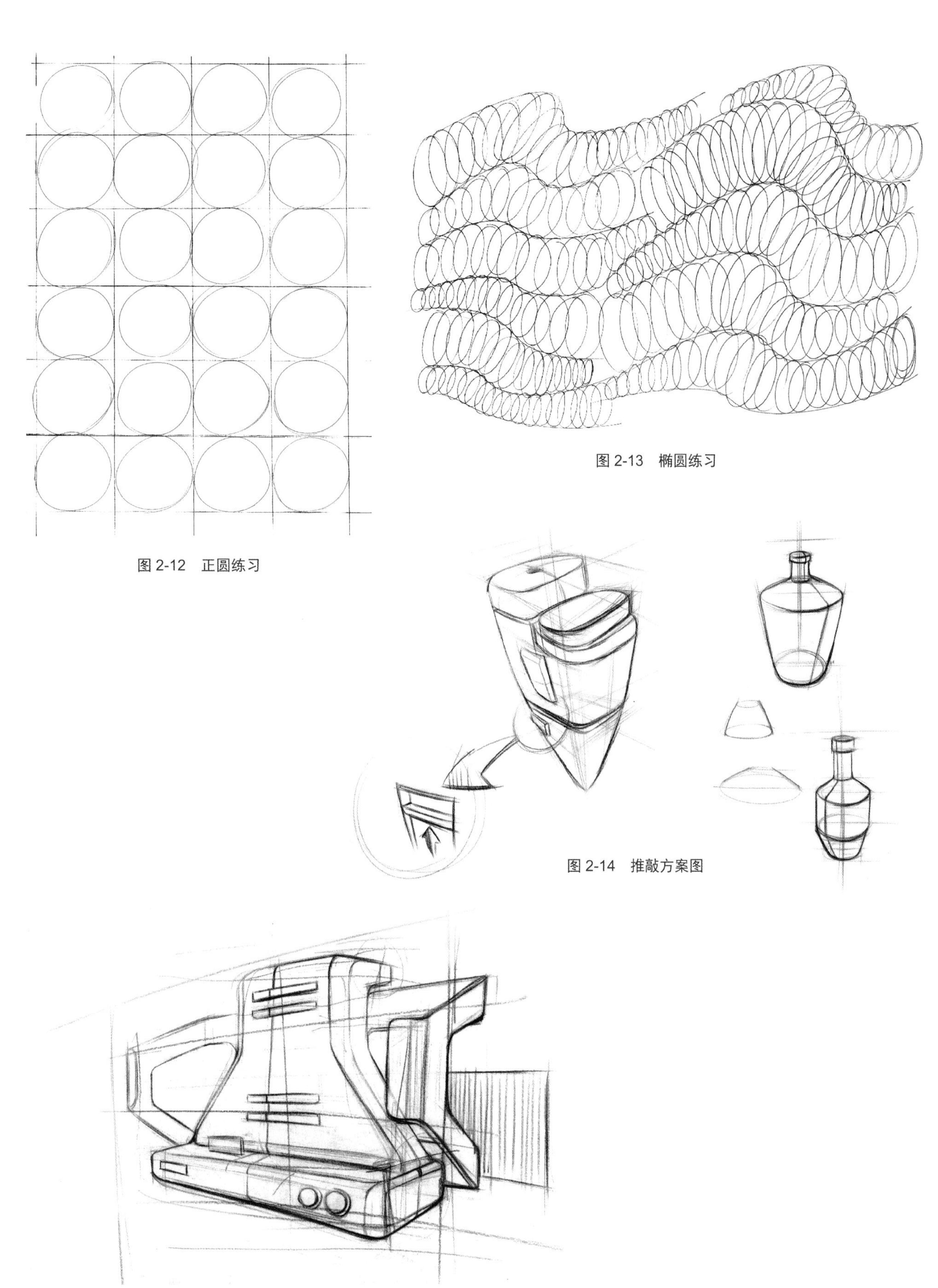

图 2-12　正圆练习

图 2-13　椭圆练习

图 2-14　推敲方案图

图 2-15　造型分析图

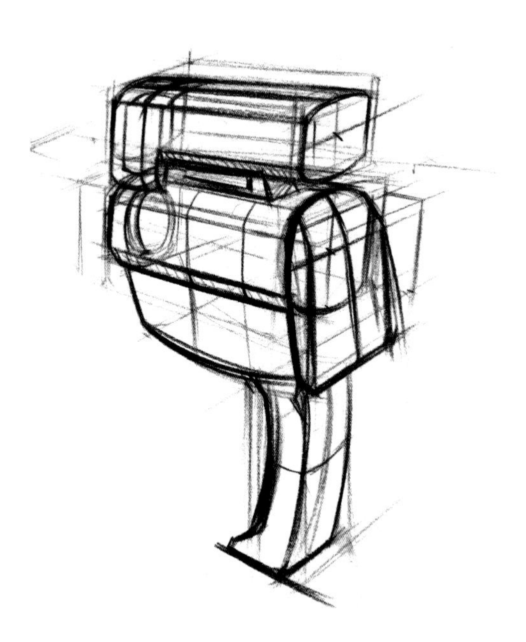

图 2-16　电钻局部线稿图

图 2-17　电钻线稿图

图 2-18　固定电话线稿图

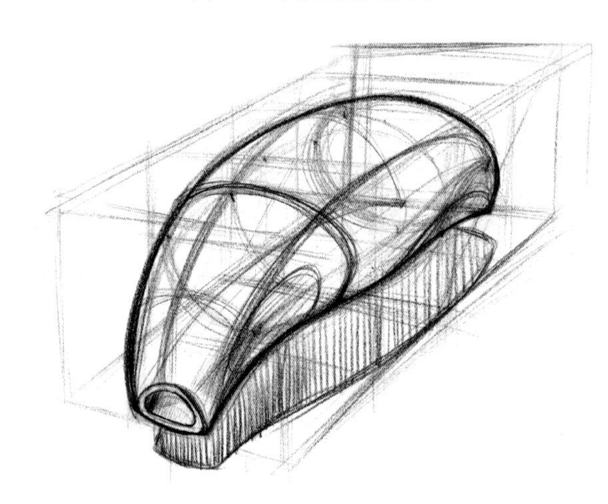

图 2-19　手持吸尘器设计

结构线是产品表现的辅助线条，它的笔触轻重、粗细和产品的轮廓线不能统一而论。结构线缺乏虚实、轻重变化，容易削弱产品的空间感和立体感。为了准确地展现产品造型和结构，设计师在草图中加入了必要的结构线，这些结构线不但强调了产品结构和形态的过渡，并且让造型看起来更加平衡和对称，如图 2-18 所示。

在绘制曲面时，设计师可以根据经验估画出曲面的结构线，直至找到合适的结构线位置。构思草图通常会保留构建曲面时绘制的平面结构线，用来对比曲面的弯曲程度，如图 2-19 所示。

在产品的某些关键位置加入结构线可以强调造型的变化，帮助构造局部的造型，描述产品表面的过渡关系，如图 2-20 ～图 2-22 所示。结构线必须根据形的走向绘制，理解每一笔结构线代表的内容，而不能仅仅是一种装饰。如果结构线没有清楚地体现产品的结构和形体特征，它就不具有任何意义。

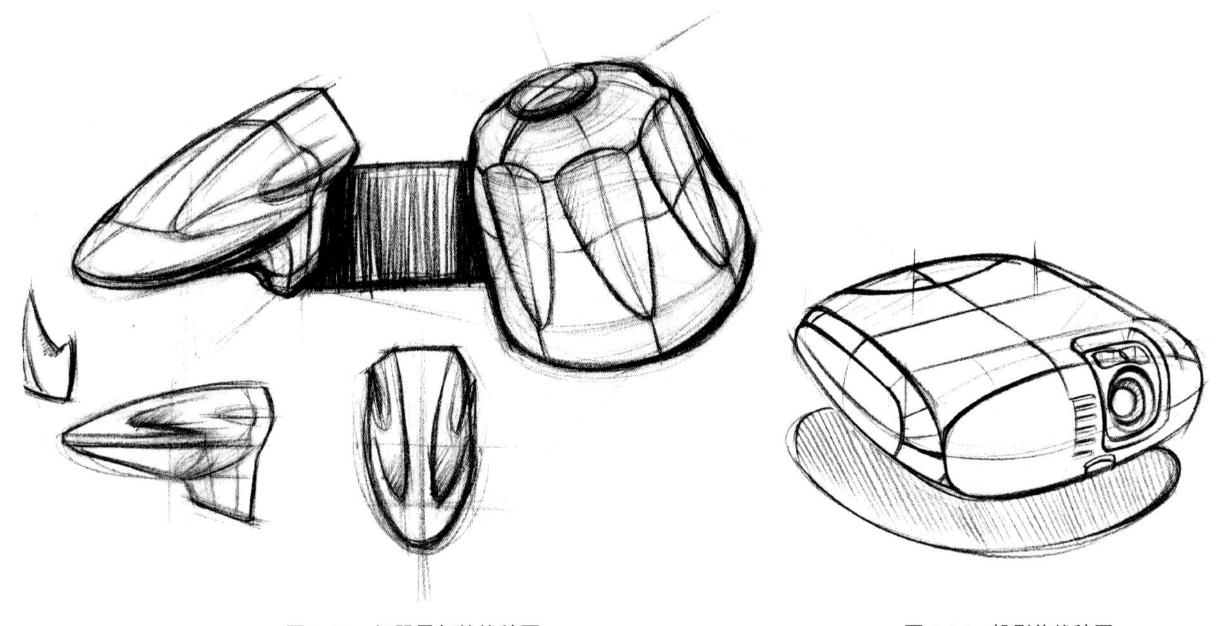

图 2-20　机器零部件线稿图

图 2-21　投影仪线稿图

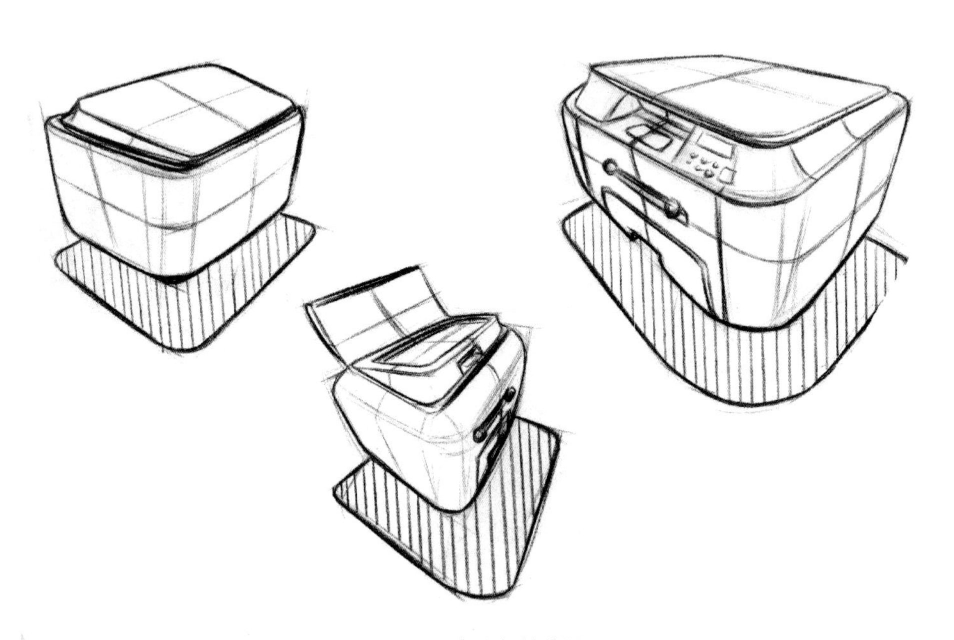

图 2-22　打印机线稿图

线条绘制基本功掌握后，如何保持画面的灵气和透气感，还需要线条的变化。依照透视素描关系中近实远虚的原则，用线来表达产品时，产品与画者近的部分，线条处理上要相对粗重一些，勾画仔细些;而远处部分线条要轻、细、简单，如图 2-23、图 2-24 所示。线条虚实有别、主次分明，产品的主体和空间效果也会增强。

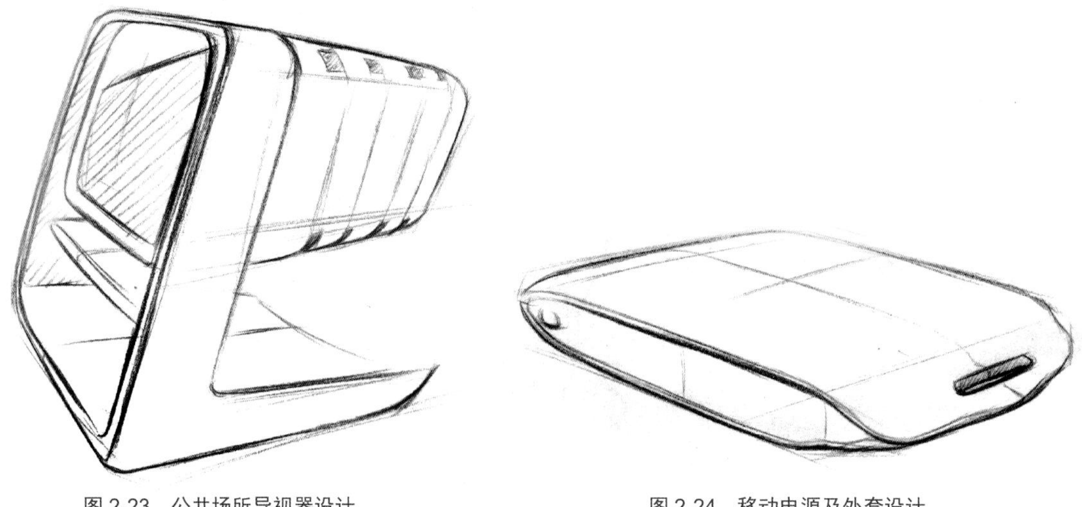

图 2-23　公共场所导视器设计

图 2-24　移动电源及外套设计

2.3 马克笔绘制技法

2.3.1 马克笔工具介绍

“工欲善其事，必先利其器”。在进行马克笔练习前，需要先了解一下手中的工具。马克笔根据品牌的不同，颜色略有不同，每个品牌都至少有上百种颜色供设计人员选择使用。若要熟练使用搭配漂亮、过渡自然的多色马克笔一起绘图，需要做以下两点准备。

（1）单色色卡绘制（以 Touch 品牌马克笔为例）

马克笔按用途的不同（室内设计、园林景观、工业设计、服装设计等）都有不同配置的套餐供选择。对于产品设计来说，灰色系马克笔可根据颜色编号间隔购买，有色系马克笔可选择日常产品常用颜色及自己喜欢的颜色，在同一色系中根据明度高低间隔购买，保证同一色系有三种以上不同明度的颜色。在绘制练习前，将自己的马克笔做成单色色卡，可以帮助我们快速找到需要的色号，提高作画速度，如图 2-25 所示。

图 2-25　单色色卡

（2）搭配色卡绘制（以 Touch 品牌马克笔为例）

由于马克笔上色不可修改，我们不可能每次在试色纸上进行色彩搭配的试色工作。所以在上色前，可以制作一些不同色系的搭配色卡，并且通过各种笔触效果，来辅助色彩的过渡，如图 2-26 所示，使色彩搭配更加直观。

图 2-26　搭配色卡

2.3.2　马克笔绘制技法

由于马克笔不具有覆盖性、擦除性等可修改特性，所以也使很多初学者望而却步，不敢下笔。对于马克笔的用笔技巧和笔触,大家可以根据自己的作画习惯总结出一套适合自己的方法。

（1）单色明暗法

视频 2-1 单色明暗绘制详解

单色明暗法是先使用较易控制的灰色系将产品固有色单层加色一遍的方法。产品的体感由灰色系来控制。使用单色明暗法时，马克笔色彩叠加不需要太多，同色系三种颜色基本就可以满足要求，最多不超过四种。因为邻近色彩对比不是很明显，所以色彩可以选择跳号，以 Touch 系列灰色系为例，可以选择 BG3、BG5、BG7。第一遍上色使用最浅的色彩进行大面积底色铺设，然后再用深一点的色号铺设第二层。此时，第二层不需要按照第一层面积全部铺设，而是在边缘处留点距离，具体留色面积和形状可以参考产品形体光感效果。最后使用最深色号的笔进行铺色，铺色面积建议不要超过总面积的三分之一，一般最后结束笔触落在明暗交界线处。这样可以将剩余面积留给明暗交界线到形体边缘之间面积的过渡面及反光面。单色明暗画法详见视频 2-1 单色明暗绘制详解。

（2）色彩明暗法

视频 2-2 色彩明暗绘制详解

色彩明暗法直接使用产品固有色系的马克笔，通过马克笔色彩的深浅和重复上色次数来控制产品明暗关系。使用此方法绘制时需要注意同色系的跳色搭配要适中。色彩明暗画法详见视频 2-2 色彩明暗绘制详解。

马克笔熟练运用还需要大家多加练习，上色时注意起点、落点的方式；排笔的疏密；统一光源下的明暗关系；按照结构趋势来运笔等规律。特别需要注意的是，产品上色时，同一产品尽量大面积选择同一色系颜色。如果使用不同色系，尤其是对比色穿插使用时，尽量用黑、白、灰中性色进行色彩间隔，这样画面效果会更加协调，如图 2-27、图 2-28 所示。

图 2-27　大面积对比色交叉使用绘制

图 2-28　多色块处理绘制

课后作业

选择一款产品分别使用单色明暗法和色彩明暗法绘制，分析、比较绘制效果。

第3章

产品设计快速表现——概念草图

本章重点

◎产品造型分析处理方法
◎产品色彩分析处理方法

学习目的

◎熟练使用分割与重构、切割与聚积两种产品造型处理方法。
◎掌握产品色彩分析处理方法。

产品设计快速表现第二阶段的概念草图，在素材收集后，开始进行设计和概念形成的关键时期，将为产品创新设计和造型推导提供主要表现手段。概念草图是设计师对前期构思草图中的创意进行产品外形、结构以及功能特征等推敲的阶段。此阶段的绘制，需要掌握产品造型处理方法，以及色彩分析方法。

3.1 产品造型分析处理方法

在完成收集资料——“厚积”的工作后，就要开始“薄发”的过程，即通过资料来创造或者完善自己的设计作品。因为产品的情感化表达主要由其造型决定，所以造型的完善需要花一些时间来反复推敲和斟酌。在概念草图绘制过程中，造型是主要表现对象。怎么才能获得合理的产品造型，这是设计师需要解决的问题。

概念草图造型处理方法有很多种，能够在思考造型的过程中解决内部结构的形态处理方法,要首推几何造型参考法。几何造型参考法可以首先绘制一些基本的几何体作为造型的参考，然后用各种线条来丰富几何体的外形，尤其是在关键部位，在基本的几何体造型上尝试更多的变化。这是一种推敲产品造型的简单方法。在运用这种方法绘制大量的草图后，你会发现许多新颖的造型。拿基本几何体——长方体来说，即使这样一个简单的形体，通过各种变化方法也可以拥有丰富多彩的造型，而这些形态，对我们的产品设计很有启发意义，如图 3-1 所示。我们将几何造型参考法的变化方法归纳为分割与重构、切割与聚积两大类进行讲解。

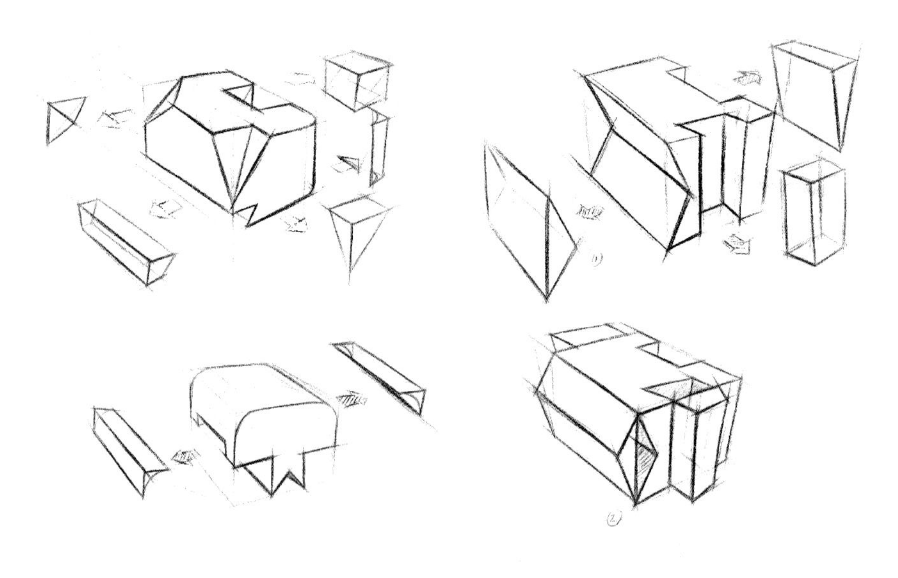

图 3-1　长方体造型演变

（1）分割与重构

任何平面形态都可以通过分割还原到最基本的点、线、面。任何立体形态也可以分解还原成立体的点、线、面、体。所谓分割就是将一个整体或有联系的形态分成独立的几个部分。不管是等分割、比例分割还是自由分割，被分割的块体是由一个整体分割而成的，因而具有内在的完整性与关联性，所以分割后的块体之间通常具有形态的互补性，很容易形成形态优美、富于变化的作品。特别需要注意的是，立体形态在分割过程中，分割出的单体形态越单纯就越容易出现丰富的变化效果，要避免切割过小，造成分割体过多的情况。如果分割体过多，组合体容易造型散乱。

几何形态是各种形态中最基本、最单纯的形态，所以选择基本几何体作为分割对象，进行分割与重构，更容易创造出新的立体形态。

分割与重构就如同 20 世纪 80 年代兴起的解构主义思路，通过“破坏”行为，来产生偶然或刻意形态。这是获取新形态的一个途径。通过“破坏”可以使失去活力的形态重现新的生机，在此基础上再加以变化，从而创造出新的形态。这是对既定框架的一种超越，是事物的一种成长，一种突破。例如，长方体通过分割和重构后可以形成各种产品雏形，如图 3-2 ～图 3-4 所示。

图 3-2　路由器雏形

图 3-3　家用打印机雏形

图 3-4　全自动咖啡机雏形

分割与重构这两者是一种互逆的关系。对于重构我们要力求创造一种形态上的惊喜，也就是通过对简单几何体的分割，重构出一种意想不到的效果，同时也可以提高对正负空间的构想能力。本章所讲的重构是在原几何造型分割的基础上，对分割出来的单体进行重新组合的过程。重构形式有很多，比如贴加、分离和翻转等。而对于同一种分割，要充分运用上述形式，挖掘尽可能多的组合、重构造型。重构的过程只是简单地把它们连接起来，让想象力引导自己去绘制设计草图。一旦看出它可能形成的造型，一定不要担心构造的复杂性。草图可能会留下很多开放的修改空间，不要试图去描绘一个细致的结构造型，如图 3-5、图 3-6 所示。

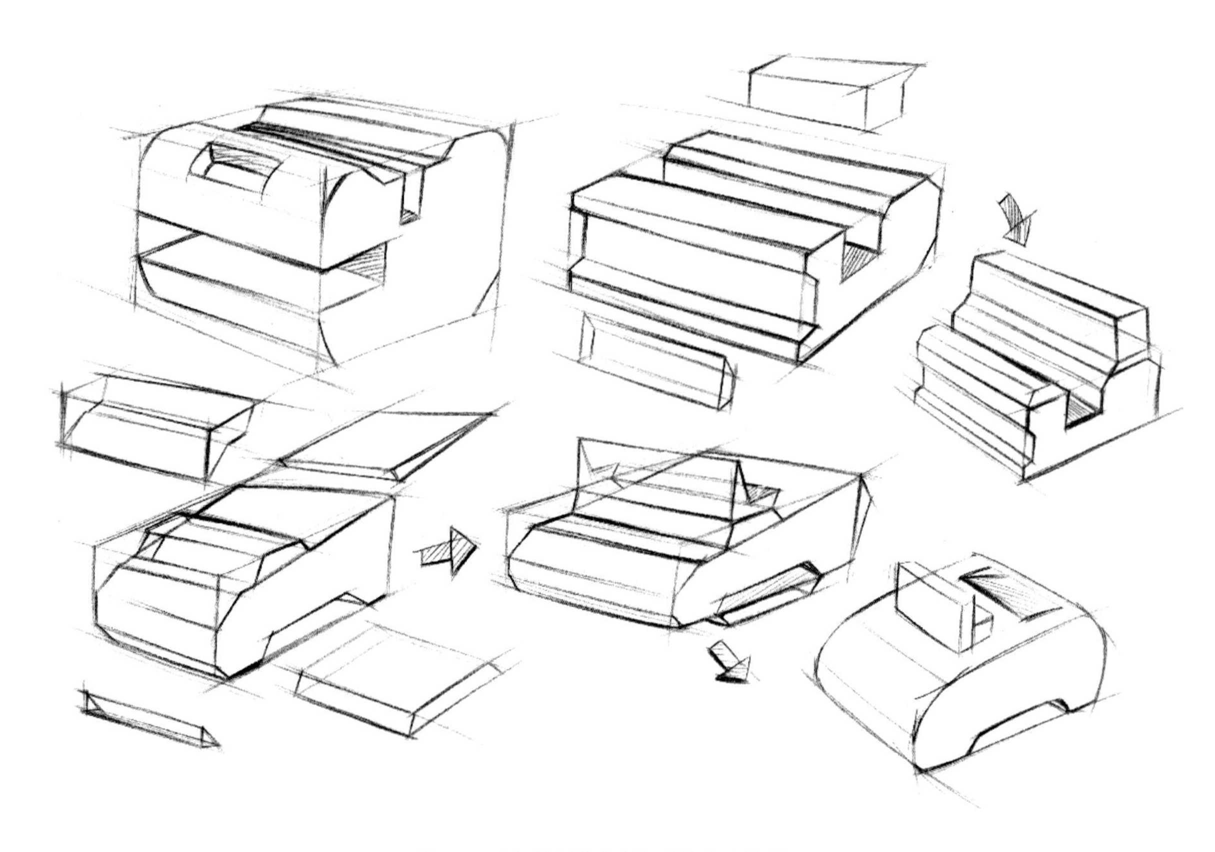

图 3-5　几何造型的分割与重构练习范例一

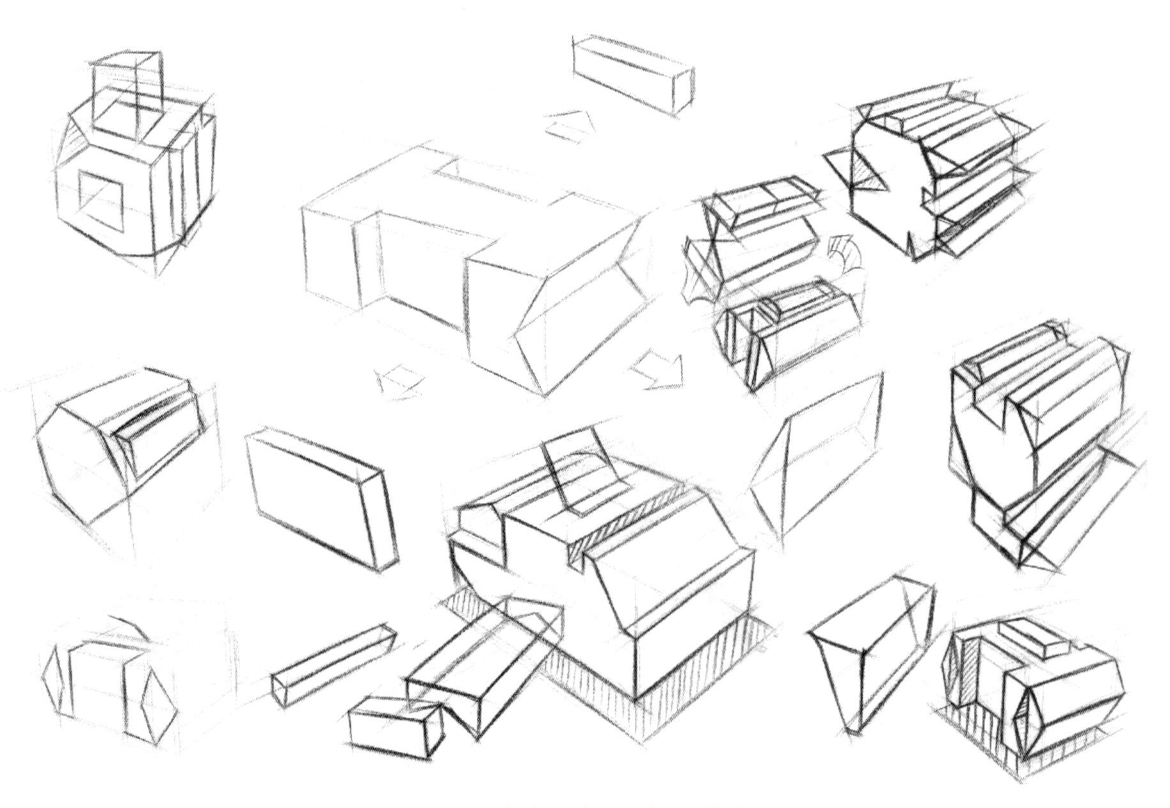

图 3-6　几何造型的分割与重构练习范例二

（2）切割与聚积

切割与聚积是另一种形态创造方法。分割与重构、切割与聚积有一定的相同之处，但两者在出发点和自由度上是有所区别的：分割与重构是针对一个给定的整体形态进行的，在整个过程中没有量的增加和减少，仅仅是形态发生了改变；而切割与聚积则没有原始的限定，形态变化的过程中可能会发生量的增减。

所谓切割，就是对一个立体形态做“减法”，在体量上表现为减少，从而产生新的形态，如图 3-7 所示。雕塑家在创作石雕或木雕的过程中，就是将一块完整的材料进行雕琢或者切削，将不需要的部分切掉，形成一个具有一定形态的艺术造型。我们在产品设计过程中，经常会对物体进行形体上的倒角（包括倒切角和倒圆角）处理，也这属于形态切割的过程。

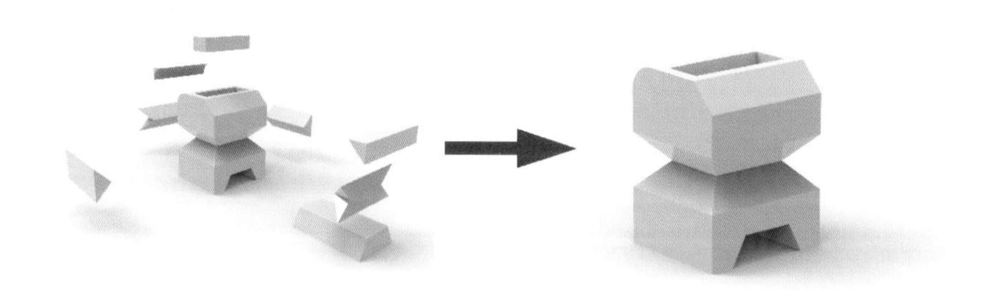

图 3-7　正方体切割

聚积就是对一个形体做“加法”，使之“组合”产生新的形态，在体量上表现为增加。一些产品形态的形成可以是对某一特定基本形单纯的“切割”，也可以是单纯的“聚积”，当然更多的则是这两种方法结合运用的结果，如图 3-8、图 3-9 所示。

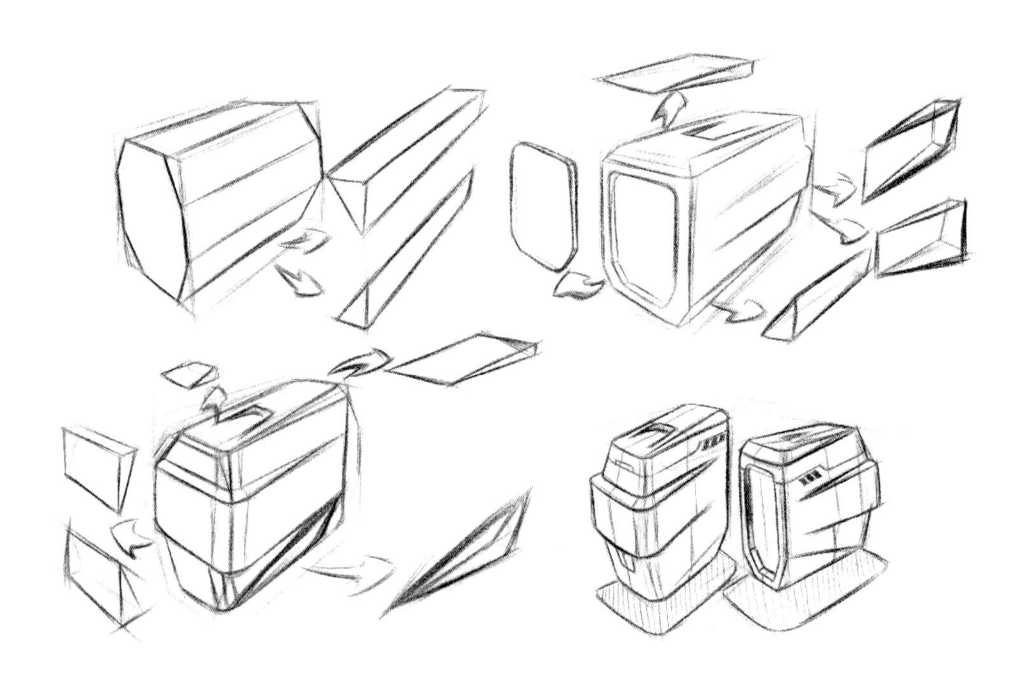

图 3-8　机箱形体的切割与聚积推演

图 3-9　机箱雏形

分割与重构、切割与聚积的练习对于产品造型构建这一步是非常有效的，它可以使你在大脑中建立一个图形资料库。在需要的时候，你就可以不假思索地将这些图像拼接起来，形成概念草图。并且在绘图过程中，也能较为容易地预测出可能遇到的难题，以便寻求最好的绘图方法。慢慢你就会发现，拿到一个产品时脑海中立刻就会出现如何拆分这个产品。经过一段时间的练习后，你会发现自己可以更加自如地绘制设计图，并且能够准确地预估物体的造型，渐渐地你就能具有即兴创作和修改设计图的能力了，如图 3-10 ～图 3-12 所示。

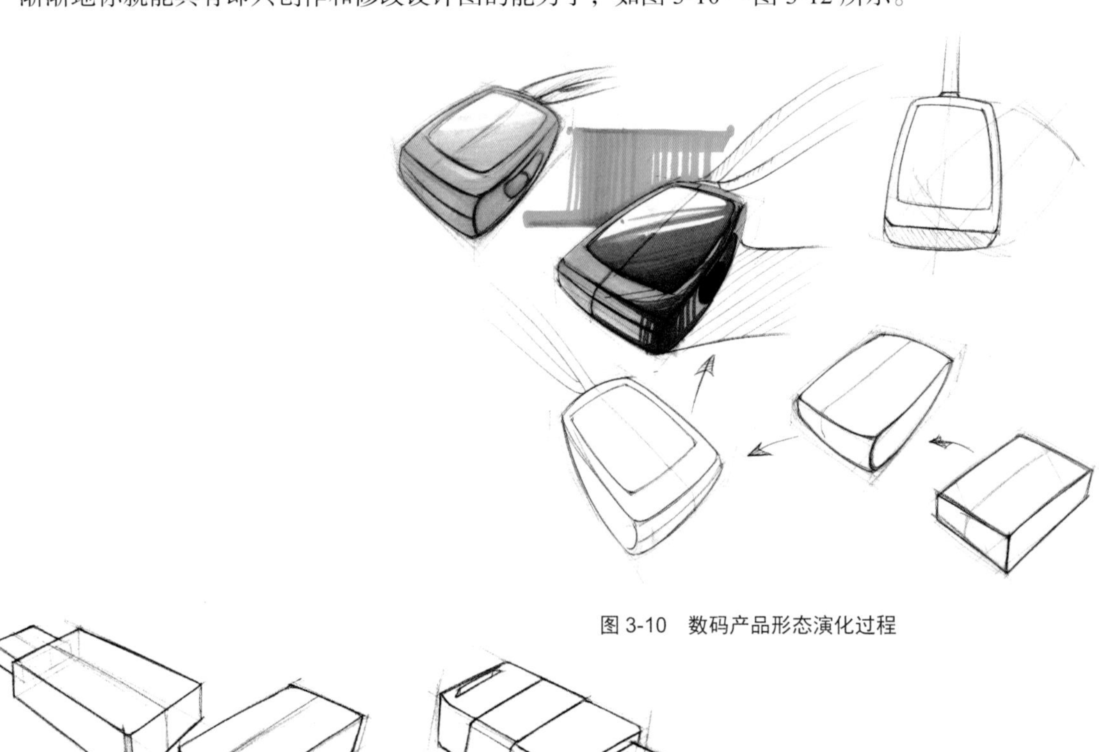

图 3-10　数码产品形态演化过程

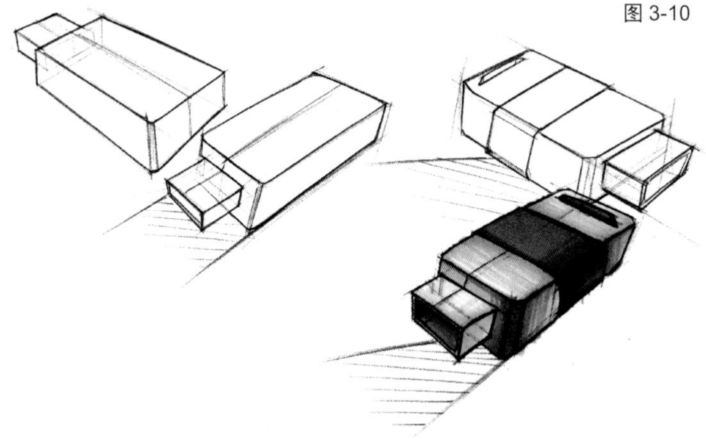

图 3-11　U 盘形态演化过程

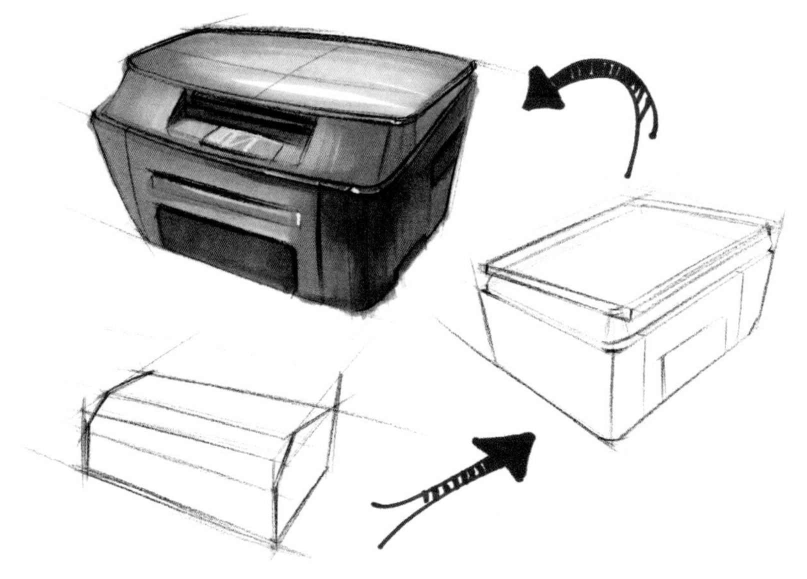

图 3-12　打印机形态演化过程

3.2 产品色彩分析处理方法

3.2.1 产品色彩搭配

色彩是一门艺术，也是一种社会科学。色彩可以引导人的神经和情绪发生改变，也能影响人的心理及生理。随着社会的发展，影响人们对颜色感觉联想的物质越来越多，人们对于颜色的感觉也越来越复杂。

人们对于产品色彩搭配的要求不仅局限于视觉感受，也会关注产品色彩与周围环境的协调，以及对使用者心理的影响。根据产品适用环境和使用者所需心理，产品色彩充当着心理引导作用。例如需要安静的办公场所，打印机、复印机等办公产品的色彩设计基本选用中灰色系作为主色调。颜色之所以能够影响人的精神状态和情绪，在于颜色是源于大自然的先天色彩。先定好主色调，然后可以借鉴自然界事物的色彩搭配，并结合人机工程学、心理学等相关知识来处理产品色彩搭配，如图 3-13 ～图 3-16 所示。

图 3-13　收音机配色方案

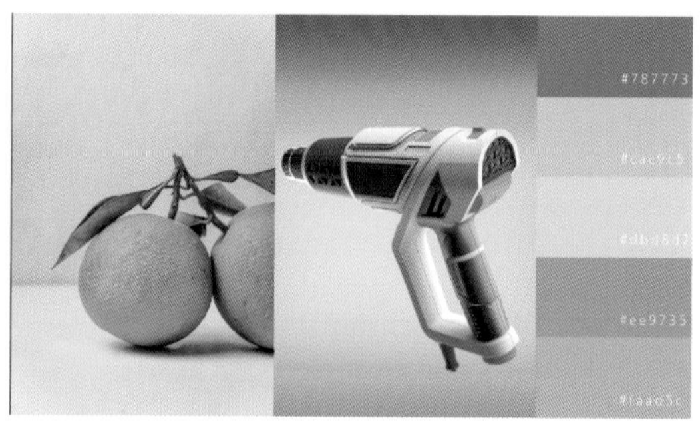

图 3-14　电钻配色方案

图 3-15　头盔配色方案

图 3-16　灯具配色方案

3.2.2　色彩明暗关系

物体固有色、光源色和环境色需要按照产品形体特点有序组合在一起，形成产品体积感的关键因素——产品明暗关系。

色彩是影响产品整体效果的重要因素，也是产品造型设计中的主要组成部分之一。因此，自然并且真实地再现产品的色彩，是产品设计快速表达的必要条件之一。在产品效果表现中，色彩并不是孤立存在的，而是处于一个绘制者遐想的环境中。客观地讲，效果图中的产品色彩由三部分组成，即固有色、光源色和环境色，如图 3-17 所示。光源色和环境色的强弱与该产品的表面质感密切相关，产品表面光洁度越高，对外界光线的反射能力就越强，物体表面所反映出来的光源色和环境色也就越明显，如图 3-18 所示。相反，产品表面越粗糙、光泽度越低，则反射光源色和环境色的能力就越弱，所反映出来的光源色和环境色也就较少，如图 3-19 所示。

图 3-17　产品色彩组成

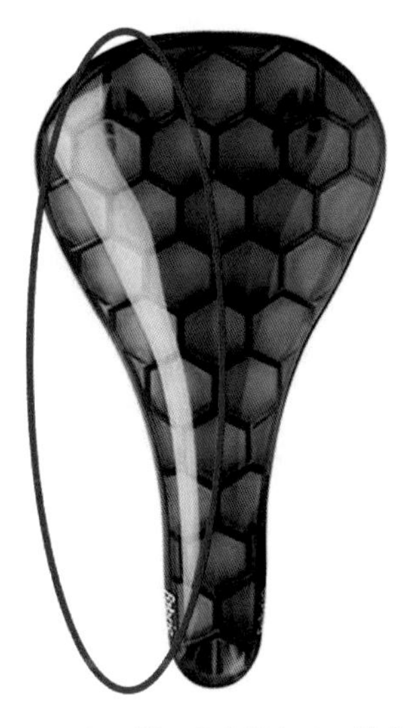

图 3-18　高光泽材质的光源色和环境色的影响

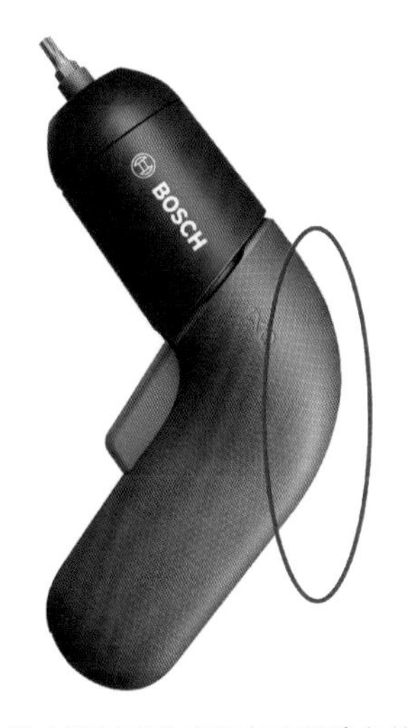

图 3-19　低光泽材质的光源色和环境色的影响

产品明暗关系是形成体积感的关键因素。产品具有长、宽、高 3 个维度，在光的照射下产生了物体的明暗变化，从而形成了体积感。如图 3-20 所示，在客观、真实的光影空间中，产品所呈现出的明暗变化是十分微妙和丰富的。但我们在绘制概念草图时，无须刻意地追求那些过于微妙的明暗关系。只要能够根据物体光照的明暗规律，概括地表现出产品的光照情况，绘制出产品的体积感和必要的光影变化即可。

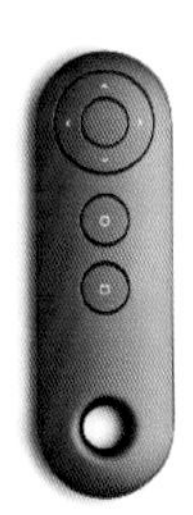

图 3-20　产品明暗效果

3.2.3　产品色彩虚实对比

在设计表达中，巧妙运用颜色的虚实变化可以体现物体的长度或者场景的纵深感。通常情况下，距离观察者较近的物体色彩对比度和饱和度都较高。随着距离的不断增大，物体颜色的对比度和饱和度都随之降低，如图 3-21 所示。在实际生活中，同一场景或同一物体，艳丽的颜色和暖色部分通常比黯淡的颜色和冷色部分让人感觉距离自己更近；具有较强明暗对比关系的物体（位置）要比对比度低的物体（位置）感觉更近，如

图 3-21　色彩虚实表达示意图

图 3-22、图 3-23 所示。在产品快速表现过程中，可以使用以上规律来绘制产品，以增强物体的尺度感和纵深感，使产品体量感更加到位，如图 3-24、图 3-25 所示。

图 3-22　实际生活中风景物像的虚实

图 3-23　实际生活中产品物像的虚实

图 3-24　汽车手绘的虚实处理

图 3-25　工程车手绘的虚实处理

课后作业

分别使用分割与重构、切割与聚积两种方法完成机箱产品的造型推演。

第4章

产品设计快速表现——深化草图

本章重点

◎材质、结构、屏幕、投影四大产品细节表达
◎深化草图五大辅助绘制内容

学习目的

◎掌握四种细节表达方式。
◎学会根据产品绘制特点，合理选择辅助绘制内容。

深化草图作为产品设计快速表现的第三阶段，在绘制产品功能、外观造型细节等方面相比概念草图要精细到位。根据产品设计目的的不同，深化草图不仅对产品的各类细节表达有所侧重，还要考虑各种辅助说明的内容，例如手势、人物、流程图等，并通过构图来说明设计主题。深化草图通过对各类细节的绘制来更加清晰地表达设计师的创意，方便设计师与合作者之间的交流。

4.1 细节表达

产品细节的处理在产品深化草图中是非常重要的。在简单造型上，通过添加一些典型的

细节特征，包括材质细节、结构细节、屏幕细节等，可以丰富产品的造型，使简单的造型更加真实。对于观察者来说这些细节不仅传达了产品的尺寸、材质信息等，还可以使设计图变得生动，更易理解。而对于设计师来说，添加这些细节特征可以使他们的产品设计创意更加生动，同时引发设计人员对创意进行更多的思考。

4.1.1 材质细节

产品材质的表达是深化草图细节表达的一个重点。如果可以清晰地描绘产品的表面材质以及材质所产生的光影效果，深化草图看起来会更真实，并且可以帮助选择合适的材料，推动设计的深入。对于设计师，除了设计产品的造型和功能外，材料也是必须要考虑的。材料和材质直接影响最终的设计是否能够得以实现。

图 4-1　光滑表面产品的明暗关系

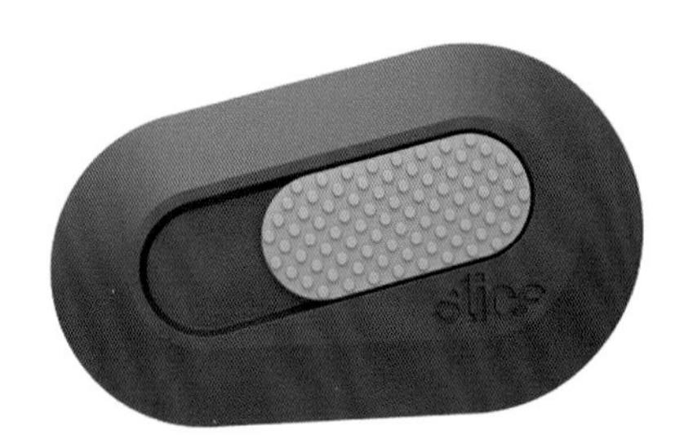

图 4-2　粗糙表面产品的明暗关系

图 4-3　光滑表面材质特征

深化草图中，设计师为了创造强烈的视觉冲击力，可以根据需要适当夸张或减弱产品的材质效果，绘制产品表面可能呈现的效果。这种表现方式比起实物照片更能说明材料的特征和感觉。

不管是金属、塑料还是玻璃，目前丰富的加工工艺，使得它们的表面都有光滑、粗糙的变化。光滑和粗糙两类材质表面特征的基本变化规律有两点。第一，表面呈现的明暗对比度不同。光滑的物体会有很强烈的明暗对比，而粗糙的物体则没有过于强烈的明暗对比，基本上没有高光，如图 4-1、图 4-2 所示。此外，光滑表面的材质颜色渐变是从纯色过渡到白色，如图 4-3 所示。第二，反光的区别表现。光滑的表面会有反光。这些反光的颜色一般和光滑表面的颜色相同。而粗糙的表面基本上不会出现反光，如图 4-4、图 4-5 所示。当设计图要表现产品的材质时，设计师就要夸大这些特征。

图 4-4　同一物体不同材质关系对比（1）

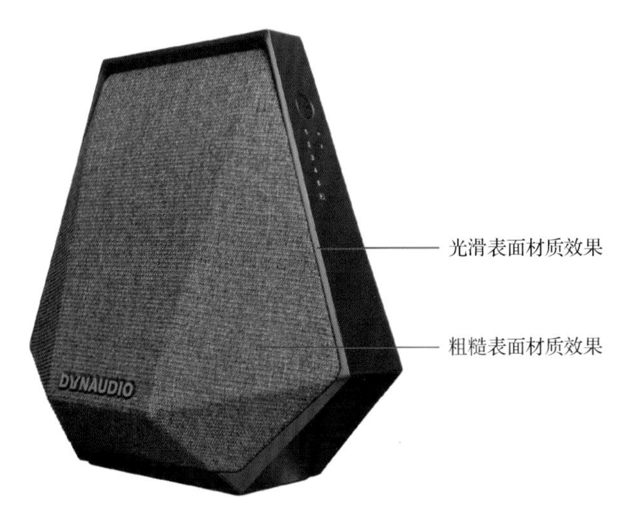

图 4-5　同一物体不同材质关系对比（2）

光滑材质的表面反射呈现一种光泽的质感。在真实环境中，这种反射的颜色是自身材料颜色与反射投影的混合。但在效果图表现中，为了强调物体光滑的表面质感，通常不考虑投影的影响，而是用夸张的环境色代替，如图 4-6 所示。因此，效果图中的光滑材质要比实际情况看上去更加艳丽，对比度也更高，如图 4-7 所示。橡胶和陶土、磨砂塑料等材料几乎不反射周围的环境，而是通过颜色的渐变和暗面的过渡来表现的。通常具有这种材料的产品暗面过渡均匀，高光部分也非常柔和。

图 4-6　夸张环境色的使用

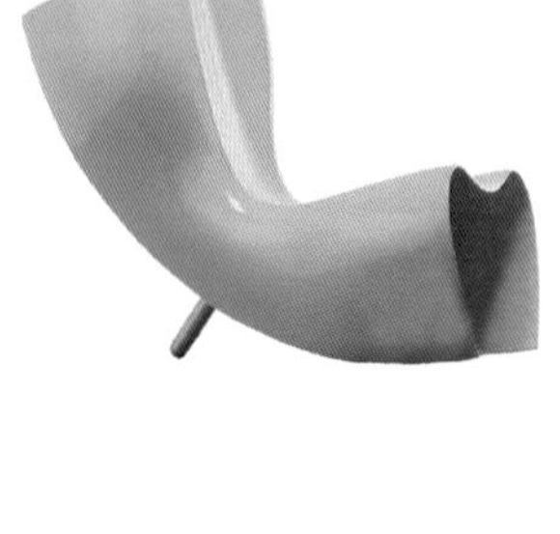

图 4-7　光滑材质绘制处理效果

下面我们选取产品设计中常用的三种典型材料进行材质表现的分析。

（1）玻璃材质

玻璃有很多易于识别的特征，我们可以在设计图中将其表现出来。首先，最明显的特征是透明。可以通过简单地画出其“后面”的物体,或者借助周围环境中的物体反映其透明质感。

如图 4-8 和图 4-9 中所示，通过食品研磨机中的豆子和豆浆机里的搅拌设备来体现其外壳的透明特征。

图 4-8　食品研磨机绘制

图 4-9　豆浆机绘制

其次，玻璃的另一个特征是反光。有反光的地方，透明度就会减弱。玻璃材质的反光一般都出现在材质比较厚的部分，而这些部分一般会呈现黑色或白色。所以玻璃材质的物体轮廓线周围应该是完全不透明的，如图 4-10 所示。在带有曲面造型或者圆柱体造型的透明玻璃物体中，仔细观察你会发现在弯曲度较大的地方，玻璃反光和高光会覆盖玻璃的透明质感。像车窗这样比较大的“平”面，当你垂直于这个表面观察它的时候，其透明特质能得到最好的体现。而如果你从侧面观察，就会看到大量的反光和高光。有光反射的玻璃表面，更多的是看到材质表面反射的光或周围的环境，透明度就会减弱，如图 4-11、图 4-12 所示。

图 4-10　玻璃材质实物照片

图 4-11　玻璃化妆瓶绘制效果

图 4-12　玻璃工艺品绘制效果

最后是玻璃的第三大特征——折射。曲面或者圆柱形玻璃产品会发生非常明显的折射现象，例如透过它们会看到经过折射发生的位置移动或扭曲背景，特别是接近产品边缘的地方，折射现象更明显。

为了表现玻璃材质所特有的通透感，通常会选择比较简单的背景环境以突出玻璃的高光部分，如图 4-13 所示。

图 4-13　玻璃材质背景处理

（2）金属材质

金属材质按照表面特点大致分为高反射镀铬材料、低反射柔和拉丝（磨砂）材料两大类。

镀铬是一种常见的金属材料表面处理方式，其自身几乎没有颜色，具有类似镜子的高反射特性。因此通常外表面镀铬的产品看上去具有强烈的视觉效果，如图 4-14 所示。周围环境经过镀铬材料产品的曲面或者圆柱体，环境物像反射后会被压缩成纵向的条纹效果。距离物体越近的环境，被反射的效果越突出，不同距离的环境在反射的效果中同样具有相应的层次关系，如图 4-15 所示。即使简单的环境也会导致复杂的反射关系，如图 4-16 所示。因此，镀铬金属周围环境应该简单清晰，方便说明产品的造型和结构。在绘制过程中，如果碰到镀铬金属外界环境丰富而复杂，物体表面反射出各种图形和色彩的情况，不能按照实物原封不动地去表现，那样费事费力。在深化草图中，许多反射的效果是设计师依靠经验和直觉绘制的，其目的在于虚拟金属材质的特征，而不是再现真实效果。

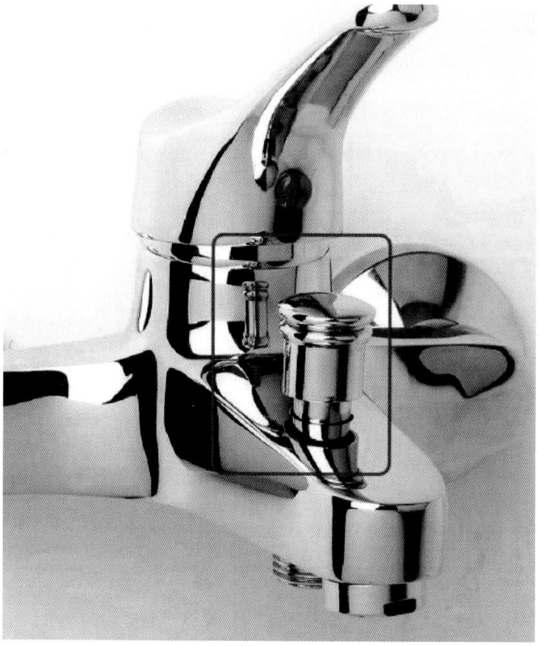

图 4-14　光滑金属材质特点

当镀铬金属需要绘制投影图像时，图像应该被简化，并使用对比强烈的明暗关系进行处理，使其更具有空间感，如图 4-17 所示。需要注意的是，曲面和圆角的金属反光通常是不规则的，在绘制时应适当简化这些反光，使它们的造型不至于破坏绘制主体的立体感，如图 4-18 所示。而表面是拉丝和磨砂的金属材质则不会出现这么强烈的对比和反光效果，明暗关系的处理相对柔和，如图 4-19 所示。

图 4-15　光滑金属材质反光效果

图 4-16　光滑金属材质复杂反射效果

图 4-17　金属倒影处理

图 4-18　光滑金属表面材质表现

（3）肌理材质

在这里我们把凡是具有表面细小凹凸特征及纹理的材质，通称为肌理材质，比如织物、木材、表面有凹凸现象的合成材料等，如图 4-20 所示。对于这些材质，绘制的时候需要格外注意。通常微小的山脊或颗粒材质细节用线条有重点地简要表示即可，如图 4-21 所示。当着重表现这些材质细节的时候，则需要特别考虑光照对材质效果的影响和透视变化。除了材质表面的肌理和纹路，还需要表现材质自身的特征。这些特征包括材质色彩的饱和度和明暗对比以及表面光泽度等，这些对于理解设计有着非常重要的意义，如图 4-22、图 4-23 所示。

图 4-19　磨砂金属表面材质表现

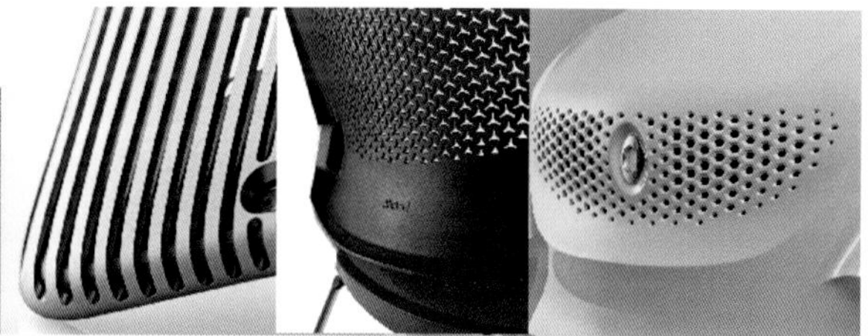

图 4-20　不同肌理材质在产品中的使用

图 4-21　线绒材质的表现方式

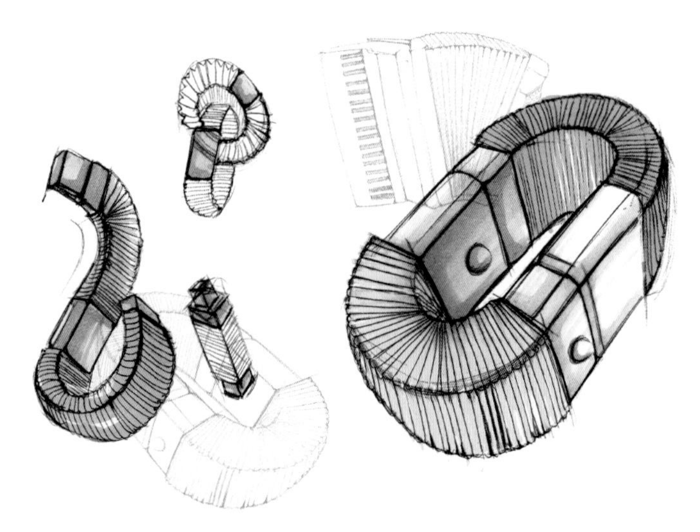

图 4-22　特殊肌理材质不同形体表现方式

图 4-23　木材与软材质混搭绘制

4.1.2　结构细节

在深化草图中，为产品加上一些必要的结构细节可以增强视觉效果，使产品看上去更加真实，方便观者理解产品的结构。

在深化草图绘制过程中，为了将结构细节表达出来，可以把局部细节和某些重要部分的过渡及连接使用特殊符号标注出来，使用结构细节的透视图进行诠释，以弥补无法清楚表达设计关键部位的缺憾，如图 4-24 ～图 4-27 所示。

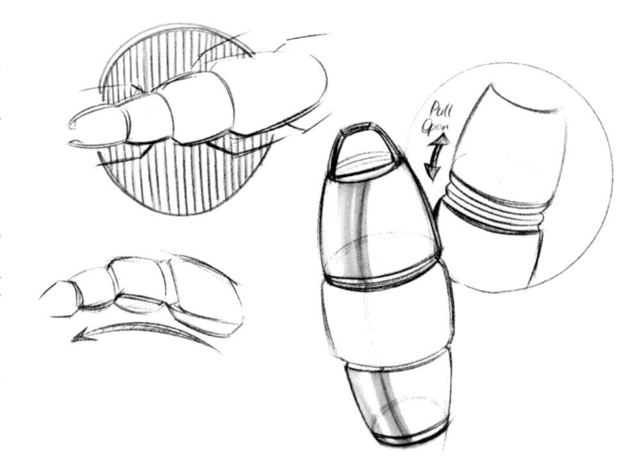

图 4-24　运动水杯结构分析

图 4-25　书包结构细节分析

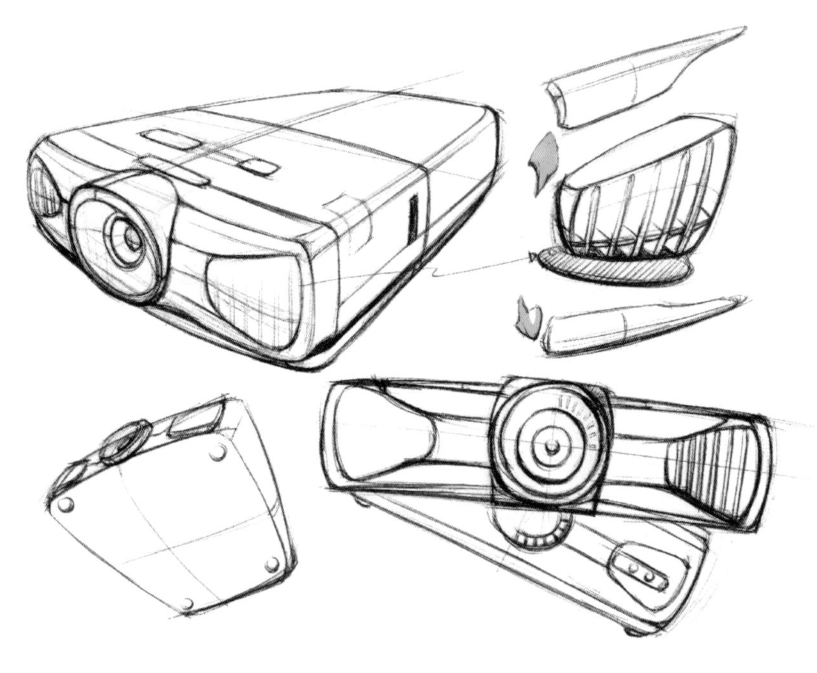

图 4-26　投影仪结构细节分析

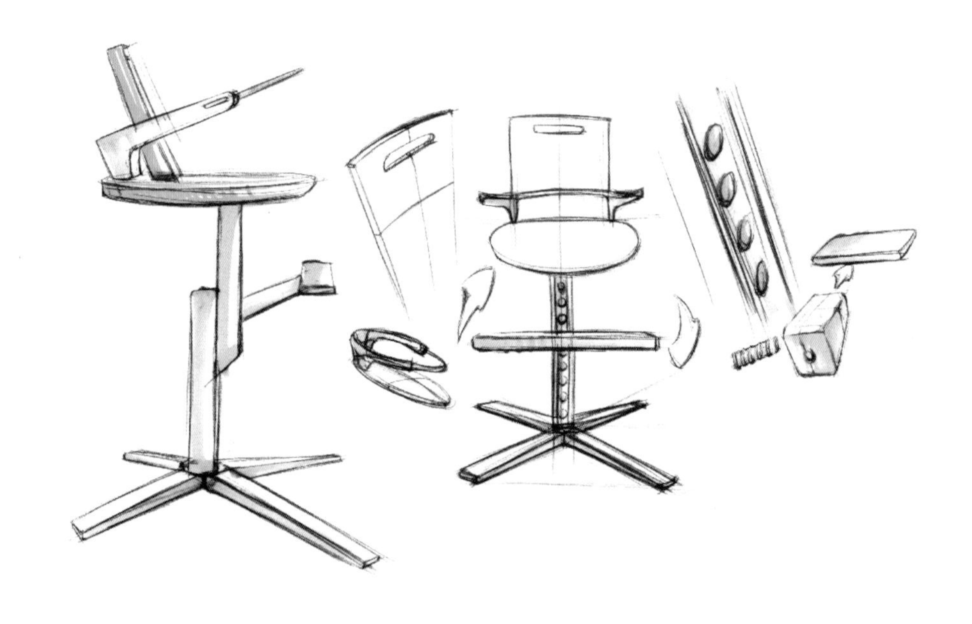

图 4-27　儿童座椅结构细节分析

4.1.3　屏幕细节

屏幕是一些现代产品必不可少的组成部分，如图 4-28 所示。对于带有屏幕的产品，有必要在屏幕的细节中加入一些显示内容来增加产品的真实感。例如绘制屏幕上的显示符号，并且对其投射的阴影加以表示，以此来体现显示屏的厚度和透明特征，如图 4-29 所示。如果无明显符号，可以通过不同的简单明暗关系来表现屏幕，如图 4-30 所示。需要注意的是，绘制时通常优先考虑显示屏的透明度。透明度不同，投射的阴影强弱也不同，其次才考虑对显示屏的反光等细节的处理，如图 4-31、图 4-32 所示。

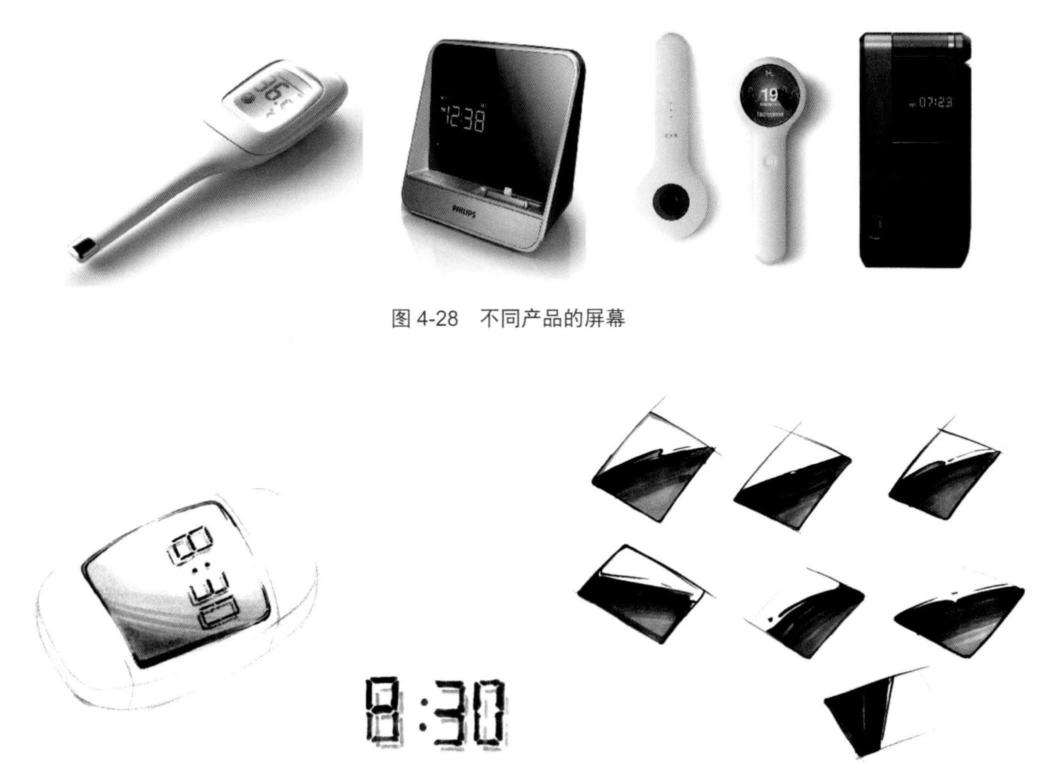

图 4-28　不同产品的屏幕

图 4-29　屏幕文字处理方法

图 4-30　屏幕简单处理方法

图 4-31　游戏机产品屏幕表现

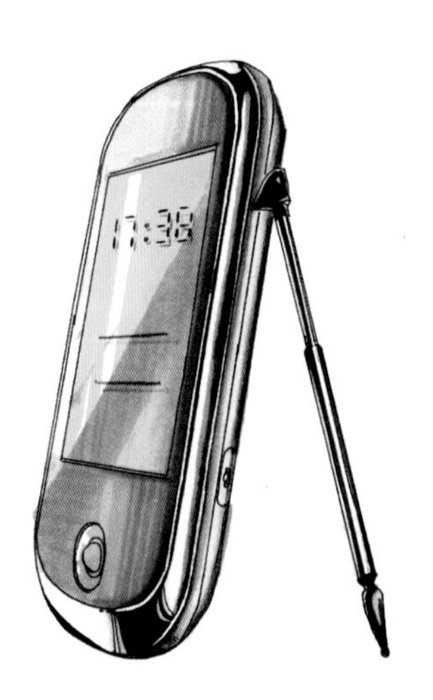

图 4-32　手机产品屏幕表现

4.1.4 投影处理

在投影处理上，可以将上表面或横截面的造型作为投影的造型。这种方法通常被称作假设投影或投影下移，如图 4-33 所示。使用这种方法画的投影既可以接近实际情况，又可以简化绘图过程，提高效率。如果用彩色马克笔来画一个物体，一般会搭配灰色马克笔来绘制阴影部分，这样物体的阴影部分会更深更饱满，如图 4-34 所示。

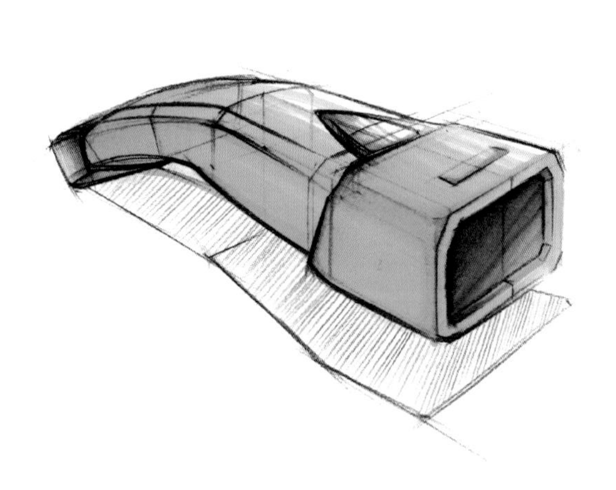

图 4-33 投影下移绘制

图 4-34 阴影色彩选择

如果物体和它的投影距离很远，那么投影的颜色会由于环境中其他光源的作用而表现得比较浅。而且，这种投影是根据生活的经验估画出来的，并且可以暗示物体与地面的距离，如图 4-35 所示。

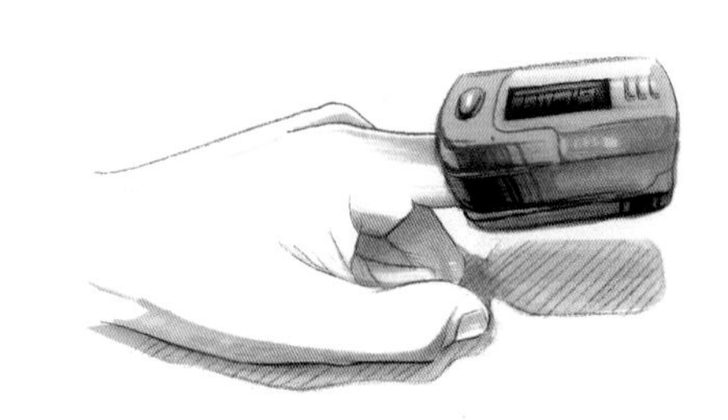

图 4-35 血压仪投影绘制

图 4-36 不同位置投影比较

在一幅效果图中，通常投射到地面的阴影比投向墙面的阴影颜色深，同时物体阴影一侧的线条相对较粗，颜色也较重，如图 4-36 所示。

4.2 深化草图的辅助绘制内容

深化草图的内容涉及设计思维的全过程，包括设计分析、设计构思、设计想法的发展和完善、产品结构的分析以及设计方案的表现等。深化草图画稿要求的是“讲清楚”，需要将涉及的设计内容通过各种视觉语言来表述清楚，让合作者和观者能充分了解该设计的理念、产品结构、造型、功能和材质等。因此，深化草图不仅是“表现”，更多的是“说明”。在说明过程中，就需要很多辅助的内容，例如人物、手、使用环境、产品说明图以及文字等。如何使这些图稿既能满足深化草图“说明”的作用，又能在沟通过程中赏心悦目，这是本节讲述的重点内容。

4.2.1 手势绘制

产品设计是为人们生活服务的，所以很多产品在使用过程中都离不开人。例如，交通工具类设计、3C类产品设计等，在使用过程中都牵扯到人体各个关节、躯干、肌肉、手部、脚部等。而且很多产品使用场景中，以手的形态表现居多。通过手与产品的关系描述，可以解释如何使用产品，说明产品的大小以及产品与人的关系。设计师绘制草图过程中，有时画手重于画产品，其目的是强调产品的使用方式而非产品。

在平时的产品设计过程中，可以积累配合产品使用的手部造型，例如握、点、拿、按、指、提、摇、甩、抽、扣、托、拉、拽、捏等动作，方便产品设计方案的参考，如图4-37、图4-38所示。手部动作及绘制稿详见视频4-1手部绘制分解视频。

视频4-1 手部绘制分解视频

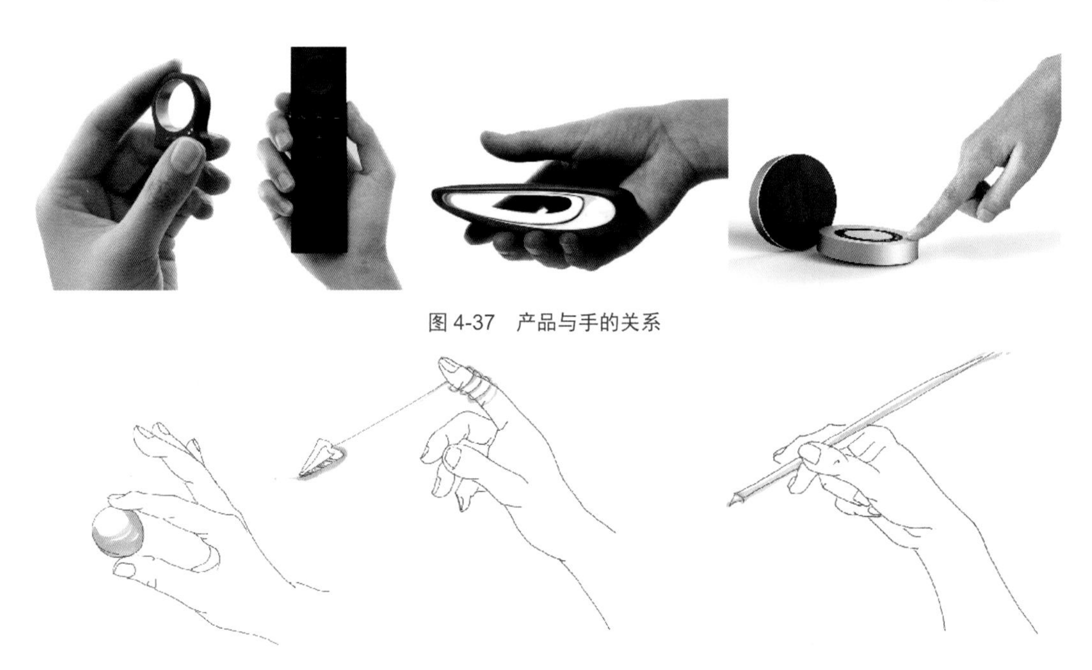

图4-37　产品与手的关系

图4-38　手部动作单体表现

图 4-39　手动打浆机操作示范

在绘制手部使用产品状态时，可以将手部和产品的造型同时完成，以确保手部和产品的绘制方式一致。在绘制产品的主体部分时，先确定正确的透视关系，然后再将产品和手部的线条按照前实后虚的透视关系适当加粗。为了让图稿看上去更加真实，产品与手除具有相同的透视关系外，两者的投影和反射关系要一致。手部可以根据产品的色彩稍微施加明暗关系，如图 4-39、图 4-40 所示。

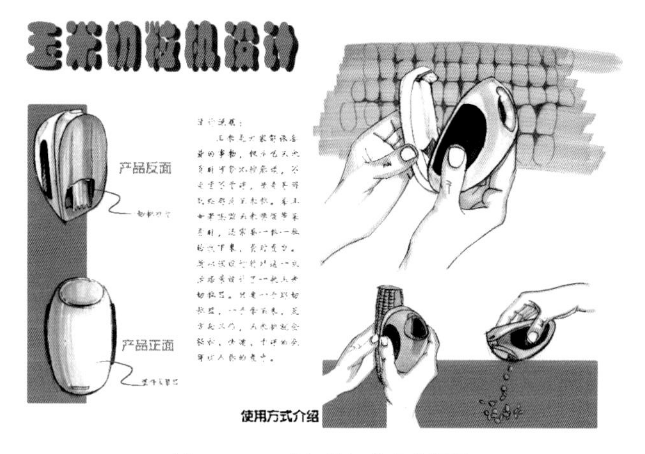

图 4-40　玉米切粒机产品介绍图

4.2.2　人物绘制

在设计流程中，产品与使用者之间的人机关系可以通过绘制产品与人体之间的关系来表达。这样有助于确定产品的尺寸，解释产品的使用方式，表达产品给人们带来的感觉，如图 4-41 所示。尤其是那些创新程度非常高的产品，绘制产品使用说明的图解，不仅可以使我们了解令人陌生的造型，同样也可以为那些不了解设计思想和对产品存在疑问的观者解释产品的设计理念，如图 4-42 所示。

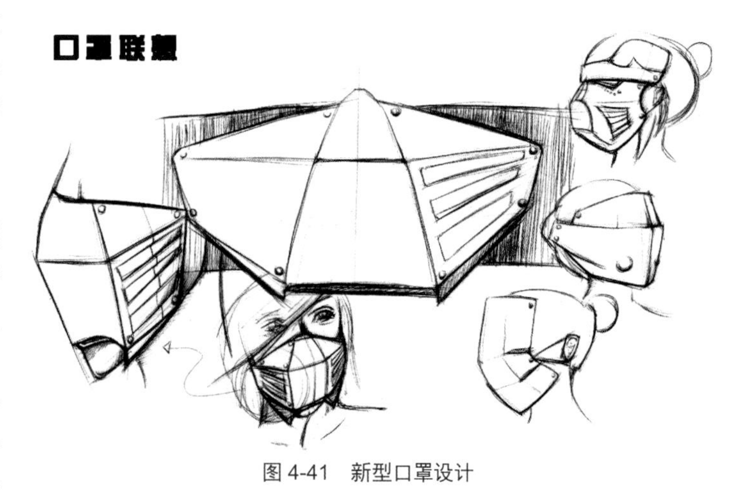

图 4-41　新型口罩设计

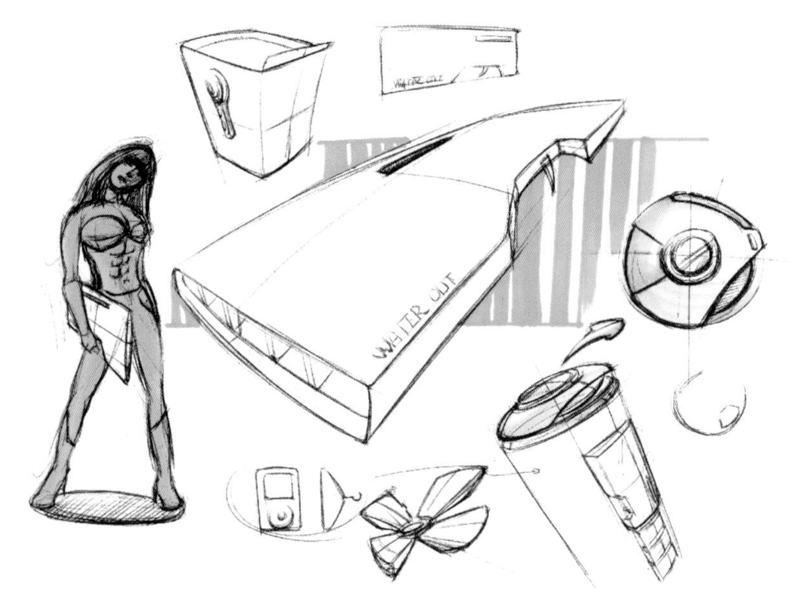

图 4-42　概念洗衣机设计

在保证视角相同的情况下，深化草图中的人物绘制需要使用相同的手绘风格来表现人体造型与产品。图的重点在产品设计的表现上，人体造型只是为了使创意表现得更加清晰。如果人体造型添加太多细节，会分散人们对于产品设计的注意力，使设计图的表现不够鲜明。如果对人物面部细节过于刻画，也会分散观者对产品的注意力，还会增加绘图时间。所以在人物绘制时，需要简化面部细节，提取人体轮廓，形成较为抽象的人体动态图稿即可，如图 4-43 所示。

图 4-43　人物动态提取

例如，我们在使用简易的儿童人物形象探讨儿童座椅的造型问题时，需要考虑儿童座椅无论在吃饭过程中，还是在玩耍使用过程中都与人物存在重要的交互使用关系，所以设计师特别绘制了用户语境的设计草图，如图 4-44 所示。用户语境也帮助设计师解释了关于儿童座椅的比例关系和定位等人机工程学方面需要考虑的问题。设计专业以外的人可以通过图稿中的人物来感受儿童座椅的尺度、比例和使用方式。在人体造型的帮助下，细节的层次可以很容易地看到，使用者也能很容易地想象出产品的使用方式。

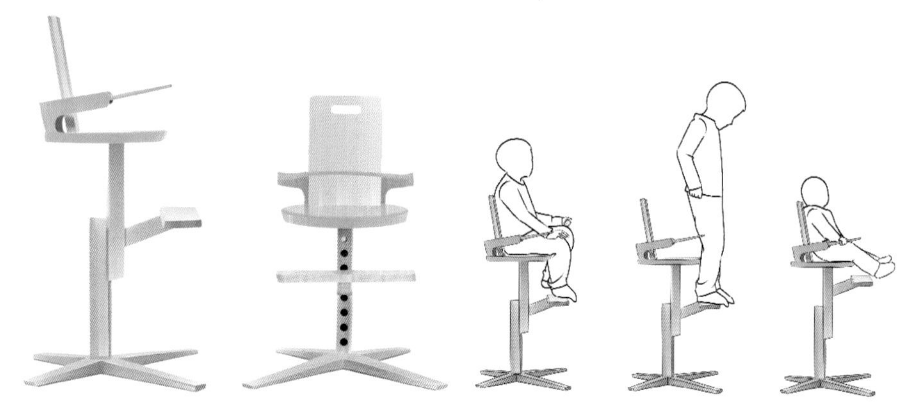

图 4-44 儿童座椅的用户语境图

4.2.3 说明图绘制

说明图涵盖范围比较广泛，有流程图、剖视图、爆炸图、使用方法图等，凡是能够起到对产品结构、使用程序、材料等细节的解释说明的图，都可以归为说明图。

（1）流程图绘制

单纯文字交代使用过程会枯燥难解。对于一些使用过程比较复杂的产品，如果绘制简化的流程图再配以文字说明，使用者就很容易了解产品的使用过程。

流程图绘制可归纳为两种，第一种是常见的使用一到两张图交代使用方法，第二种是使用一系列连续的操作图描绘一个流程，目的在于交代产品的使用方法和组装过程，比如儿童玩具的组装、产品特殊使用方式等。

流程图应符合人的阅读习惯。如果需要两张以上的图，一定要按照逻辑顺序，来共同完成使用流程介绍。每个步骤的图稿应保持相同的表现手法，增强其连贯性，这样在阅读时不容易产生歧义。此外还要特别注意产品的角度和视角的关系，选择有效表现力的视角，尽可能使用户更清楚地了解产品和产品的使用程序，如图 4-45 所示。

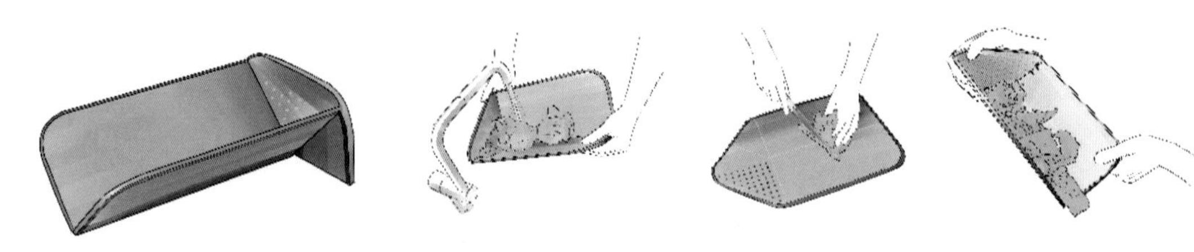

图 4-45 菜板的使用流程图

（2）爆炸图绘制

爆炸图是最常见的一种结构说明方法，主要用来揭示内部零件与外壳各部分之间的关系，通常可以作为工程与结构设计的参考，帮助团队中的工程师和模型制作师理解和讨论产品的技术问题，以及探讨装配时可能遇到的各种潜在问题。

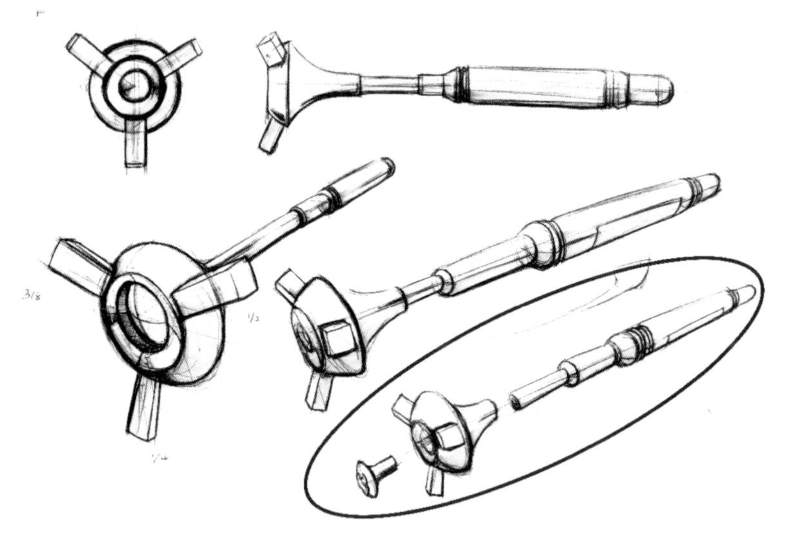

图 4-46　工具爆炸图

由于透视过于强烈的视角会引起产品某些部分扭曲而造成识别障碍，因此爆炸图要特别注意根据组件的多少来选择最合适的视角。绘制爆炸图时最好选择俯视和平视视角，这样有利于设计师把握和展示更多的产品信息。同时，产品各部分之间的距离以及重叠关系，必须与画面的层次和所要展现的产品信息统一考虑，如图 4-46 所示。

4.2.4　文字绘制

图文结合是深化草图中的一种表现形式，有助于设计师、客户和工程师之间的沟通。有些人画草图时忽视了文字的重要性，花了时间、费了力气反而没有交代清楚。使用言简意赅的文字来辅助说明手绘中不容易表现的外观细节、材质特点、结构和细小零部件等，可以使设计表现得更加清楚、明了。文字阐述的内容要与产品方案的设计思路和相关设计重点相吻合，如人机工程学因素、简要使用流程、设计创意点等。同时还可以对产品的设计理念、设计定位、各设计要素进行分析。在做相应的文字解释时，务求文字精练，内容传达到位。

深化草图中的文字主要包括标题、设计说明、细节标注三大部分。

首先，标题一般是完整的一条或一段，很少出现单个的字。我们应该根据版面的大小来组织文字，如图 4-47 所示。标题多使用变体美术字，或新颖奇特，或优美活泼，它们能使版面丰富多彩，有令人耳目一新的艺术感染力。深化草图中标题的排列形式一般以横、竖两种编排为多，但有时为了增强形式感，使版面活泼、醒目，也可以用放射形、波浪形、扇形、倾斜形、台梯形、渐变形和曲线形等排列。变化的手法可以多种多样，还可以综合运用。但无论使用何种手段，在文字的整体设计中必须注意形成某种内在的联系，即统一因素。统一因素也是多方面的，例如笔形的一致、装饰风格的一致、背景的一致、色彩的一致或同一元素的反复运用等，都能给人以整体和统一的感觉。

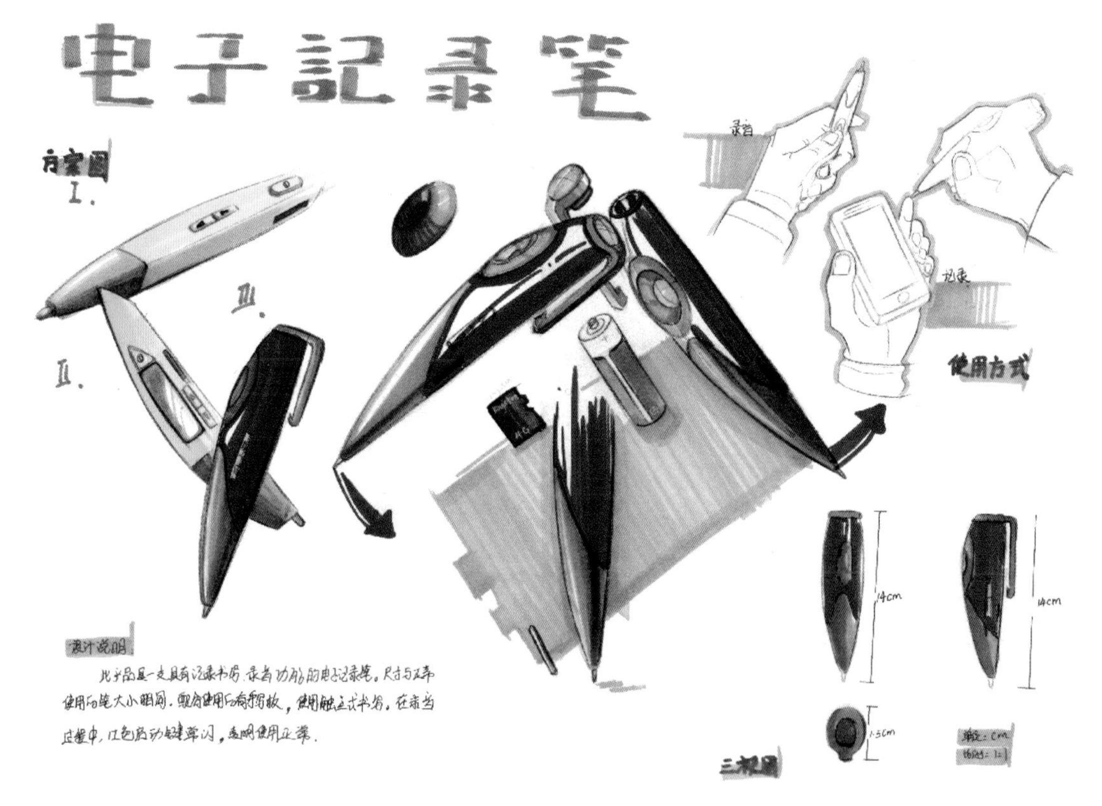

图 4-47　电子记录笔设计

其次，写设计说明时也要注意字迹工整，同画面相协调，不要写得太多、太密集，不能夺了效果图的主体地位。书写时应该根据字体的种类、字形的大小等因素，具体计算并合理安排字距和行距，书写时应该做到“意在笔先”，如图 4-48 所示。

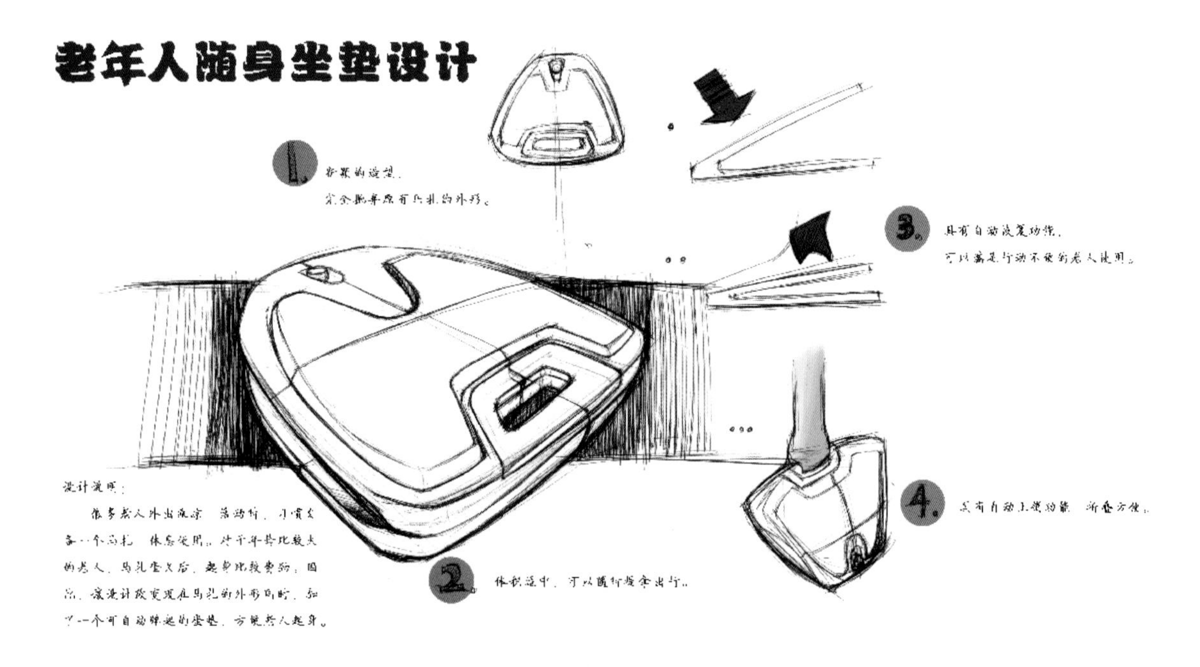

图 4-48　老年人随身坐垫设计

对于细节标注，主要指使用辅助性的文字和指示标志，来表述产品的各个部件名称和简要的使用流程等。规范的标注方法通常都用直线、折线或曲线箭头引出，在空白处标注，最好用比较工整的字体。标注的说明也要布局合理、美观，且方向统一，如图 4-49 所示。

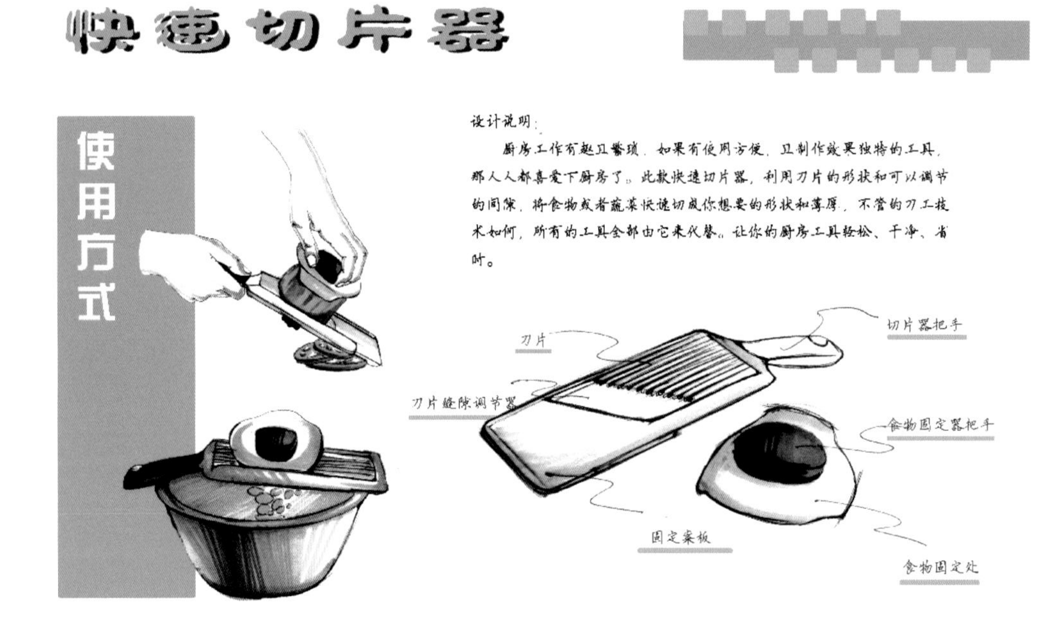

图 4-49　快速切片器

4.2.5　三视图绘制

深化草图中的三视图主要用来全面介绍产品形态和尺寸。一般来说，画出产品的前视图、顶视图、侧视图，辅以基本尺寸的表达即可。当然也有些三视图是以交代产品特点为目的的，所以可以根据产品特点，选择最具产品特点和功能比较集中的面进行集中表达，如图 4-50 所示。

图 4-50　赛车三视图

4.3 构图技巧

在表达自己的设计思想或进行作品展示时，为了获得良好的视觉效果，作品的构图是需要认真考虑的。在深化草图绘制过程中，设计者在有限的平面内，对自己所要表现的形象进行组织，并且形成整个平面的特定结构，以求视觉效果上主次突出、优美和谐。版面形式可以根据自己的喜好安排，创造出更为灵活多变的构图，以完善画面，满足设计需求。

构图有多种形式，有用于入学考试的产品设计说明表现图，也有在产品设计研发过程中，用于展示设计理念的设计说明图。虽然图稿表现形式略有不同，但其原理和方法基本一致，以专业入学考试绘制形式为例，在深化草图中需要注意的构图问题主要包括以下几个方面。

（1）构图的平衡

专业入学考试绘制时间一般有 4 小时和 6 小时两种。时间长短一般与页面大小和内容有关。卷面内容要求有主设计图、设计说明、细节说明等。构图一般采用非对称平衡的形式。画面中表达的是单件产品时，则产品不是放在正中央而是略偏一侧，如图 4-51 所示；如果是多件组合产品，则需要通过组合产品相互的位置、大小、前后空间关系进行搭配，如图 4-52 所示。

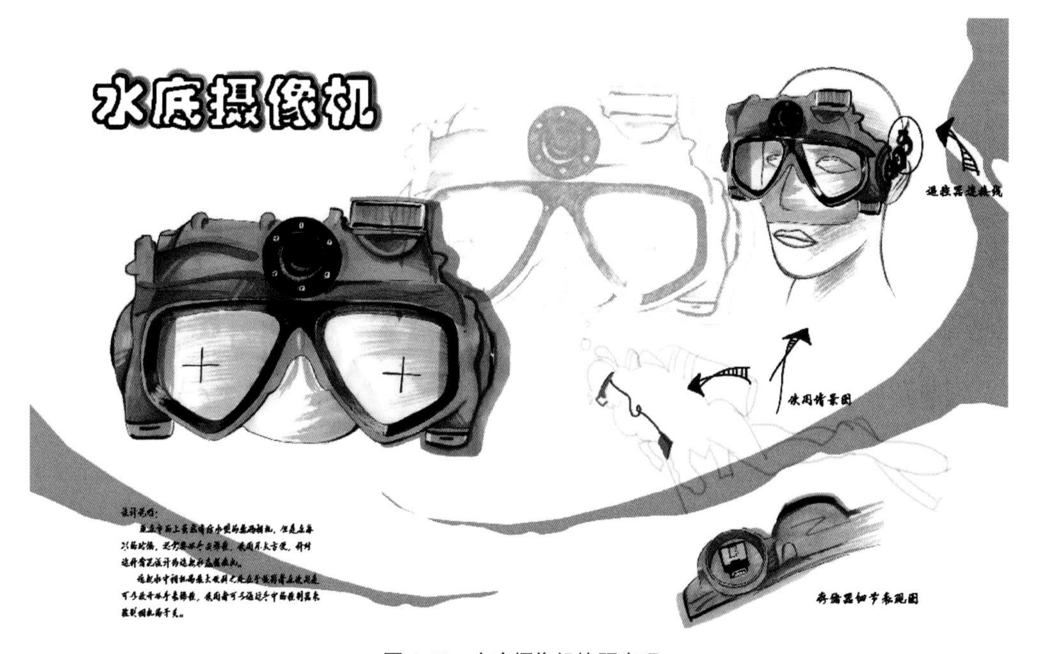

图 4-51　水底摄像机快题表现

（2）构图比例

构图比例一般指所画产品与画面之间的比例问题，所画产品比例要得当，产品绘制太大和太多会产生画面过满、拥挤的感觉，过小会产生空洞、不饱满和失衡的感觉，如图 4-53 所示。

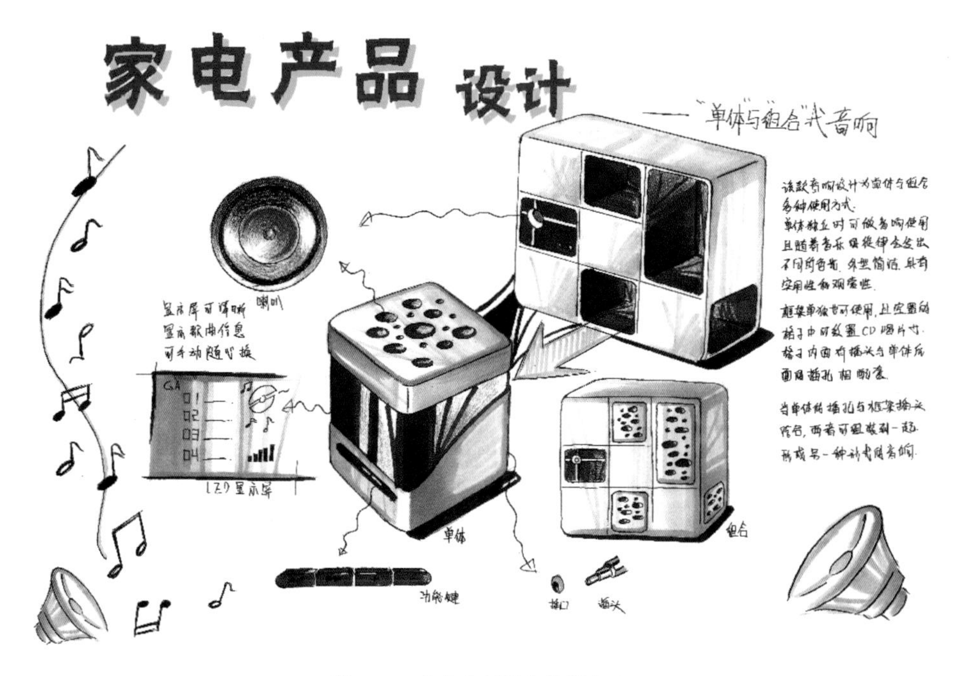

图 4-52　家电产品设计快题表现

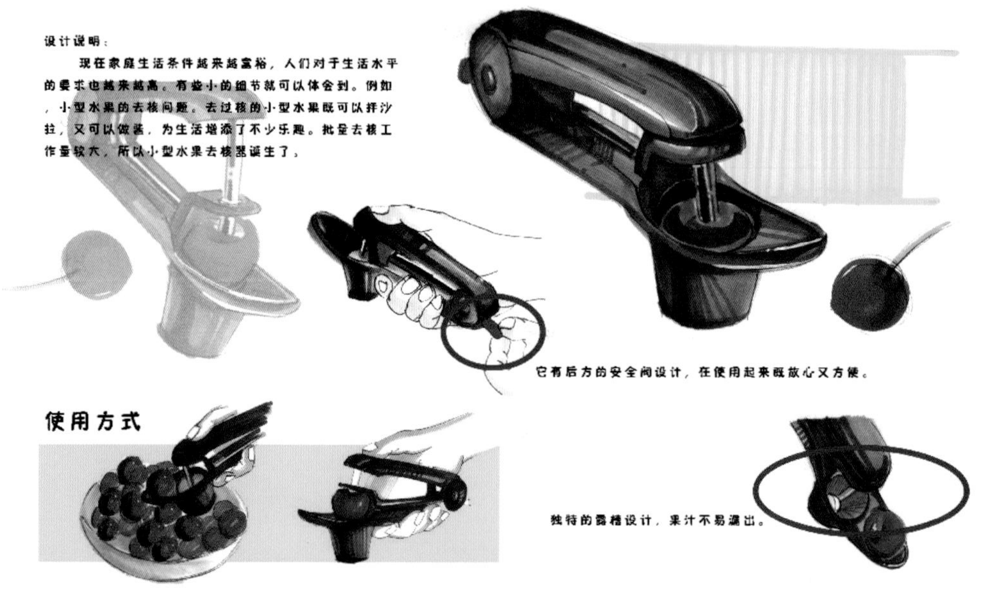

图 4-53　快速去核器设计快题表现

（3）虚实及主次关系

虚实及主次关系多指产品组合的相互衬托关系。在处理该关系时，一般要求主体物鲜明突出，次要形体的位置及表现上不应喧宾夺主。画面中的每个组成部分的位置和色彩等因素都应围绕主题发挥作用。

专业入学考试形式的深化草图中通常也会借助于一些常用的版面元素，如框架分割线、视觉引导线、箭头指向说明及其他符号等来进行辅助说明和丰富画面效果，如图 4-54、图 4-55 所示。

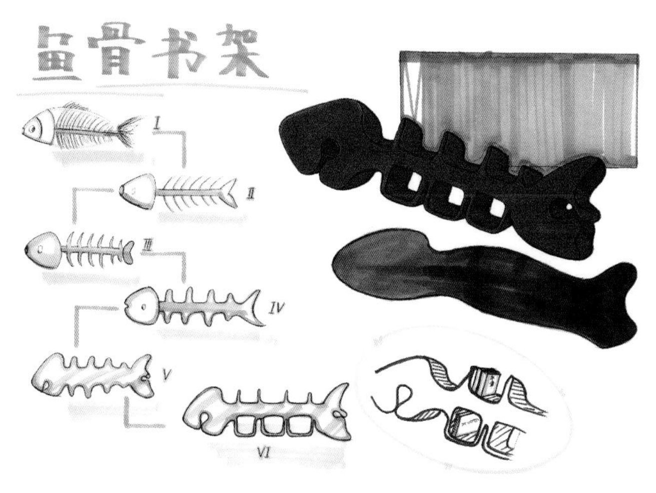

图 4-54　视觉引导线使用

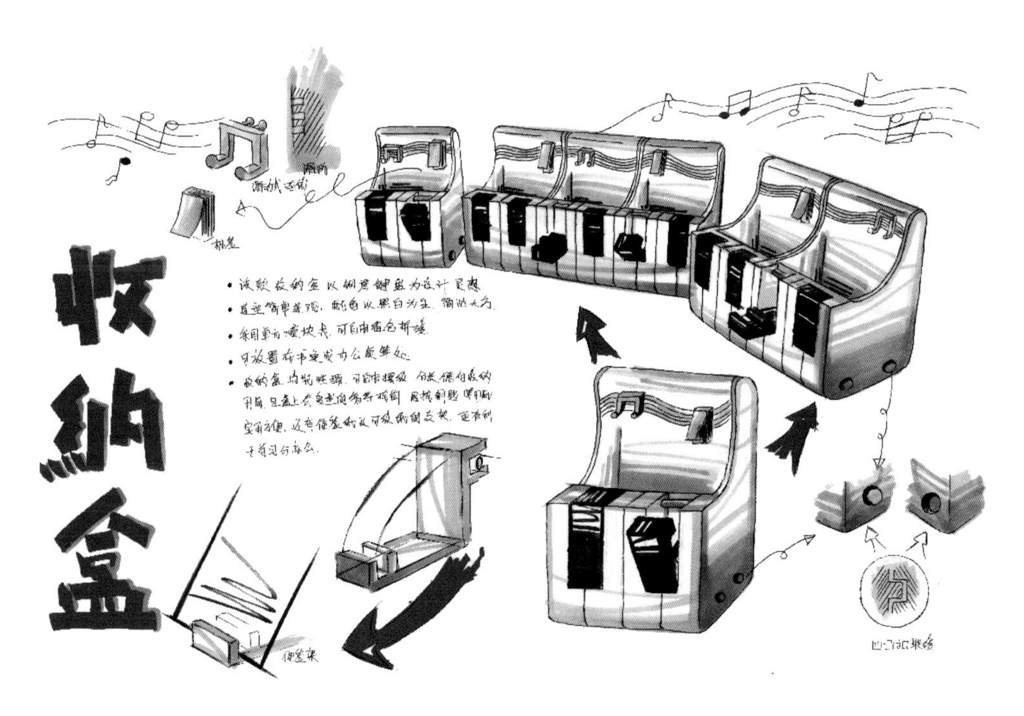

图 4-55　箭头指向说明使用

课后作业

围绕办公用品，选择一款产品完成深化草图。

数位绘制篇

产品设计快速表现——数位绘制

本章重点

◎产品数位绘制常用软件
◎数字图像种类
◎图像尺寸、分辨率和文件大小等相关概念

学习目的

◎掌握产品绘制基础知识，为后期熟练进行数位绘制打下基础。

产品数位绘制是通过数位板将手绘和计算机处理技术相结合的过程。手绘快速表达的方法有利于抓住稍纵即逝的灵感，保持设计思维的连续性，但处理图稿的方式和效果不够灵活。把计算机二维软件的绘图技法与手绘快速表达技法有机结合，帮助设计师把头脑中天马行空的思路、崭新的灵感、创意的火花随时记录下来，并适时地对设计思路进行阶段性修改、归纳和提炼，为设计带来无限可能。

5.1 产品数位绘制概念及分类

在计算机辅助产品设计的发展过程中，三维软件一直都是教学的核心内容，是设计表达的主要手段和方法。随着各类软件的不断升级，以及手绘数位板技术的成熟发展和广泛应用，平面二维软件以其快捷、简便的操作特点和能与手绘技法的艺术性相结合的优势，在产品设计快速表达中得到深入发展。由于它可以直接且快速绘制产品效果图，并且能够达到真实的三维效果，所以受到越来越多产品设计师的青睐，成为目前比较流行的一种重要设计表达方法，并在公司、企业的实际设计中发挥着重要作用。同时，通过数位板与二维软件将手绘表达与计算机快速表达有机结合，促进了现代设计技术手段的发展和进步，是现代设计理念发展的结果。

产品数位绘制是指应用数位板的绘图技术和计算机二维软件进行产品设计表达的过程。以“数位绘制”理念为指导进行产品设计，不是单纯学习某个软件，而是综合学习多种平面二维软件，了解多种平面二维软件之间的共享技术，将它们有机地融合，建立一种多个二维软件综合应用的计算机快速设计表达理念。

产品设计数位绘制图根据用途分为两大类：一类是产品设计师与普通客户、管理人员之间进行沟通和交流使用的工具，要求产品的平面投影效果图、立体透视效果图的形态转折、空间关系、色彩、肌理质感等内容能够真实、客观地预见和反映产品的信息。此类效果图主要用于产品管理决策部门对产品设计方案的评审，是产品工程设计部门对产品进行工程设计的重要依据和参照，如图 5-1、图 5-2 所示。

图 5-1　产品使用说明

图 5-2　产品外观视图

另一类用于产品的设计方案展示和广告宣传，其表现重点为产品研发的创新点和产品整体环境效果的烘托。因此，会使用突出和夸大手段来处理产品自身效果，以及产品使用环境的效果，如图 5-3 ～图 5-5 所示。

图 5-3　Jeep 车型设计

图 5-4　马自达车型设计

图 5-5　雷克萨斯车型设计

目前，产品设计公司在设计流程上，一般将深化草图在设计中间阶段讨论后，直接使用二维软件制作数位绘制效果图，呈交设计组评议。呈交的数位绘制效果图方案可以充分体现设计产品的细节。当数位绘制方案确定后进入三维制作阶段。设计师设计制作三维模型的目的是制作模具。数位绘制的环节比较节省时间，可大大缩短产品开发周期，是非常重要的步骤。在设计过程中，如果直接从草图跳跃到三维制作，可能会有一个很大的落差。因为草图绘制是设计师构思的过程，在这个过程中会有很多改变，数位绘制效果图有助于两个环节的衔接。如果设计公司给客户呈现数位绘制图稿来敲定最终方案，然后由设计师制作三维效果或手模，可在建模和三维渲染阶段节约很多时间。这样，大量的时间和精力可以用在分析、评价、调整上，使传统的设计程序在重点上有了变化，这也是产品数位绘制所带来的革新。

设计一个产品可能会产生不同的方案，但设计元素相同的时候，综合应用数位绘制制作起来就很简单。在相关平面软件中可以非常方便地排列组合图层中的元素或替换颜色效果，以达到同一产品不同的视觉效果，如图 5-6 所示。

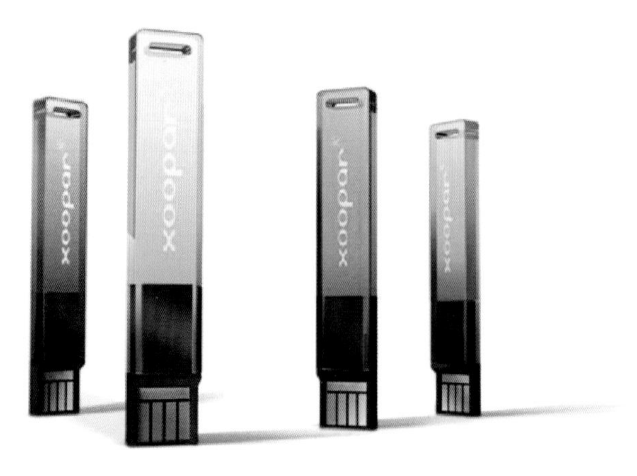

图 5-6　U 盘设计色彩方案

产品数位绘制的出现对于设计的意义并不仅仅在于它对产品设计发挥着辅助设计的作用，更重要的是它联系着设计的传统与未来，通过数位板，它融合了传统的设计方式和手绘技能，同时又包含了电子世界的独特装饰语言。从设计的整个流程可以看出，计算机对产品设计的影响已经从具体方式、方法的层面向上延伸到设计观念的层面。产品数位绘制可以增强设计过程及结果表达的科学性、可靠性、完整性，并且能积极地适应日新月异的信息化的生产方式。

5.2 产品数位绘制的常用软件

绘制满意的数位绘制效果图并非一件容易的事，不仅要了解设计的思维方法，还要懂得绘画语言、色彩规律以及在二维平面上进行三维造型所需要的操作技巧。产品设计计算机快速表达常用的绘制软件有 Photoshop、CorelDRAW、Illustrator 等。它们可以单独绘制，也可以综合使用。目前，随着数位板的广泛应用，与数位板配合使用的 Painter、SAI、SketchBook 等软件也进入了产品设计计算机快速表达中。

在绘制产品效果图的过程中，每套软件都有自己的优缺点，重点是找到适合自己的软件，根据自己的喜好和熟练程度来选择，充分发挥其优势，软件之间做好互相搭配的工作，更快、更真实地表达产品效果。下面我们对常用软件进行介绍。

（1）CorelDRAW

CorelDRAW 是 Corel 公司开发的图形设计软件，该软件操作简单，系统性和条理性强，界面设计友好，易于学习。CorelDRAW 是以矢量绘图为基础的绘图软件，也可以用于图文混排。随着人工智能技术的提升，2020 年 3 月新推出 CorelDRAW 2020，如图 5-7 所示。此版本为设计师提供了一种更好地与同事和客户进行交流和协作的方式。使用 CorelDRAW.app 共享设计可以实时获得主要利益相关者的反馈。新增 AI 功能中的取样选项有助于放大图像而不丢失细节，且具有位图描摹功能等。

图 5-7　CorelDRAW 2020

（2）Illustrator

Illustrator 是美国 Adobe 公司推出的专业矢量绘图工具。Illustrator 是用于出版、多媒体和在线图像的工业标准矢量插画软件。该软件的线稿可以提供无与伦比的精度和操控，可以制作各种小型设计和大型的复杂项目。作为全球最著名的图形软件，Illustrator 以其强大的功能和体贴的界面占据了全球矢量编辑软件中的大部分市场份额，开启界面如图 5-8 所示。

图 5-8　Illustrator 2020 开启界面

（3）Photoshop

Photoshop 是 Adobe 公司推出的位图绘图软件。该软件作为目前世界上最优秀的平面图像处理软件之一，为计算机图像处理开辟了一个全新的领域。其应用范围非常广泛，如效果图的后期处理、广告设计、牌匾灯箱设计、标志 CI 设计、印刷设计、网页图像制作、新闻出版等，开启界面如图 5-9 所示。

（4）SketchBook

SketchBook 是围绕 Alias 特有的 Marking Menu 技术开发的绘图软件。Autodesk SketchBook Pro 是一款小巧的高品质渲染应用工具，专门用于平板计算机和数字化平板，软件界面新颖动人，功能强大，仿手绘效果逼真。笔刷工具分为铅笔、毛笔、马克笔、制图笔、水彩笔、油画笔、喷枪等。自定义选择式界面以及人性化功能设计，绝对是设计爱好者的最佳选择。其改变了数码草图绘制、标注和展示等方法，为计算机绘图带来了全新的工作感受。

图 5-9　Photoshop 2020 开启界面

（5）Painter

Painter 是由 Corel 公司出品的专业绘图软件，Painter 最令人称道的地方就是画刷功能。利用数位板和压感笔，结合 Painter 软件能模拟 400 多种笔触，例如水彩、油画、丙烯、铅笔、钢笔、蜡笔、粉笔、喷雾枪等，凡是设计师平时使用的画笔效果，Painter 均能模仿。同时，该软件与 Adobe Photoshop 兼容，两个软件共同使用可以让你的绘制更加精彩。

（6）SAI

SAI 全称为 Easy Paint Tool SAI，是专门用于计算机绘图的软件。这款软件较为小巧，对计算机配置要求不高。无论是 Painter 还是今天的 SAI，都是以细致的笔触见长。SAI 问世初期在动漫领域使用较多。随着画笔功能强大等优势的凸显，在产品设计领域开始应用。

根据目前在产品设计专业二维软件教学的普及程度、相关学习素材的多少以及软件对计算机配置的要求等多方面考虑，本书选取 Photoshop、SAI 两种软件配合数位板实例讲解产品效果绘制。学生应学会综合运用这些软件，并建立一种综合应用多个二维平面软件进行计算机辅助快速设计表达的理念，便于掌握计算机快速表达的方法。

5.3 产品数位绘制基本知识

5.3.1 数字图像种类

数字图像是将二维或三维景物呈现在人眼中的影像（即图像）转换成能够直接被计算机所接收和处理的数字信息。根据计算机文件内表达和生成的方法不同，数字图像分为矢量图（Vector）和位图（Bitmap）两大类。不同类型的图像性质各有不同，下面我们分别来了解一下。

（1）位图

位图图像在技术上又称为栅格图像，即用栅格、点阵来表达图像。它通过不同颜色、不同亮度、不同对比度的像素来表现图像。每个像素都有自己特定的位置和颜色值。位图图像的编辑和处理实际上就是对位图图像上的像素点的色彩和明暗进行编辑和处理。一幅图像包含固定数量的像素，如果将位图图像放大，便可以看到它由许多的“像素点”组成。因此，如果在屏幕上对图像进行无限放大，则图像会呈现锯齿状，效果会失真，如图 5-10、图 5-11 所示。

图 5-10　图像 100% 显示效果

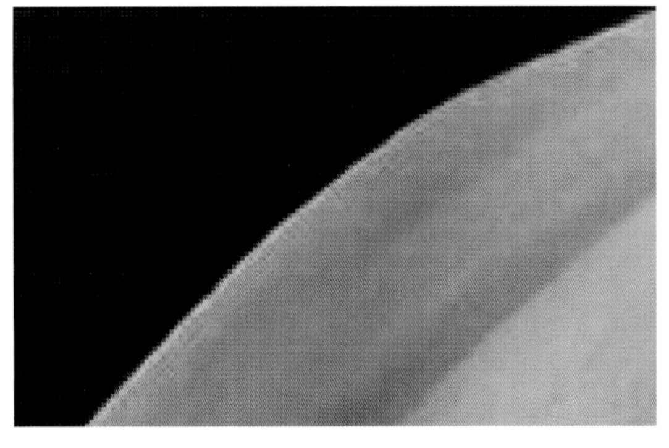

图 5-11　图像 600% 显示效果

在图像类型转化过程中和位图处理过程中，由于操作问题，自然图像可能会损失一些信息，但由于分辨率高，在一定程度上，人的眼睛并不能辨别出来，图像仍然可以表现出细微层次的颜色变化和立体阴影的真实效果。如果分辨率设置过低，人眼就能够感觉到位图图像的像素点，图像就会变得模糊不清。高、低分辨率比较效果如图 5-12 ～图 5-14 所示。

（2）矢量图

矢量图也叫向量图，它由矢量线条组成，是用数学模式对物体进行描述并建立的图像。矢量图中的各种图形元素称为对象，每个对象都是独立的个体，都具有大小、颜色、形状、轮廓等属性。

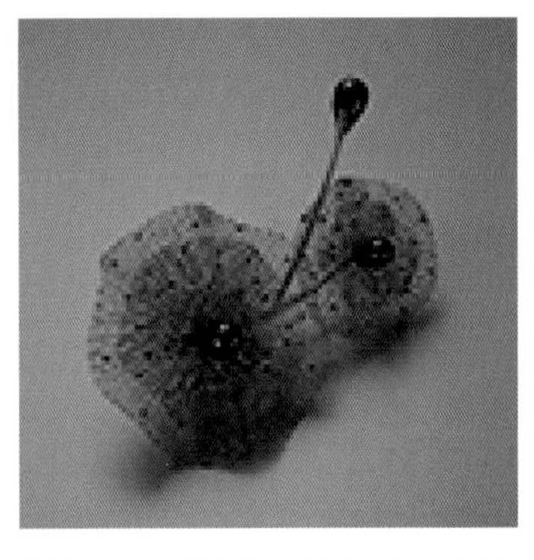

图 5-12　分辨率为 72 像素 / 英寸效果

图 5-13　分辨率为 100 像素 / 英寸效果

图 5-14　图像为 300 像素 / 英寸效果

由于矢量图像是以数学公式的方式保存的，所以矢量图的清晰度与分辨率无关。它可以任意尺寸缩放，也可以按任意分辨率打印输出。不管图片大小，放大之后具有同样的细节、清晰度和光滑的边缘效果，如图 5-15、图 5-16 所示。矢量图一般所占容量比较小，但这种图形的缺点是不易制作色调丰富的图像，绘制的图形无法像位图那样描绘各种绚丽的景象。因此，矢量图是表现标志图形、工程平面图的最佳选择。

图 5-15　矢量图显示 100% 效果

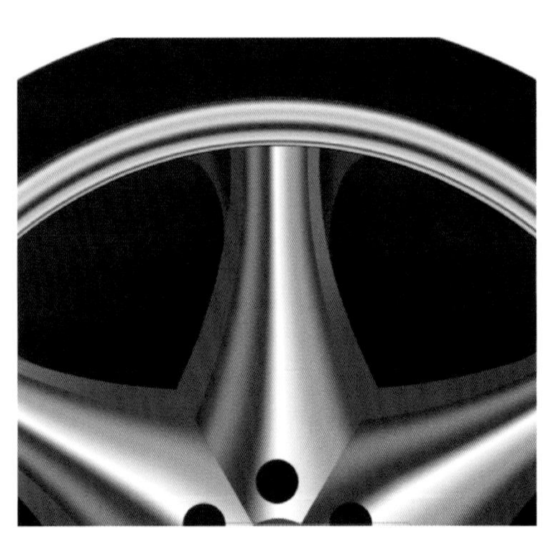

图 5-16　矢量图显示 300% 效果

5.3.2　图像尺寸、分辨率和文件大小

图像尺寸、分辨率和文件大小是三个互相关联的量。

图像尺寸是指图像的宽度和高度。由于单位不同，所以图像尺寸有多种表达方法，常用的单位有英寸、厘米、像素等。打印机等设备上输出的图像，一般使用厘米或英寸作为度量单位；在屏幕上显示的图像，一般用像素作为度量单位。一张图片尺寸越大，单位面积内的像素越多，图像文件就越大，图像的效果就越好，图像的文件大小与其像素、尺寸成正比。同时，文件大小也与图像分辨率成正比，分辨率越大，文件就越大，反之就越小。

分辨率有多种，我们经常用到的是图像分辨率、设备分辨率、屏幕分辨率三种，由于这三种分辨率适用于不同的场合和文件，所以我们对其做一下简述。

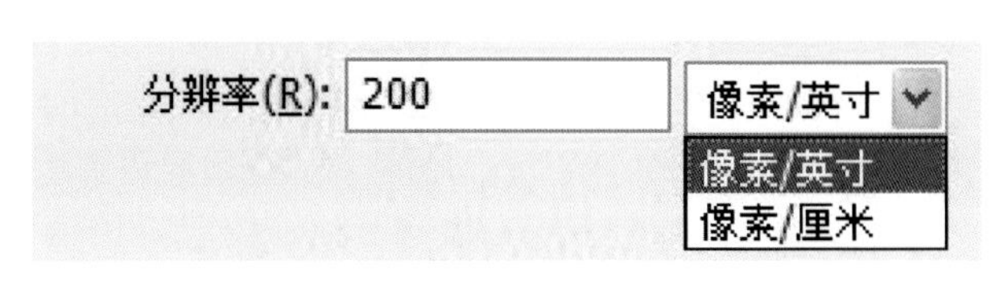

图 5-17　Photoshop 分辨率选择对话框

图像分辨率是图像中存储的信息量。以位图分辨率为例，单位长度内所含像素点的多少，常以每英寸的像素数来表示，即像素 / 英寸、像素 / 厘米，对话框效果如图 5-17 所示。高分辨率的图像可以呈现出更多的细节和更细致的颜色过渡。图像分辨率和图像尺寸一起决定图像文件的大小及输出质量。它们的值越大，图像文件所占用的磁盘空间也就越大，进行打印或修改图像等操作所花的时间也就越多。图像分辨率可以修改，但对于低分辨率的图像，提高它的分辨率并不会改善图像的品质。因为提高分辨率只是将原来已有的像素信息扩散到更多的像素中，并没有增加新的像素信息。所以这一点在图像处理时一定要注意，文件分辨率在由大改小时，一定要谨慎，因为当完成保存后，将无法回到以前高分辨率的清晰程度。

设备分辨率又称输出分辨率，是指各类输出设备每英寸上可产生的点数，如喷墨打印机、激光打印机、热敏打印机、绘图仪的分辨率。这种分辨率通过 dpi 这个单位来衡量。一般 dpi 数值越大，效果越好。多数桌面激光打印机的分辨率为 600dpi，而照排机的分辨率为 1200dpi 或更高。

屏幕分辨率是显示器上每个单位长度显示的像素数量。屏幕分辨率取决于显示器大小及其像素设置。我们可以通过 Windows 操作系统的“屏幕分辨率”对话框对显示器分辨率进行设置，屏幕分辨率设置界面如图 5-18 所示。

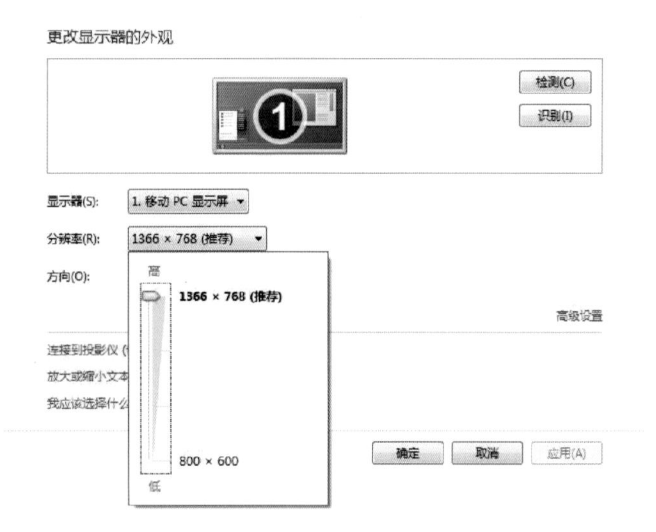

图 5-18　屏幕分辨率设置界面

5.3.3　文件格式

文件格式是指计算机存储文字与图形图像所建立文件的方式，一幅数字图像必须以某一种格式“写”在磁盘上，如果没有选择正确的文件格式，那么图像在下次读入、读出时就可能发生变形或读识错误。每种文件格式都有其优缺点，保存时要根据应用环境和软件来进行文件格式的选取。一般大型的平面设计软件，可以支持大部分的图像格式，能够比较轻松地在各种图像格式间进行转换。我们也可以使用一些专用的图像格式转换软件进行更多格式的图像转换。图像文件的格式体现在该文件的扩展名上。下面我们重点介绍几种在表现过程中经常遇到的文件格式。

（1）TIFF 格式

TIFF 是 Tagged Image File Format 的缩写，即标签图像文件格式。它是对于色彩通道图像创建的最有用的格式。一个在 PC 上存储的 TIFF 图像可以被 Macintosh、UNIX 平台及其他专业平台读取。TIFF 使用了一种无损失的压缩方案，它在压缩时不涉及图像像素，能保持原有图像的颜色及层次，其文件占用空间比较大，因此 TIFF 格式常被应用于较专业的用途，如印刷制版行业等。

（2）EPS 格式

EPS 是 Encapsulated Post Script 的缩写。EPS 格式最常用于存储矢量图形，也可用来存储位图图像。因此，EPS 格式经常被用作矢量图和位图交互使用的文件格式。例如，Illustrator 软件制作出来的流动曲线、简单图像和专业图像一般都存储为 EPS 格式，以方便 Photoshop 读取。在 Photoshop 中，也可以把图形文件存储为 EPS 格式，以便在排版类的 PageMaker 和绘图类的 Illustrator 等其他软件中使用。

（3）PSD 格式

PSD 是 Photoshop 软件专用图像格式，此格式的文件包含制作过程步骤的图层、通道等特殊处理信息，所以图像文件占用磁盘空间较多，文件较大。PSD 文件格式由于在其他图形处理软件中没有得到很好的支持，所以其通用性不强。因此，只有在还没有决定图像最终格式的情况下，才用 PSD 格式存储图像，这样在图像中可以留下用户定义的 Alpha 通道和以后工作需要的未合并图层。

（4）BMP 格式

BMP 是 Windows Bitmap 的简称。它可以用于绝大多数 Windows 下的应用程序。BMP 文件格式使用索引色彩，它的图像具有极为丰富的色彩。BMP 格式能够存储黑白图、灰度图和 16MB 色彩的 RGB 图像等。此格式一般多用于视频输出、多媒体演示等情况。在存储 BMP 时可以进行无损失压缩，这样能够节省磁盘空间。

（5）GIF 格式

GIF 是 Graphics Interchange Format 的缩写，即图形交换格式。由于 GIF 格式是经过压缩的格式，所以文件比较小。GIF 格式的图像在压缩过程中，图像的像素资料不会丢失，但图像的色彩会丢失。文件图像的颜色最多不能超过 256 色。因此，随着图像处理技术的发展，这种格式的应用性已逐渐下降。但随着网络的发展，GIF 格式又重新得到了广泛的应用。因为 GIF 格式同时支持线图、灰度和索引图像，且支持动画显示和交错显示，从而满足了网络对文件传送速度和页面动态显示的要求。

（6）JPFG 格式

JPEG 是 Joint Photographic Experts Group 的缩写，即联合图片专家组。它是 Photoshop 中比较常用的存储格式类型。

JPEG 格式是所有压缩格式中最好的一种格式。虽然在压缩过程中会损失掉一些数据信息，但压缩前，可以在保存对话框中选择图像的最终质量，压缩比率通常在 10:1 ～ 20:1 之间，有效地控制了 JPEG 在压缩时的数据量损失。如果选择 Maximum（最高）项，就可以最大限度地保存图像数据。JPEG 格式的图像主要压缩的是高频信息，对色彩的信息保留较好，因此也普遍应用于需要连续色调的图像中。

5.3.4 色彩模式

人眼根据光线的波长感知颜色。全部色谱的光为白色。在无光的情况下，眼睛感知为黑色。可视光谱由三种基本色组成，即红（R）、绿（G）、蓝（B）。这些颜色有三个属性和特征，即色相、饱和度及明度。

由于应用领域的不同，建立了不同的色彩模式，不同的色彩模式有其不同使用效果。一般常用的色彩模式有 RGB 模式、CMYK 模式、灰度模式等，下面对常用的色彩模式进行简单介绍。

（1）RGB 模式

RGB 模式是色光的色彩模式，是一种加色模式。显示器都使用这种模式显示颜色。RGB 分别指三个基本颜色：Red（红）、Green（绿）和 Blue（蓝），它通过三种色光叠加而形成更多的颜色。它们可以组合出 1670 万种不同的颜色。例如，R=0、G=66、B=255 构成一种蓝色，蓝色构成数值如图 5-19 所示。当 RGB 三个值相同时，呈现黑白灰色调。当 3 个值均为 0 时，则为纯黑色。当 3 个值均为 255 时，为纯白色。黑、白两色构成数值如图 5-20、图 5-21 所示。

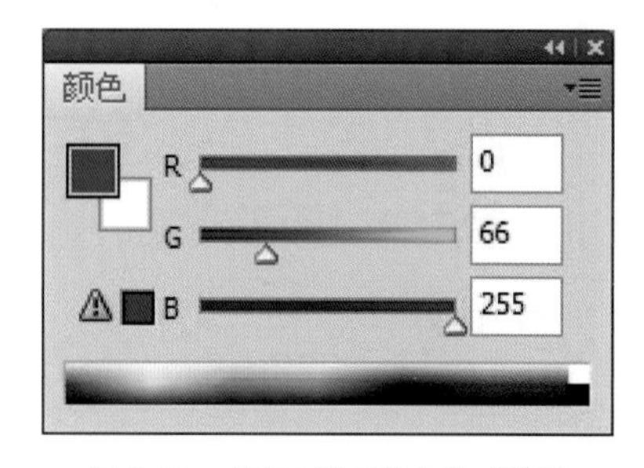

图 5-19　RGB 模式蓝色构成数值

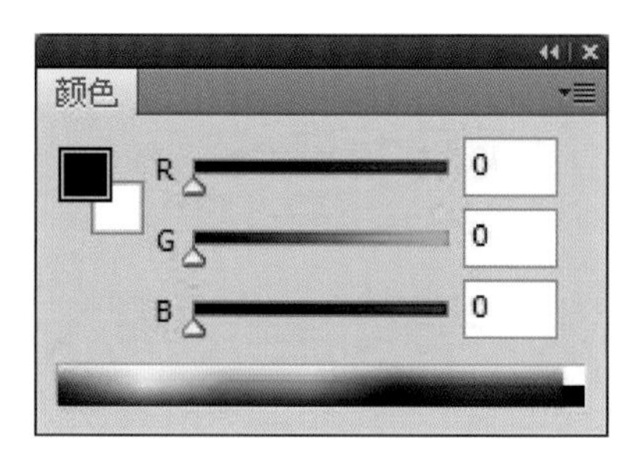

图 5-20　RGB 模式黑色构成数值

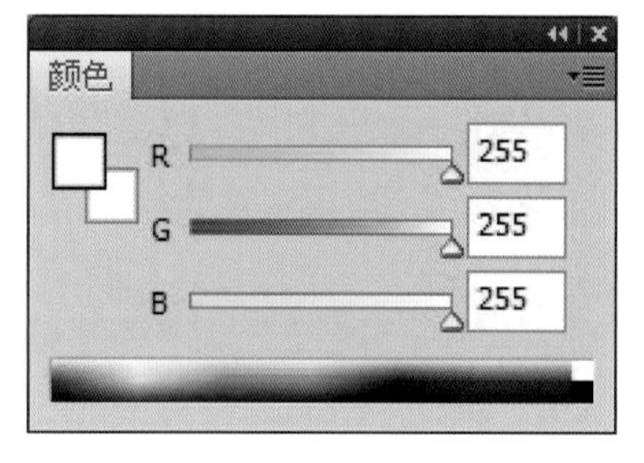

图 5-21　RGB 模式白色构成数值

（2）CMYK 模式

CMYK 是青（Cyan）、洋红（Magenta）、黄（Yellow）和黑（Black）的缩写，为了避免与蓝色混淆，黑色用“K”而非“B”表示，四色模式构成数值如图 5-22 所示。

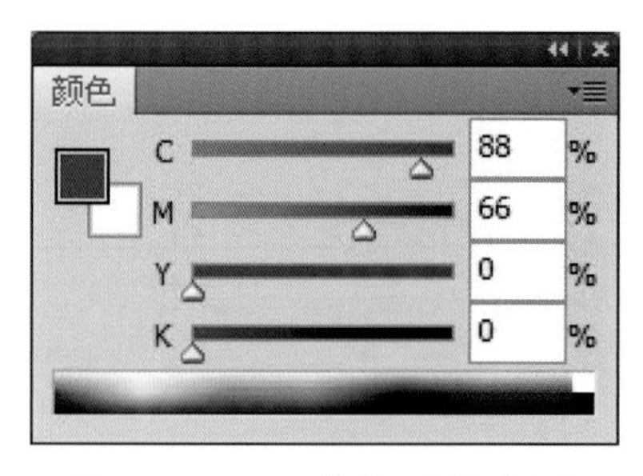

图 5-22　CMYK 模式四色构成数值

CMYK 模式在印刷时应用了色彩学中的减法混合原理，即减色色彩模式。该模式常用于制版和印刷。喷墨打印机执行四色打印，也就是用青（C）、洋红（M）、黄（Y）、黑（K）四种颜色进行喷墨打印。在 CMYK 模式下，每一种颜色用百分数 0% ～ 100% 来表示，百分数越低颜色越亮。例如当 C=M=Y=K=0% 时，为纯白色；当 C=M=Y=K=100% 时，为纯黑色。黑、白两色构成数值如图 5-23、图 5-24 所示。

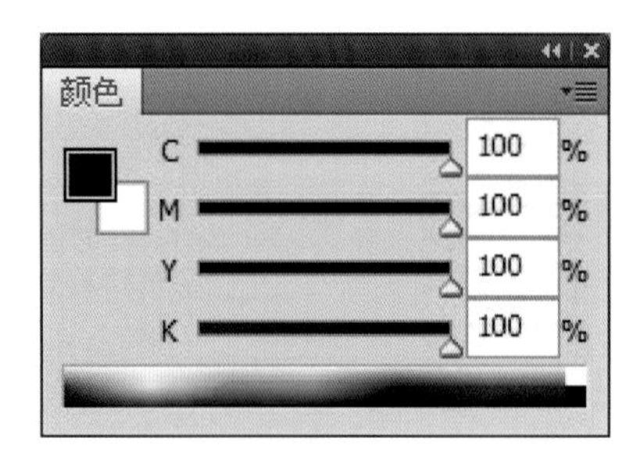

图 5-23　CMYK 模式黑色构成数值

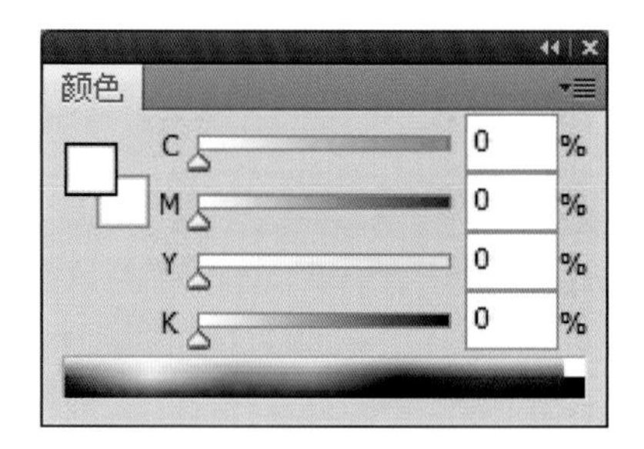

图 5-24　CMYK 模式白色构成数值

（3）灰度模式

灰度模式下的图像能呈现出图像的细微明暗过渡层次效果。灰度模式图像的像素颜色用 0 ～ 255 个不同的灰度值表示，其中 0 表示最暗（黑色），255 表示最亮（白色）。该模式有 256 级灰度，K 值用于衡量黑色油墨用量，一个灰度模式的图像只有明暗值，没有色相、饱和度这两种颜色信息。色彩调节选项卡如图 5-25 所示。因此，黑白文件的扫描常采用灰度模式，因为灰度模式图像的黑白灰层次比较清楚，并且生成的文件较小。当一个彩色文件被转换为灰度模式文件时，所有颜色的色相、饱和度信息都将从文件中丢失。

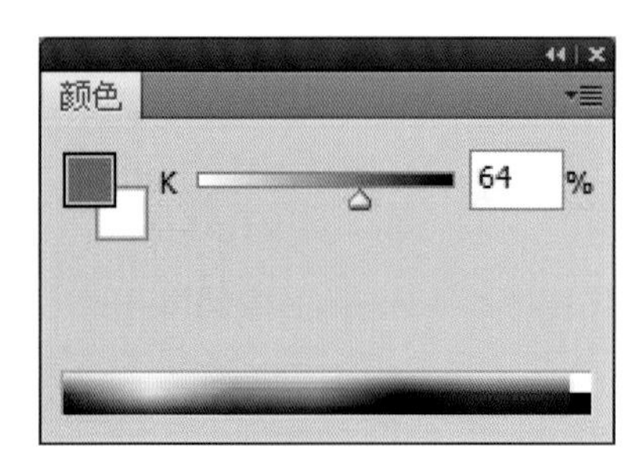

图 5-25　灰度模式色彩调节选项卡

课后作业

1. 文件格式是指计算机存储文字与图形图像所建立文件的方式，每种文件格式都有其优缺点。保存时要根据____________和______________来进行文件格式的选取。

2. 绘制过程中，常用的色彩模式有________模式、________模式、________模式等几种。

3. 灰度模式下图像的像素颜色 0 表示____________，255 表示______________。

第6章 Photoshop与产品数位绘制

本章重点

◎ Photoshop 界面设置
◎ Photoshop 三大核心功能

学习目的

◎熟悉 Photoshop 界面，掌握常用设置并熟练使用核心功能。

在产品数位绘制中，Photoshop 绘制的图像细腻，颜色过渡柔和，明暗层次丰富，其逼真程度可以和三维渲染图相媲美。使用 Photoshop 来绘制产品效果图，省去了三维建模渲染步骤，可以节省大量的时间，从而使设计师能够更加专注于设计本身。

6.1 Photoshop 软件介绍

Photoshop 是由 Adobe 公司开发适用于 PC 和 MAC 两个系统的大型图形图像处理和编辑软件。它功能强大，易学易用，所以受广大图形图像处理爱好者和平面设计人员的喜爱，成为图像处理领域最流行的软件之一，被称作数字世界的“摄影师”“图像修描师”“图形艺术家”等，广泛应用于专业绘图、广告印刷、网页设计等领域。

6.2 Photoshop 界面介绍及常用设置

6.2.1 Photoshop 界面介绍

熟悉工作界面是学习 Photoshop 的基础，熟练掌握工作界面的内容，有助于初学者日后得心应手地驾驭该软件。本书以 Photoshop 2020 为例给大家做软件相关介绍。Photoshop 2020 的工作界面如图 6-1 所示，主要由菜单栏、属性栏、工具箱、控制面板和状态栏组成。

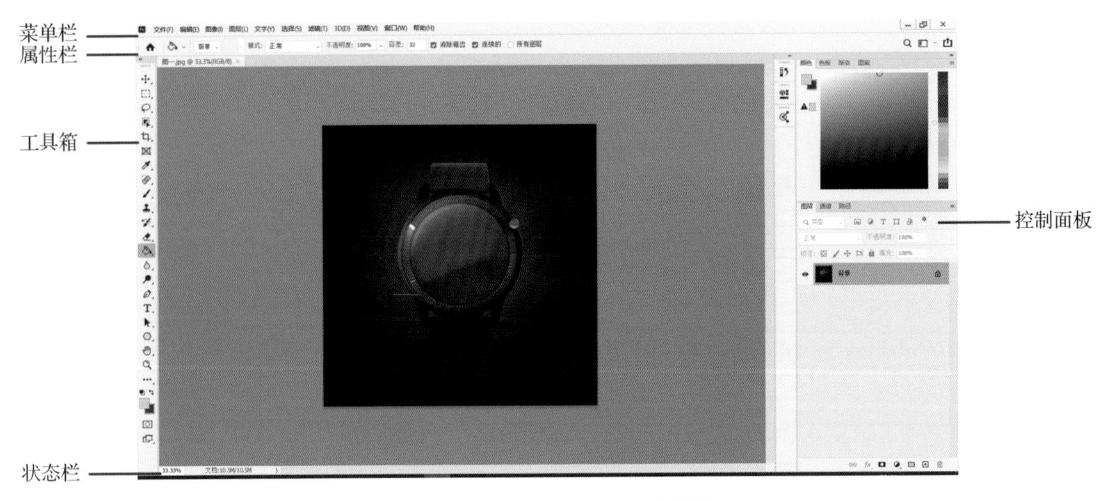

图 6-1　Photoshop 2020 工作界面

菜单栏：菜单栏中包括 11 个菜单命令，如图 6-2 所示。通过这些菜单命令可以完成图像的编辑、色彩的调整、滤镜特效等。

工具箱：也叫“工具栏”，Photoshop 2020 工具箱提供了功能强大的工具，包括选择工具、绘图工具、填充工具、编辑工具、颜色工具、屏幕工具以及快速蒙版工具等，如图 6-3 所示。使用某种工具，只需单击该工具即可。工具变为反白状态，表示已经被选择。工具箱中大部分工具的右下角有个小三角符号，这表示在该工具位置上存在着一个级联工具组，单击这类工具图标不放，然后在打开的相应子菜单中选择相应的工具即可，效果如图 6-4 所示。

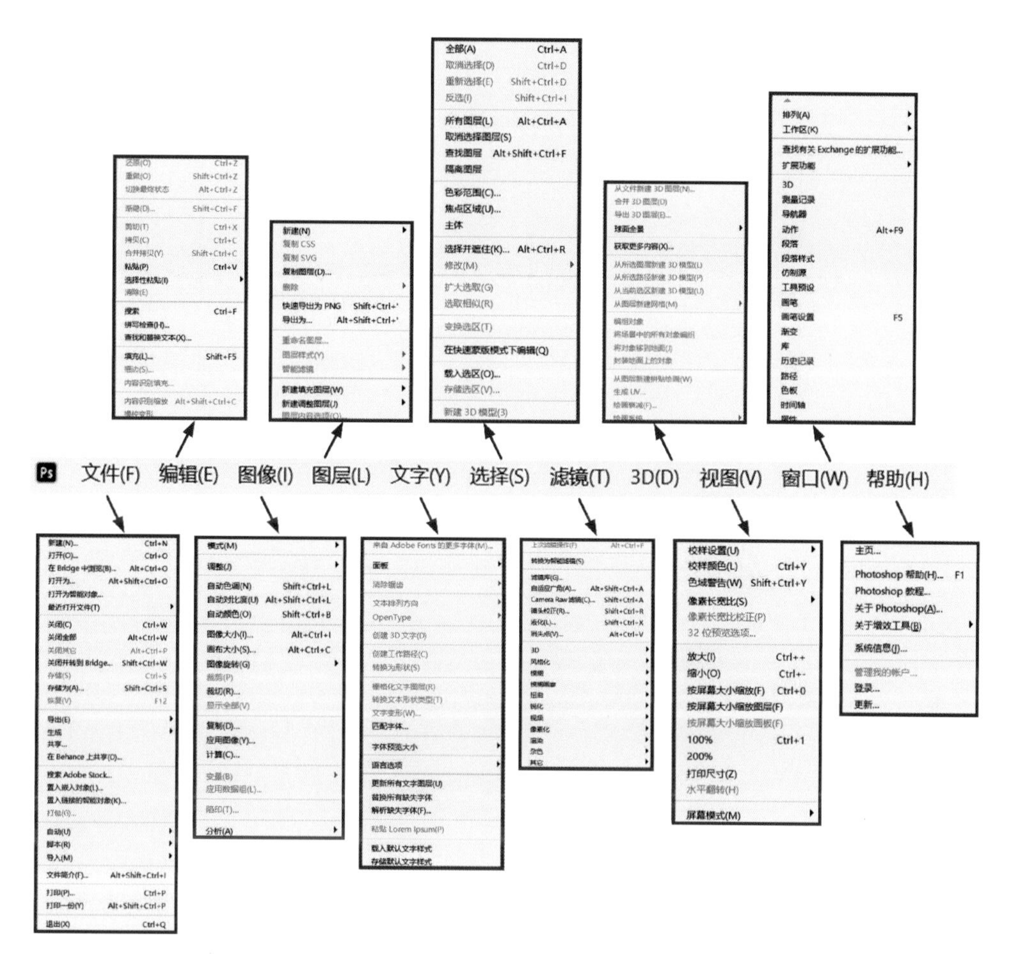

图 6-2　Photoshop 2020 菜单命令

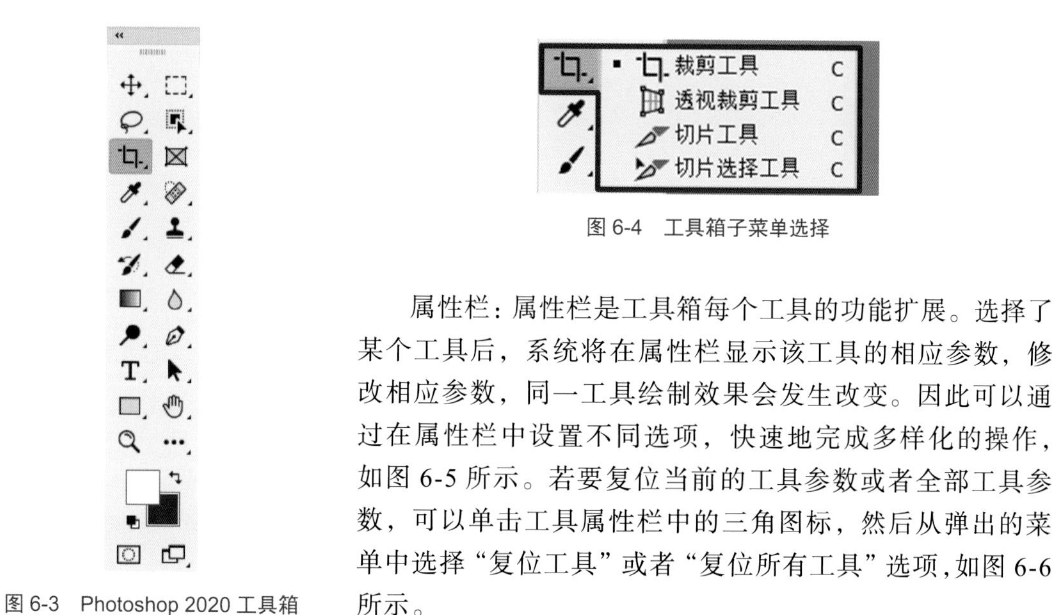

图 6-3　Photoshop 2020 工具箱

图 6-4　工具箱子菜单选择

属性栏：属性栏是工具箱每个工具的功能扩展。选择了某个工具后，系统将在属性栏显示该工具的相应参数，修改相应参数，同一工具绘制效果会发生改变。因此可以通过在属性栏中设置不同选项，快速地完成多样化的操作，如图 6-5 所示。若要复位当前的工具参数或者全部工具参数，可以单击工具属性栏中的三角图标，然后从弹出的菜单中选择“复位工具”或者“复位所有工具”选项，如图 6-6 所示。

图 6-5　钢笔尖属性栏内容

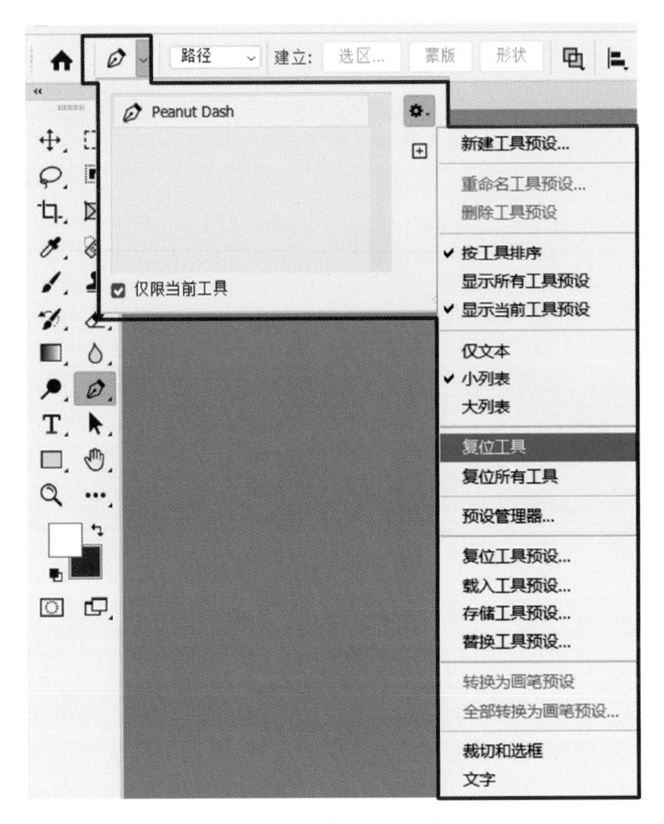

图 6-6　钢笔尖复位工具选项

控制面板：控制面板是处理图像时不可缺少的部分。Photoshop 2020 界面为用户提供了多个控制面板组，如图 6-7 所示。根据自己的使用需要可以在“窗口”菜单栏中选择相应的功能面板，如图 6-8 所示。通过不同的功能面板，可以完成图像的色彩调整、图层样式添加、图层顺序调整等操作。

图 6-7　Photoshop 2020 控制面板组

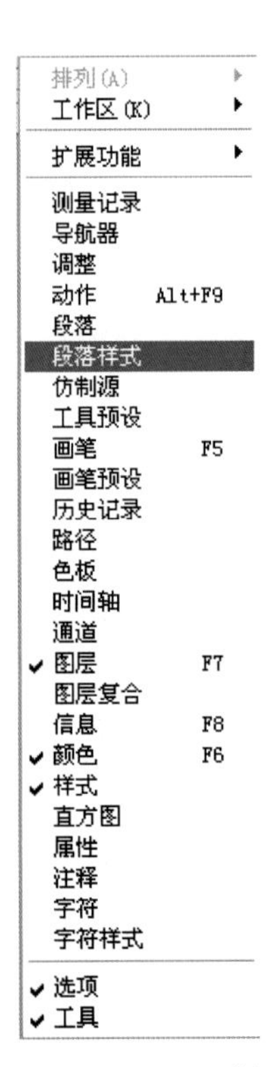

图 6-8　Photoshop 2020“窗口”菜单

状态栏：状态栏位于窗口的底部。该部分提供当前文件的显示比例、文档大小、当前工具、暂存盘大小等信息，如图 6-9 所示。最左侧区域显示图像窗口的显示比例，用户也可以在此窗口中输入数值后按回车键来改变显示比例。中间区域显示图像文件信息，单击小三角按钮可打开级联信息选项，选择其中的不同选项可查看图像文件信息，如图 6-10 所示。

33.33%　文档:10.5M/10.5M

图 6-9　Photoshop 2020 状态栏内容

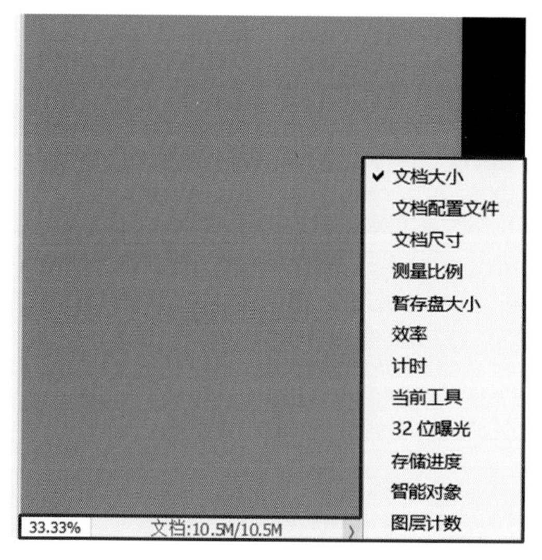

图 6-10　文件信息菜单选项

图 6-11　套索工具（lasso）快捷键

6.2.2 Photoshop 常用设置

（1）快捷键设置

学习 Photoshop 时，最好能够灵活运用快捷键。这样可以大大提高作图速度。因为在图片处理过程中，快捷键的使用会给你带来许多便利。Photoshop 定义了一些功能的快捷键，工具箱中的各种工具可以使用其英文名称的第一个单词来进行快速选择，例如“套索”工具(lasso)的快捷键就是“L”，配合 Shift 键，可以进行“套索”工具中不同内容的切换，如图 6-11 所示。同时，使用者也可以通过“编辑”菜单栏中的“键盘快捷键”命令来进行相应的个性设置，如图 6-12 所示。本书中使用 Photoshop 软件操作时所写的“拖动”是指在按住鼠标左键的同时移动鼠标，“单击”指按一下鼠标左键后松开，“双击”指快速按两次鼠标左键，“Shift+ 单击”指在单击鼠标左键的同时按住 Shift 键。Photoshop 常用快捷键见表 6-1。

（2）软件运行其他设置

Photoshop 本身并不庞大，但处理图像时对内存要求很高，通常为当前处理图形文件的五倍以上。因此在处理高分辨率大幅彩图时比较费时间。遇到这种情况，可以增加 Photoshop 可用系统资源，对 Photoshop 的运行环境进行合理设置，在操作上再讲究一些技巧，仍然可以获得较快的图像处理速度。

Photoshop 运行速度快慢和处理图像大小的能力与程序设置的“内存使用情况”“暂存盘大小”“高速缓存大小”有关。因此，我们可以调整三者的大小，来满足软件的运行。

首先，我们可以提高 Photoshop 可用的内存量。在 Windows 里，一般 Photoshop 可用的默认内存量为当前系统可用量的 60% ～ 75%。如果有特殊需要，我们可以使用“编辑”——“首选项”——“性能”菜单命令进行“内存使用情况”的调整，如图 6-13 所示。

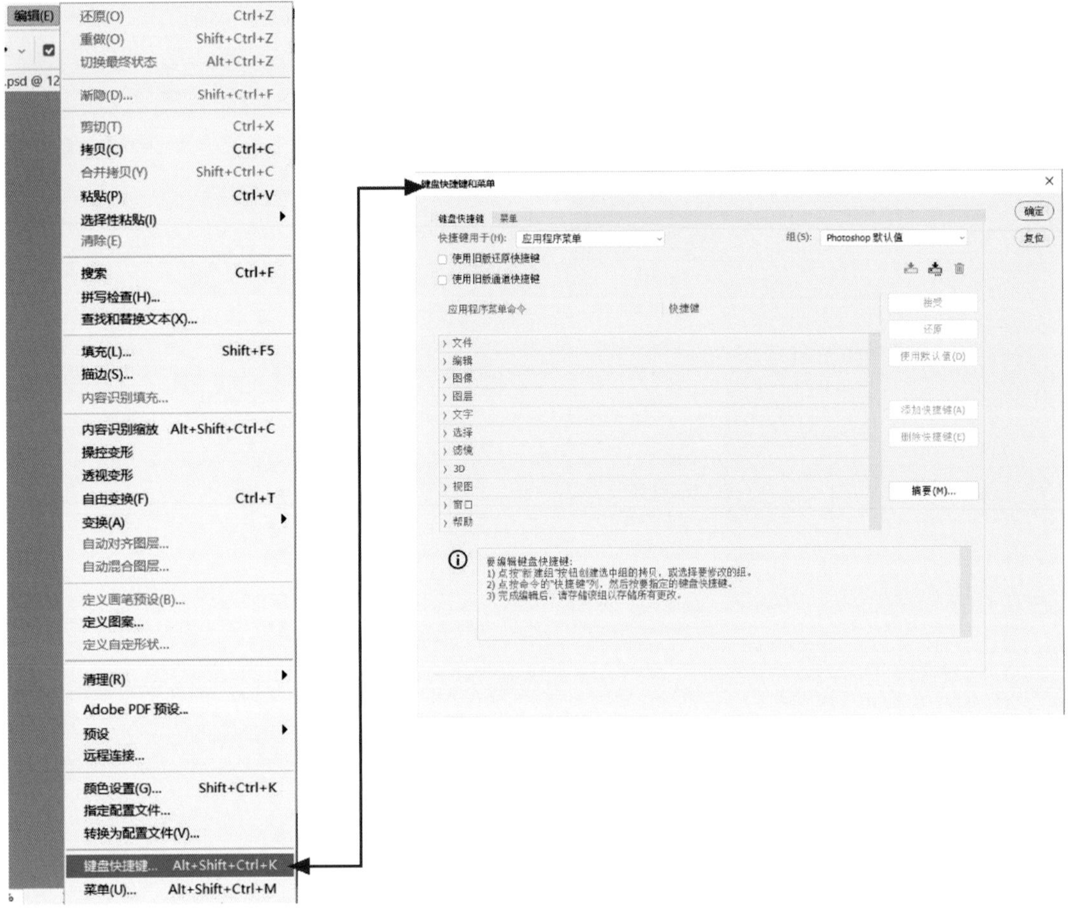

图 6-12　快捷键个性设置

表 6-1　Photoshop 常用快捷键

图层应用相关快捷键		区域选择相关快捷键	
复制图层	Ctrl+J	全选	Ctrl+A
盖印图层	Ctrl+Alt+Shift+E	取消选择	Ctrl+D
向下合并图层	Ctrl+E	反选	Ctrl+Shift+I
合并可见图层	Ctrl+Shift+E	选择区域移动	方向键
激活上一图层	Alt+ 中括号（】）	恢复到上一步	Ctrl+Z
激活下一图层	Alt+ 中括号（【）	剪切选择区域	Ctrl+X
移至上一图层	Ctrl+ 中括号（】）	复制选择区域	Ctrl+C
移至下一图层	Ctrl+ 中括号（【）	粘贴选择区域	Ctrl+V
放大视窗	Ctrl+ “+”	复制并移动选区	Alt+ 移动工具
缩小视窗	Ctrl+ “–”	增加图像选区	按住 Shift+ 划选区
放大局部	Ctrl+ 空格键 + 鼠标单击	减少选区	按住 Atl+ 划选区
缩小局部	Alt+ 空格键 + 鼠标单击	相交选区	Shift+Alt+ 划选区
前景色、背景色的设置快捷键		**画笔调整相关快捷键**	
填充为前景色	Alt+Delete	增大笔头大小	中括号（】）
填充为背景色	Ctrl+Delete	减小笔头大小	中括号（【）

续表

前景色、背景色的设置快捷键		画笔调整相关快捷键	
前黑后白模式	D	选择最大笔头	Shift+ 中括号（】）
前景色、背景色互换	X	选择最小笔头	Shift+ 中括号（【）
图像调整相关快捷键		面板及工具使用相关快捷键	
调整色阶工具	Ctrl+L	快速图层蒙版模式	Q
调整色彩平衡	Ctrl+B	渐变工具快捷键	G
调节色调 / 饱和度	Ctrl+U	矩形选框快捷键	M
自由变换	Ctrl+T	显示或关闭画笔选项板	F5
自动色阶	Ctrl+Shift+L	显示或关闭颜色选项板	F6
去色	Ctrl+Shift+U	显示或关闭图层选项板	F7
文件相关快捷键		显示或关闭信息选项板	F8
打开文件	Ctrl+O	显示或关闭动作选项板	F9
关闭文件	Ctrl+W	显示或隐藏网格	Ctrl+ “
文件存盘	Ctrl+S	关闭或显示工具面板（浮动面板）	Tab
退出系统	Ctrl+Q	显示或隐藏虚线	Ctrl+H

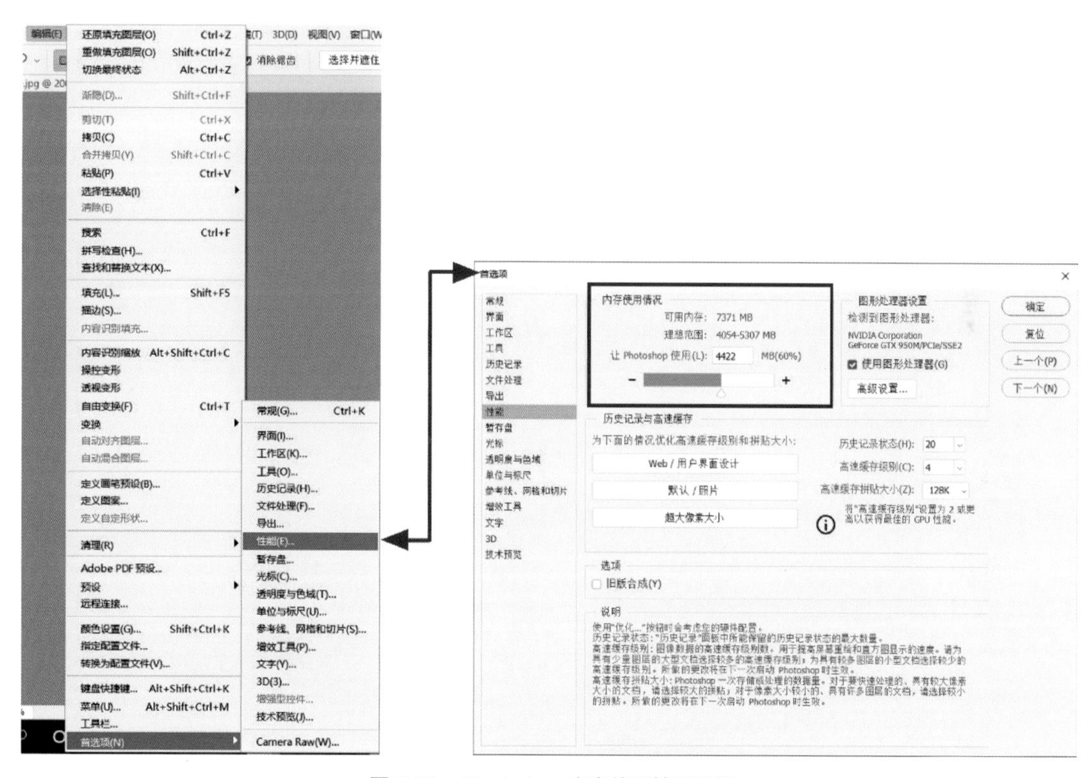

图 6-13　Photoshop 内存使用情况调整

其次，Photoshop 在运行的时候，会根据所绘制图像的大小来生成暂时文件，这个暂时文件会影响 Photoshop 的作图速度，所以存储暂时文件的暂存盘空间要尽量大，这样可以保证 Photoshop 的良好运行。在默认状态下，Photoshop 将 C 盘作为暂存盘，为了提高作图速度，我们可以将其他的盘符都选为暂存盘。在作图过程中，如果 C 盘存储空间满了，程序会自动默认存储到 D 盘，依次类推。暂存盘选项的设置可以使用“编辑”——“首选项”——“暂存盘”菜单命令进行“暂存盘”多项盘符的勾选，如图 6-14 所示。

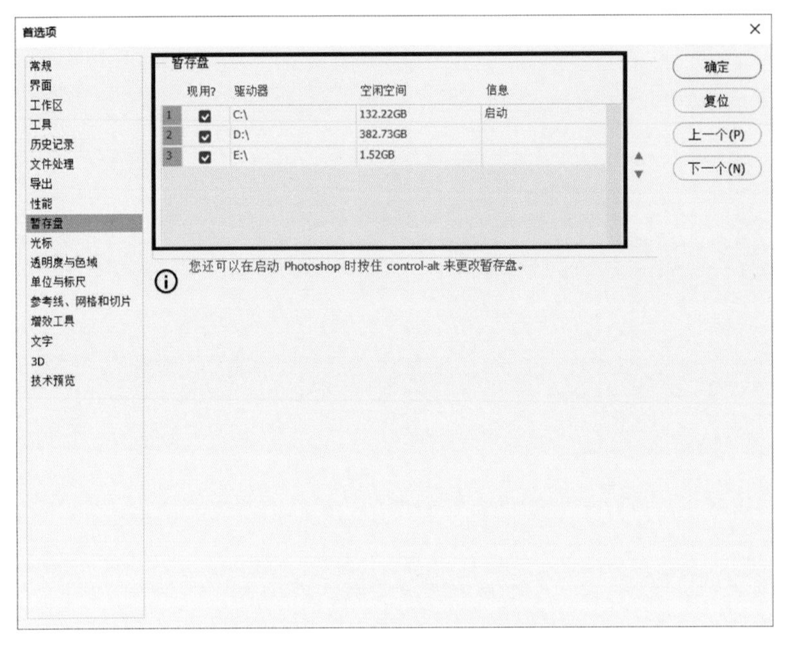

图 6-14　Photoshop 暂存盘设置

最后，我们还可以使用图像缓存来加速高分辨率图像的重画。用户可使用“编辑”——“首选项”——“性能”菜单命令更改缓存的大小，输入的有效值在 1 ～ 8 之间，数值越大，屏幕重画越快，但缓存占用的内存也越多。如果系统的内存充足，缓存的大小应设为最大，如图 6-15 所示。

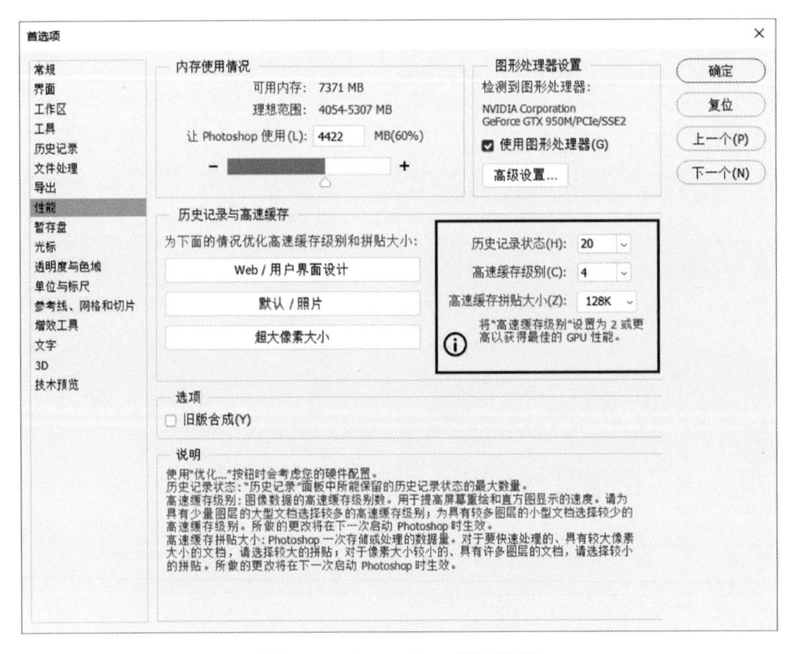

图 6-15　Photoshop 缓存设置

以上是通过程序相关设置来提高 Photoshop 操作性能的方法。在平时作图过程中，我们注意一下作图的细节问题，也可以提高处理图像的速度。例如，为图形设置适当的分辨率和尺寸。如果制作的文件要进行分色，应先在 RGB 模式下编辑，输出前再转换成 CMYK 模式，因为 RGB 文件大小只有 CMYK 的 75%。

6.3 Photoshop 核心功能

Photoshop 的功能很多，本章我们将介绍在产品数位绘制中经常使用的工具，对于其他工具的使用，在后面章节的案例制作中会有所介绍。

6.3.1 路径工具

路径工具对于 Photoshop 绘图来说确实是一个非常好的工具。使用路径工具可以进行复杂图像的选取，可以存储选取区域以备再次使用，还可以绘制线条平滑的优美图形。绘制路径和调整路径主要使用（钢笔工具）、（形状工具）和（路径选择工具），如图 6-16 ～图 6-18 所示。

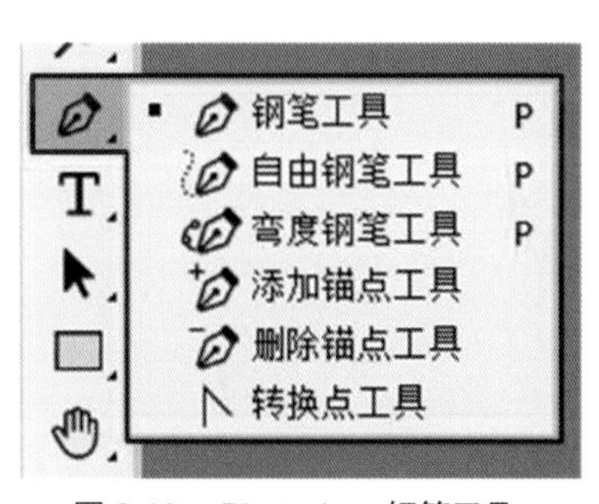

图 6-16　Photoshop 钢笔工具

同时，我们还可以配合使用路径面板一起来对路径进行编辑，实现对路径的显示、隐藏、复制、删除、描边、填充等操作，如图 6-19 所示。路径面板可以在“窗口”——“路径”菜单命令中调出。

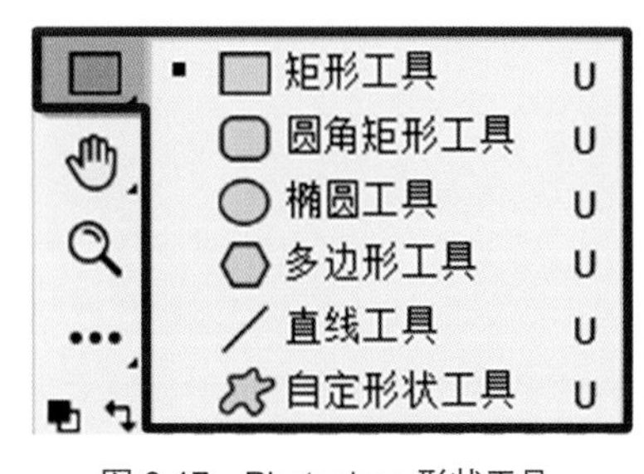

图 6-17　Photoshop 形状工具

按住 Shift 键创建锚点时，将强迫系统以 45° 或 45° 的倍数绘制路径。按住 Ctrl 键，暂时将（钢笔工具）转换成（直接选择工具）。按住 Alt 键，当（钢笔工具）移动到锚点上时，（钢笔工具）暂时转换为（转换点工具）。

图 6-18　Photoshop 路径选择工具

如果使用形状工具绘制路径，需要将形状工具属性栏中的“形状”改为“路径”，如图 6-20 所示。

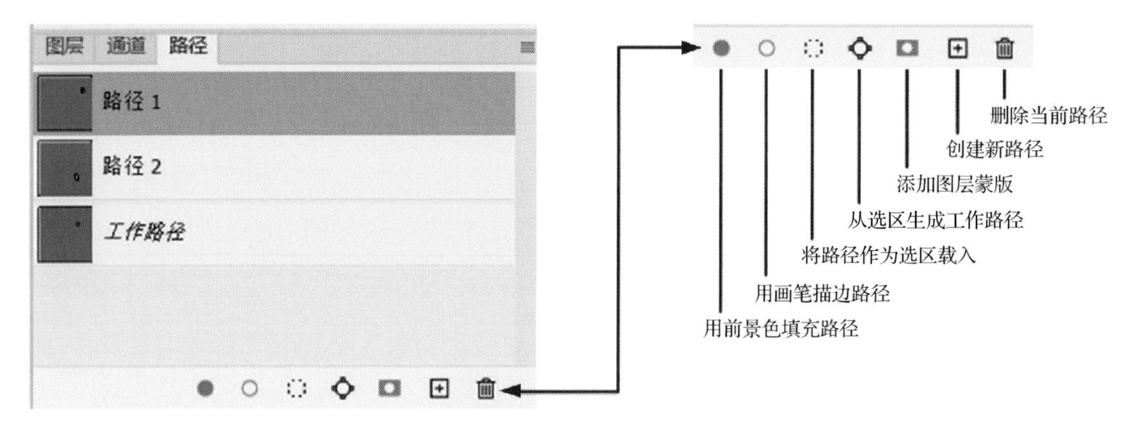

图 6-19　Photoshop 路径面板

图 6-20　Photoshop 形状工具属性栏

6.3.2　绘图工具

在使用 Photoshop 时，熟练地掌握各种绘图工具的操作技巧，可以将图像的编辑处理做到游刃有余。本节将介绍画笔工具、标尺、填充工具等绘图工具的具体使用方法。

（1）画笔工具

使用数位板绘制产品效果图时，常使用 Photoshop 工具箱中的 （画笔工具）。画笔的使用方法、笔刷设置等都关系到作品的绘制风格与最终效果，下面我们了解一下画笔的使用知识。

（画笔工具）与 （铅笔工具）都是产品数位绘制过程中的主要应用工具，这两种工具的使用方法相同，并位于工具箱中的同一位置，如图 6-21 所示。两者除了画出的线条质感不同，其他设置基本相同。通过配合画笔工具属性栏里的相关设置，我们可以绘制出不同的画笔效果，如图 6-22 所示。

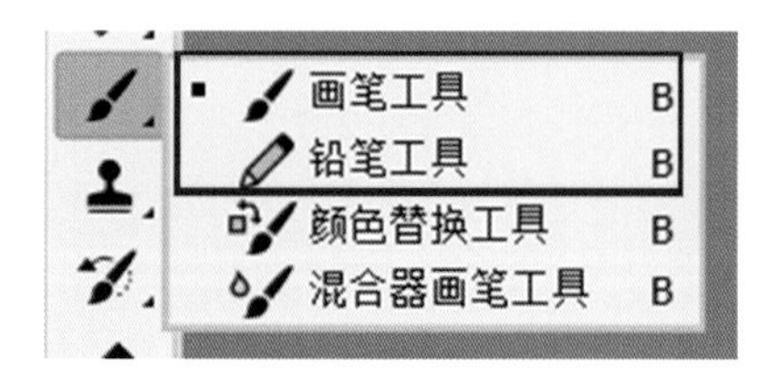

图 6-21　Photoshop 画笔工具与铅笔工具

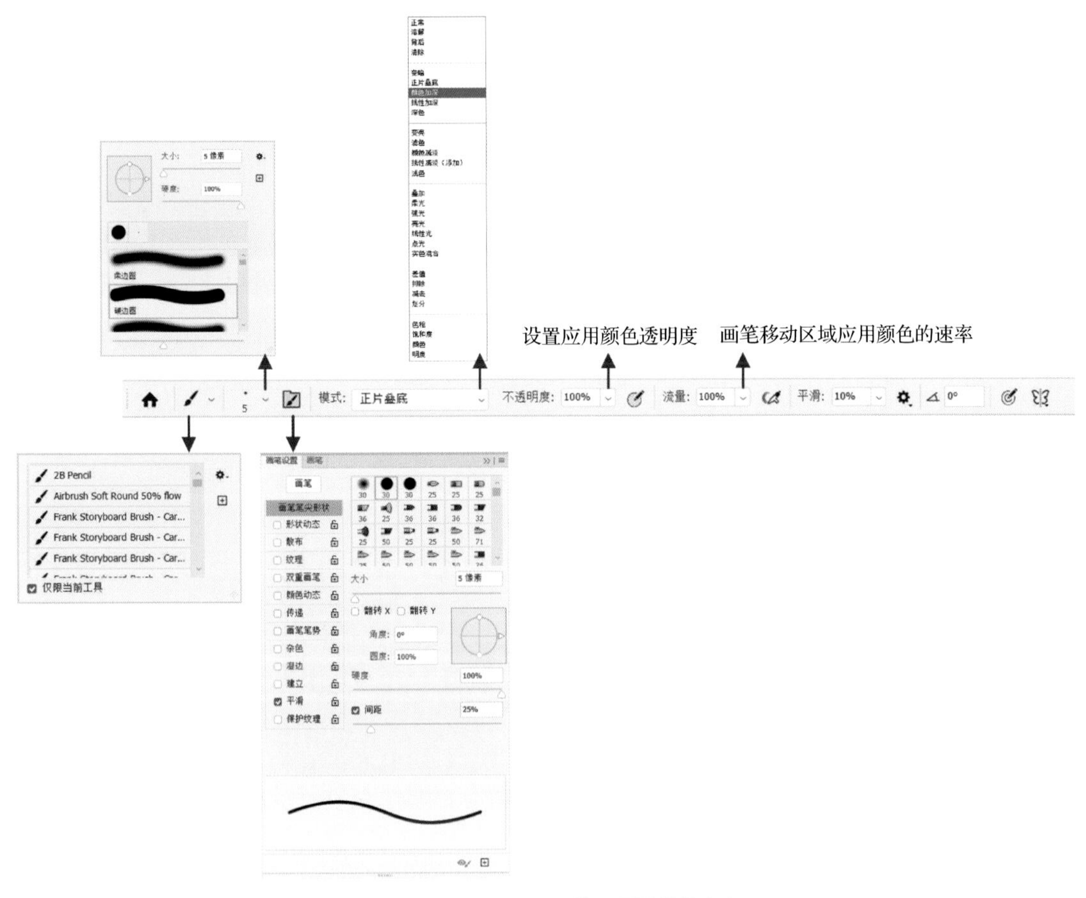

图 6-22　Photoshop 画笔工具属性栏内容

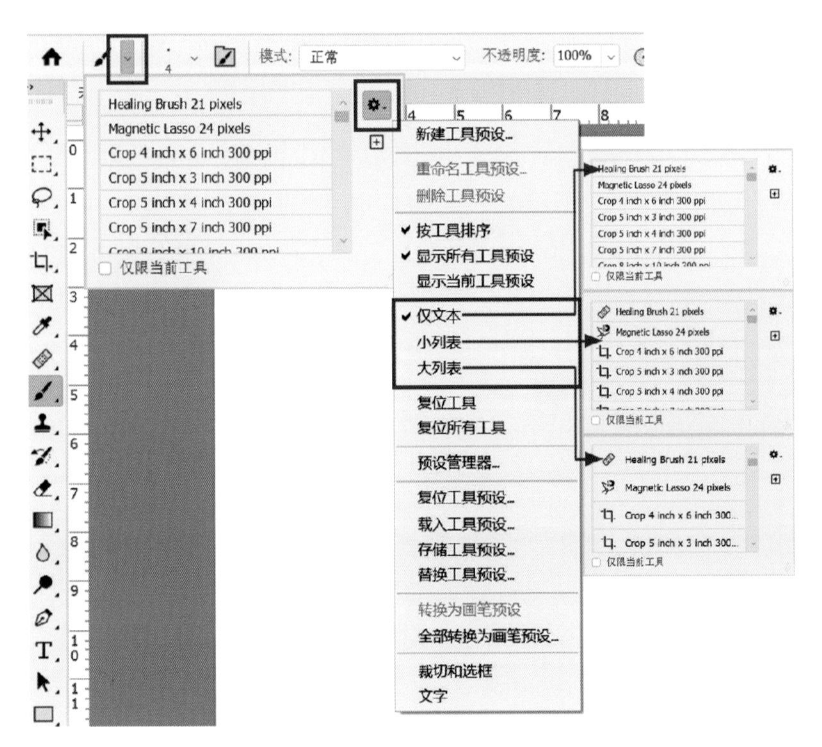

图 6-23　Photoshop 笔尖显示种类

①更改笔尖的显示方式

在画笔预设选取器中，可以看到笔尖是以文本的形式进行显示的，画笔名称往往是看不到的，为了方便笔尖的选择和设置，我们可以更改笔尖列表的显示方式。打开画笔预设选取器菜单，菜单中提供了三种笔尖显示方式，其中的“大列表”方式是图标和笔尖名称共同显示，比较适合教学和早期学习使用，如图 6-23 所示。

②自定义画笔笔尖

Photoshop 笔刷库中已经提供了非常多的笔尖样式，均保存在 Photoshop 安装目录下的 Presets\Brushes 文件夹中，这些笔尖样式可以任意载入或替换原有笔尖。但由于绘图的多样性，有时还需要根据场景设定新的笔尖图案，具体操作如下：

首先，新建画纸并且绘制所需的笔尖样式，也可以使用选取工具在现有图片上选取内容作为新建画笔的笔尖样式，如图 6-24 所示。

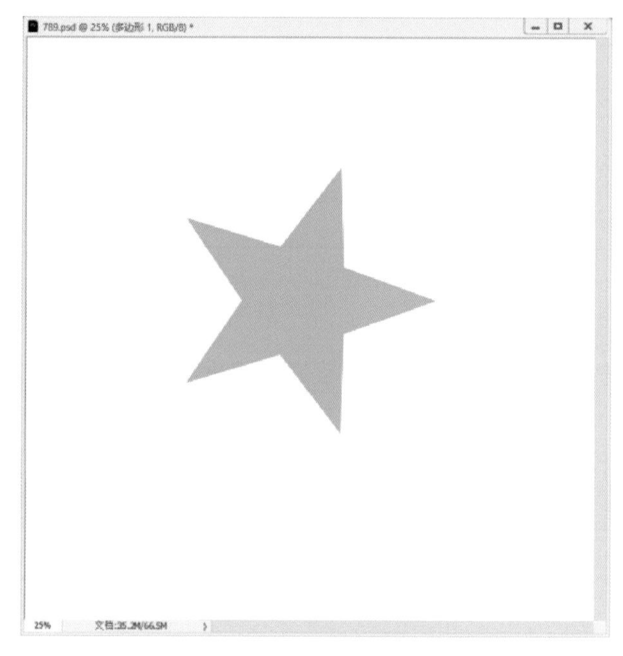

图 6-24　画笔预设图样

其次，选择“编辑”——“定义画笔预设”菜单命令。弹出“画笔名称”对话框。修改画笔名称为“五角星画笔 1”，如图 6-25、图 6-26 所示。笔尖图案自动转换成灰色图，并显示在画笔预设选取器的列表框中，如图 6-27 所示。

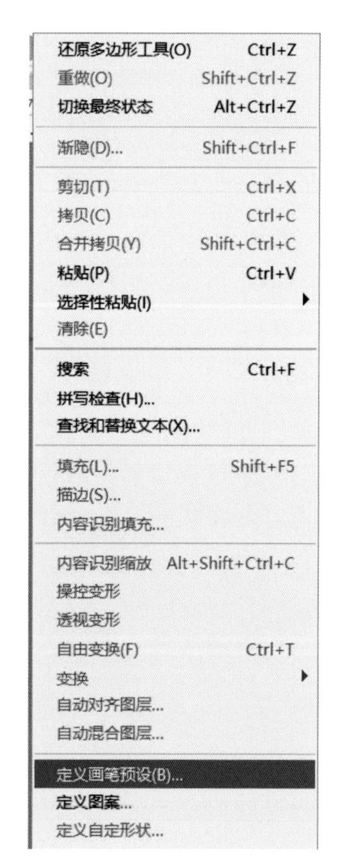

图 6-25　Photoshop 画笔预设菜单命令

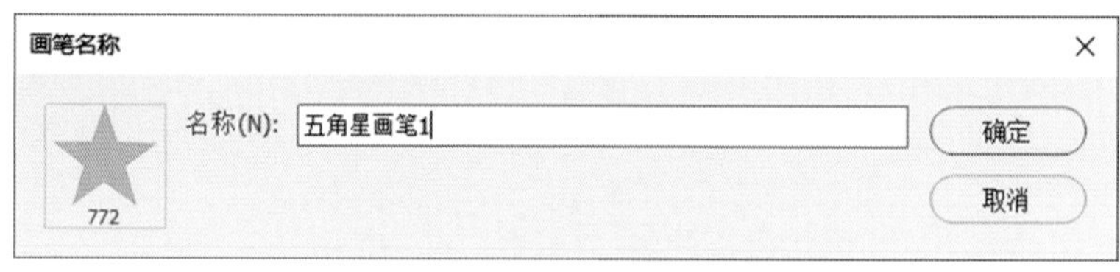

图 6-26　Photoshop 画笔预设命名

图 6-27　画笔预设图样显示效果

对于所做或者所选的新建笔尖样式，需要注意其边缘羽化值的设定以及色彩明度两个要素，它们关系着创建笔尖的边缘效果和笔尖深浅效果。例如，同一笔尖形状由于预设笔尖的颜色明度和边缘羽化数值不同，画笔使用相同颜色时，表现在画面上的画笔效果也不相同，如图 6-28 所示。

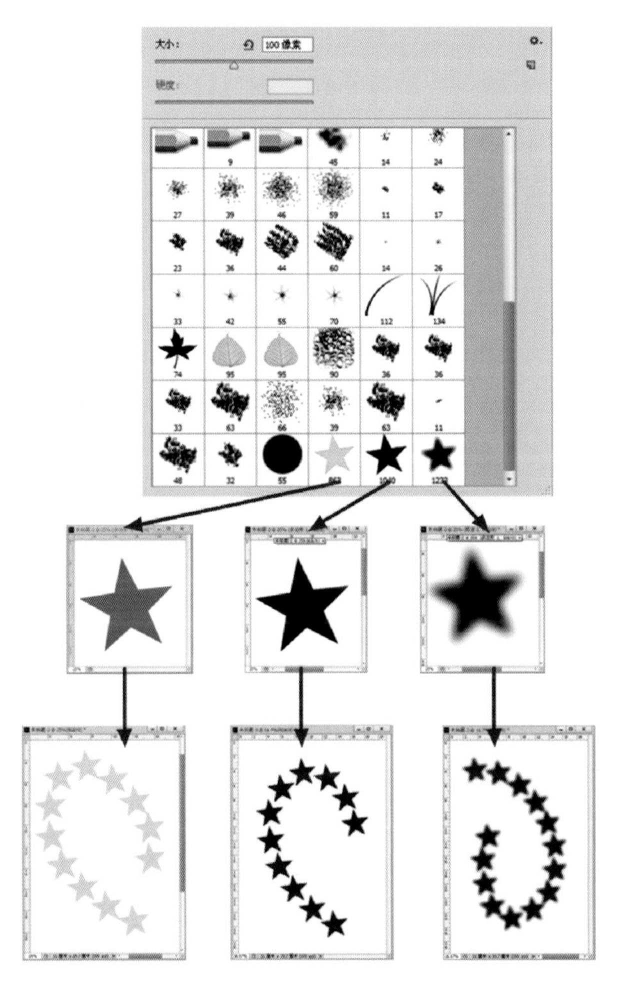

图 6-28　笔尖明度及羽化值生成不同画笔效果

③画笔细节调整

设置“画笔”面板是使用数位板着色的关键，着色时画笔的硬度、大小、种类、颜色变化等内容都可以通过“画笔”面板来控制和调节。

在“画笔笔尖形状”选项板中可以选择合适的笔尖，可以调节它们的大小、方向、比例，也可以设置笔尖的硬度及笔迹之间的距离等，如图 6-29 所示。

在“形状动态”选项板中，通过设置不同的控制方式，可以改变描边路线中笔迹的大小、角度以及圆度，如图 6-30 所示。

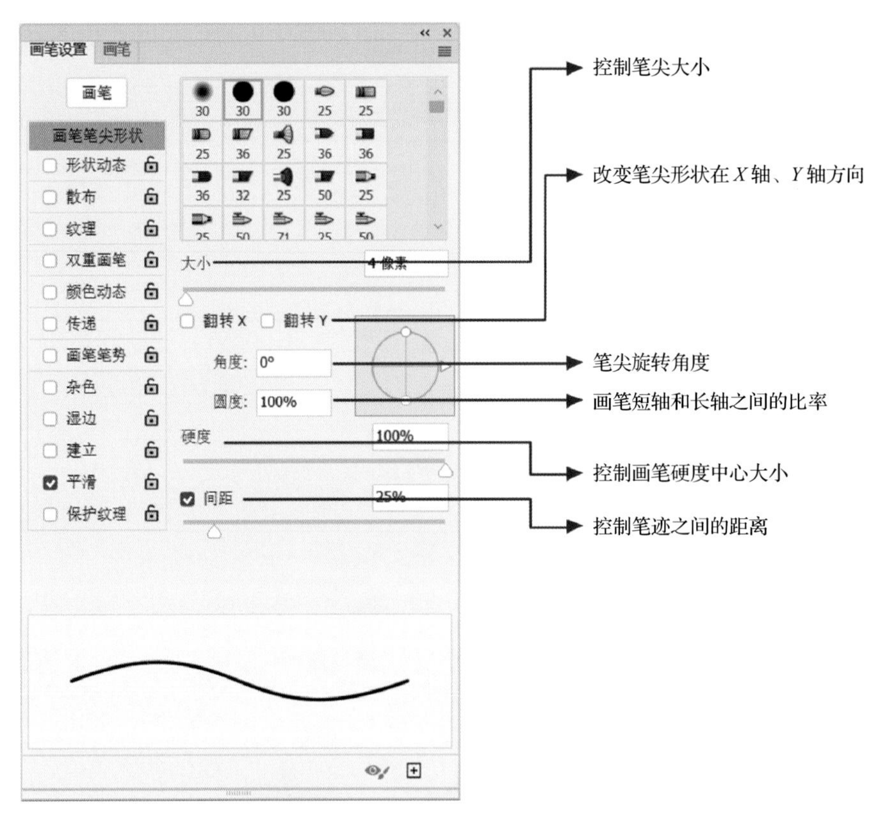

图 6-29　Photoshop 画笔笔尖形状设置

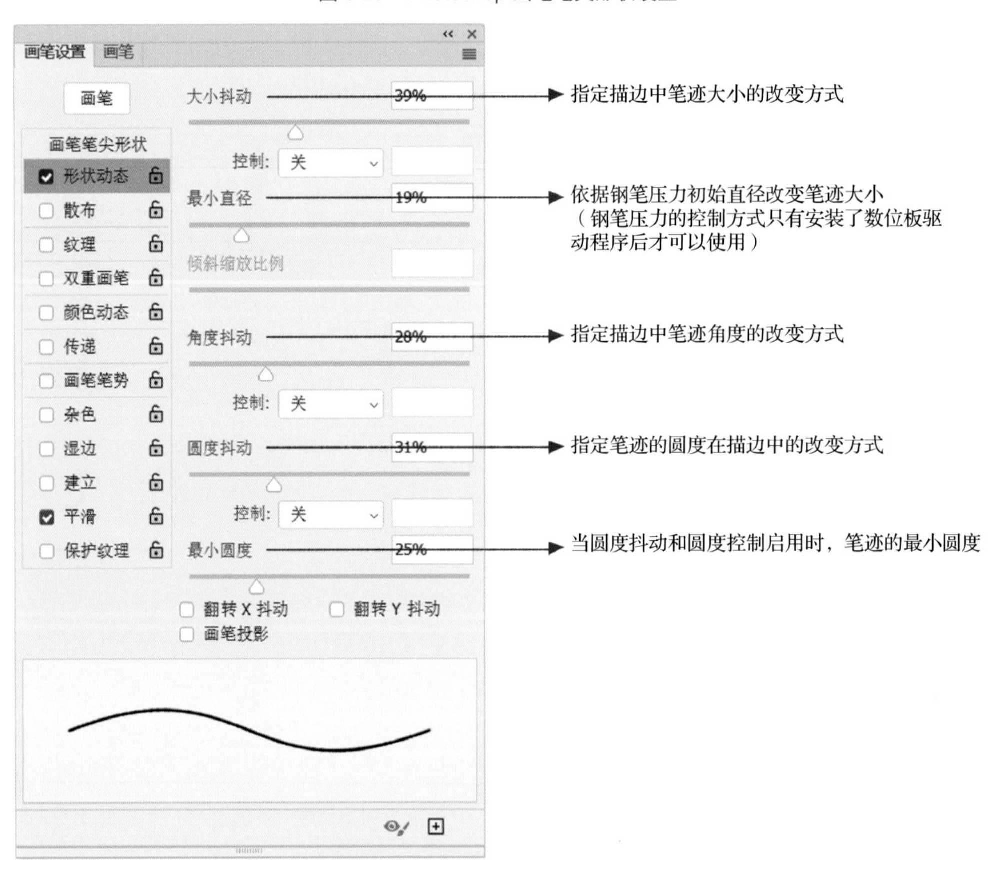

图 6-30　Photoshop 画笔形状动态设置

在“散布”选项板中可以设置画笔散布情况，确定描边中笔迹的数目和位置等，如图 6-31 所示。

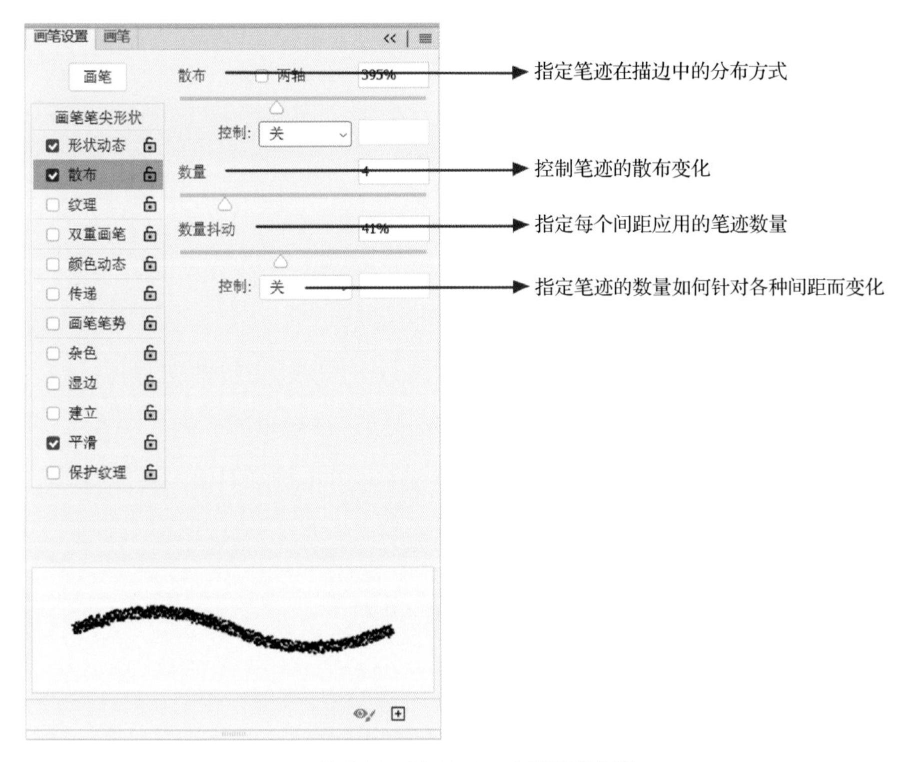

图 6-31　Photoshop 画笔散布设置

在“纹理”选项板中，可以利用图案表现不同的材质质感和画笔肌理效果等，如图 6-32 所示。

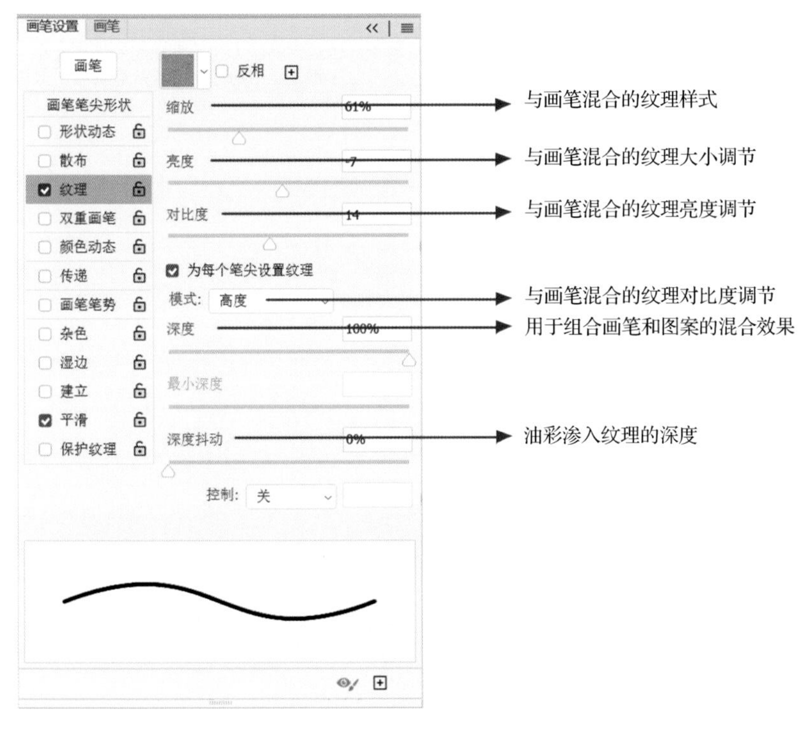

图 6-32　Photoshop 画笔纹理设置

在“双重画笔”选项板中可以设置两个笔尖来创建画笔的笔迹效果，如图 6-33 所示。

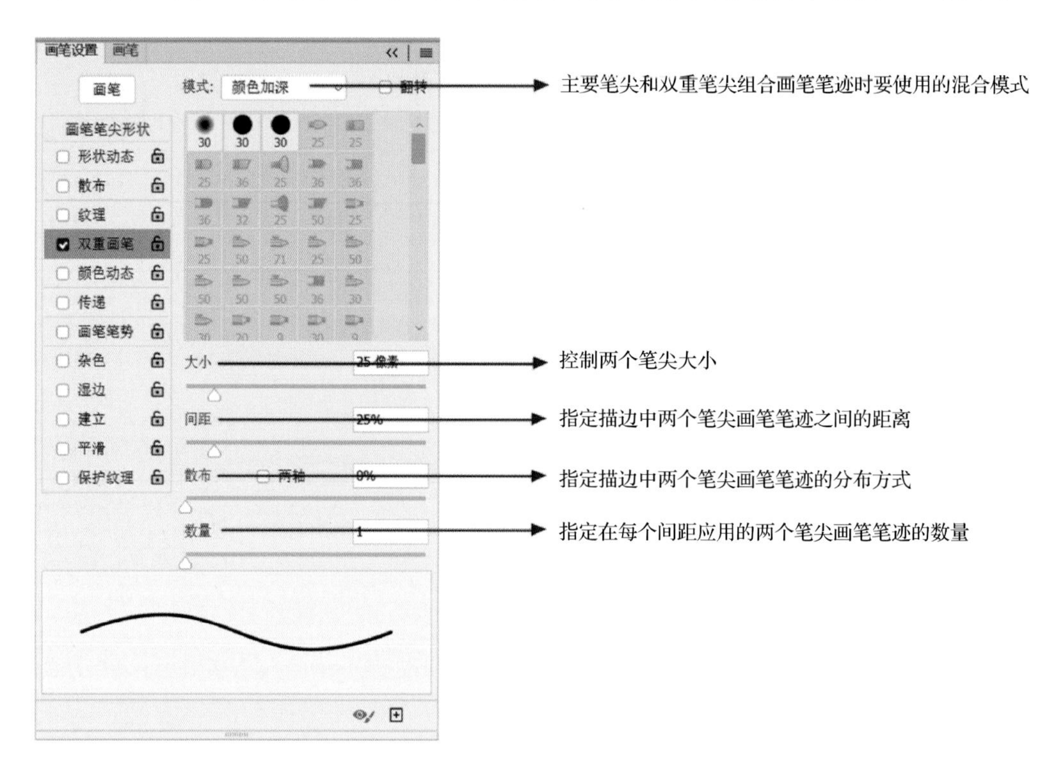

图 6-33　Photoshop 双重画笔设置

“颜色动态”选项板设置可以决定描边路线中色彩颜色的变化方式，如图 6-34 所示。

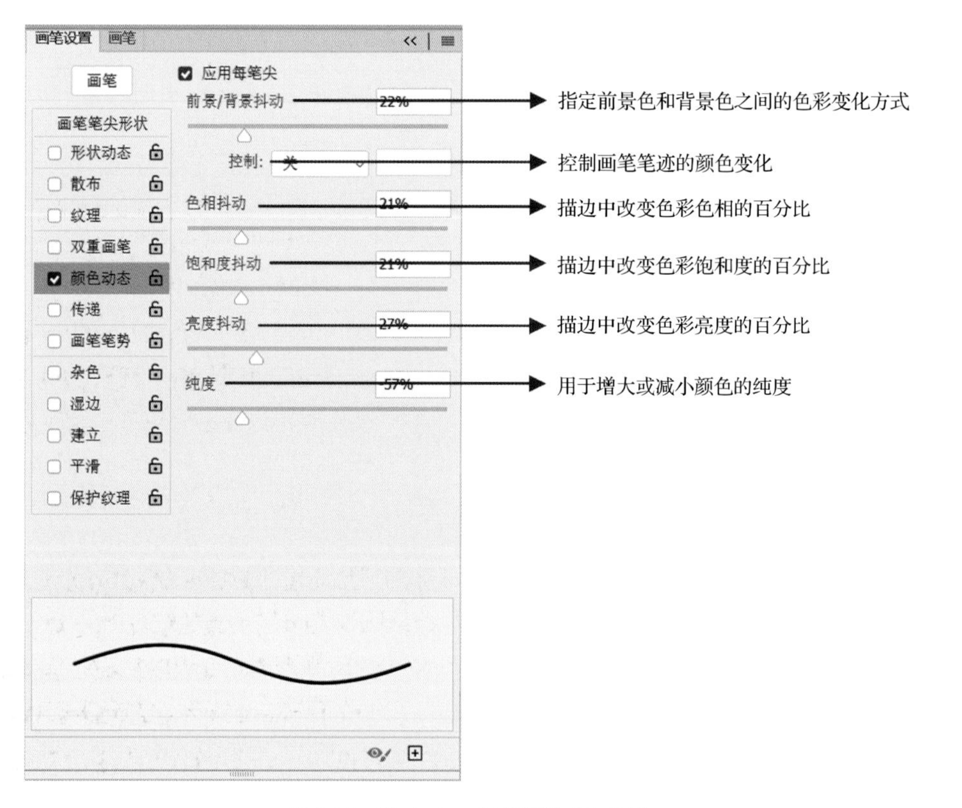

图 6-34　Photoshop 画笔颜色动态设置

“传递”选项板是通过控制前景色的画笔流量来完成的，如图 6-35 所示。

“画笔笔势”是 Photoshop 2020 的新功能，主要是调整特殊画笔的画笔走势，使一支画笔可以产生不同的笔势效果，如图 6-36 所示。

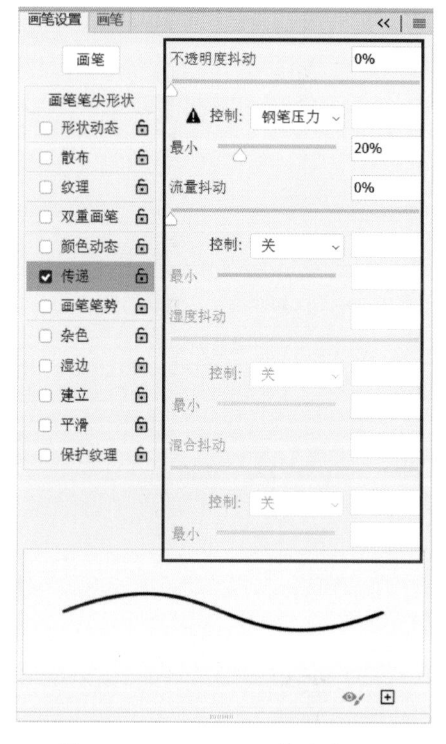

图 6-35　Photoshop 画笔传递设置

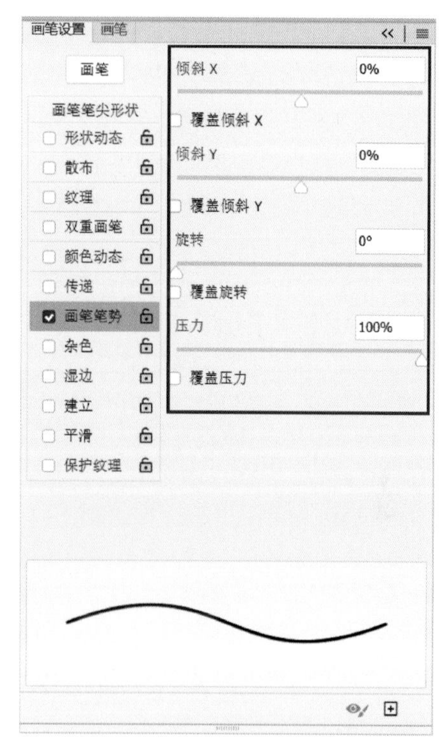

图 6-36　Photoshop 画笔笔势设置

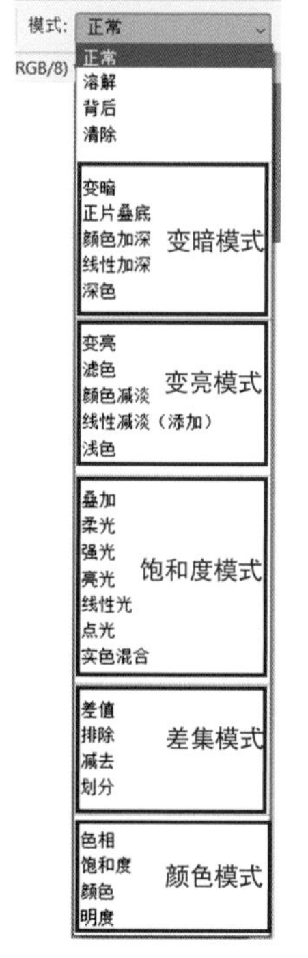

图 6-37　Photoshop 混合模式

画笔预设面板中的“杂色”“湿边”“建立”“平滑”“保护纹理”选项是没有属性调节的，一般配合上面的画笔调整完成。“杂色”选项没有数值调整，它和笔刷的硬度有关，硬度越小杂边效果越明显，对于硬度大的笔刷没有明显效果。“湿边”选项是将笔刷的边缘颜色加深，如同水彩笔效果一样。“平滑”选项是为了让鼠标快速移动时也能够绘制较为平滑的线段，这一选项在配合数位板使用时需要打开。

④画笔混合模式

混合模式不仅可应用于画笔中，在很多其他工具中也有混合模式的设置，比如渐变工具、油漆桶工具、形状工具、图层设置等。混合模式按照下拉菜单中的分组来将它们分为不同类别：变暗模式、变亮模式、饱和度模式、差集模式和颜色模式，如图 6-37 所示。

（2）标尺和参考线

使用标尺和参考线，用户可以非常精确地将图像放置到指定的位置。选择“视图”——“标尺”菜单命令，即可在图像中显示标尺。将光标定位在标尺上，按住鼠标左键并拖动，即可拖拉出参考线，如图 6-38 所示。除利用标尺和参考线外，利用网格也可以帮助用户精确地定位图像和光标位置，如图 6-39 所示。

图 6-38　Photoshop 显示标尺效果

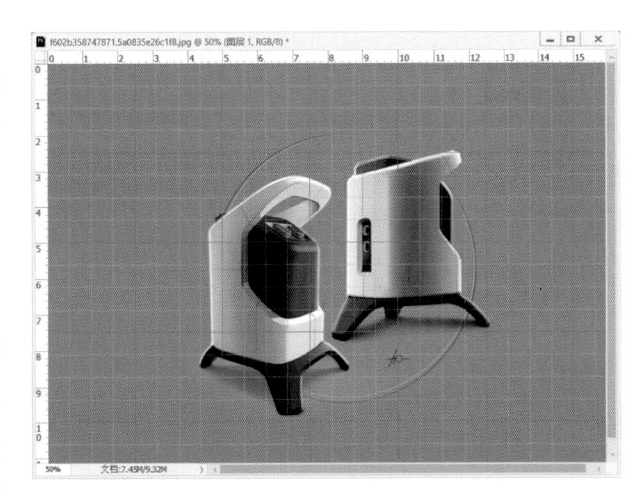
图 6-39　Photoshop 显示标尺网格效果

（3）填充工具

Photoshop 中可以完成填充效果的方法有很多，大多数情况下我们会选择使用工具箱中的（渐变工具）和（油漆桶工具）来进行效果绘制。

① 渐变工具

在使用 Photoshop 时，确定好需要填充的选区，选用（渐变工具），属性栏中就会出现与之相对应的相关设置，搭配使用不同设置，可以完成效果丰富的填充，如图 6-40 所示。

图 6-40　Photoshop 渐变工具属性栏内容

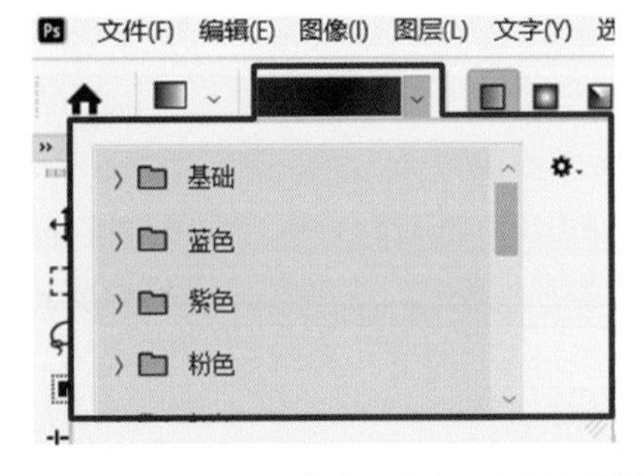

图 6-41　Photoshop 渐变工具中已有渐变效果

编辑渐变框中从左往右依次为：线形渐变按钮、径向渐变按钮、角度渐变按钮、对称渐变按钮和菱形渐变按钮。使用者也可以根据需要单击色彩框旁边的下拉三角，来选择已有的渐变效果，如图 6-41 所示。或者单击色彩框中任意一种渐变效果，可以打开“渐变编辑器”对话框进行细节调整，如图 6-42 所示。渐变带中黑白灰色标控制透明度内容，彩色色标控制颜

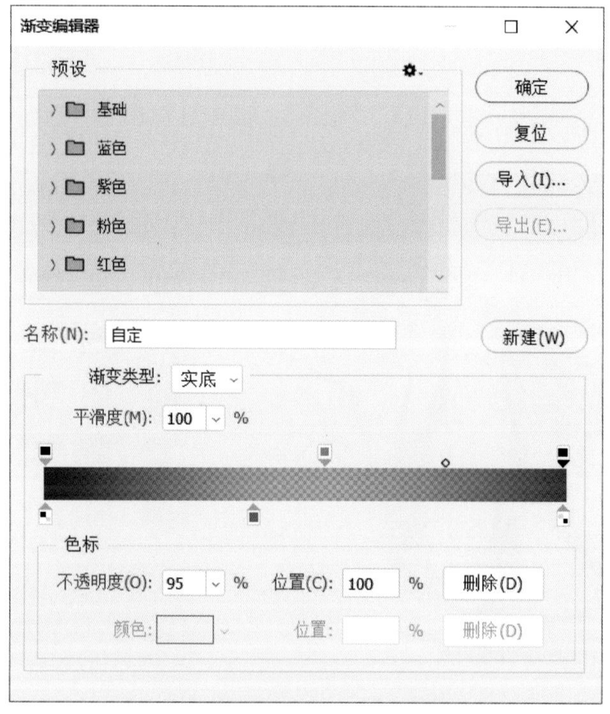

图 6-42　Photoshop 渐变编辑器

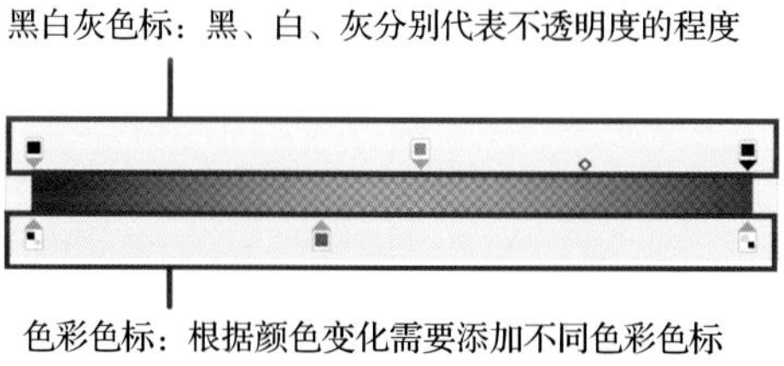

色内容，如图 6-43 所示。拖动色标位置可以设置不同的渐变效果，如果想删除色标，只需用鼠标左键将色标选中并拖出对话框，或者选中色标后单击下方的“删除”按钮即可。选择新的颜色时，双击色标或者选中色标单击下方的“颜色”，打开拾色器，为色标选择新的颜色。当渐变效果设定好后，单击“确定”按钮即可使用新的渐变效果。

黑白灰色标：黑、白、灰分别代表不透明度的程度

色彩色标：根据颜色变化需要添加不同色彩色标

图 6-43　Photoshop 渐变色设置

② 油漆桶工具

使用油漆桶工具对选区进行填充时，操作者只能选择使用前景色或者图案，如图 6-44 所示。因此，使用油漆桶前，需要设置好前景色，以方便后期填充使用。

图 6-44　Photoshop 油漆桶颜色选择

6.3.3　滤镜工具

Photoshop 2020 的滤镜工具很强大。各种滤镜存放在滤镜库中，并以折叠菜单的方式显示，每一个滤镜都有直观的效果预览，使用十分方便。选择“滤镜”——“滤镜库”菜单命令，弹出“滤

镜库”对话框。在对话框中,左侧为滤镜预览框,可显示滤镜应用后的效果;中间为 6 个滤镜组，每个滤镜组下面包含了多个特色滤镜，单击需要的滤镜组，可以浏览滤镜组中的各个滤镜和相应的滤镜效果;右侧为滤镜参数设置区域，用来设置对应滤镜的各类参数值，如图 6-45 所示。

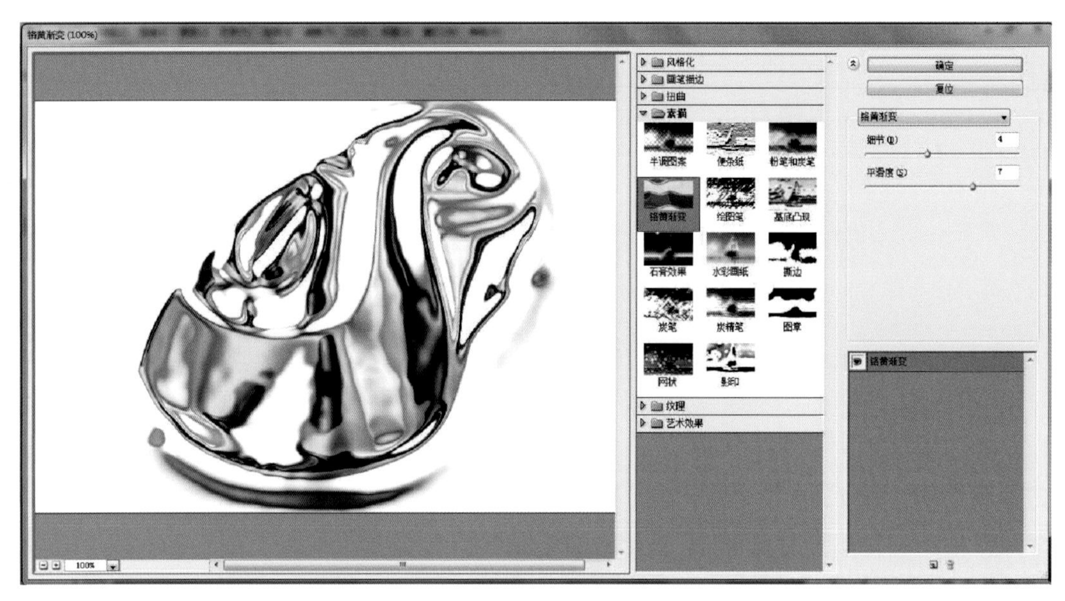

图 6-45 “滤镜库”对话框

除了滤镜库中的滤镜命令，在“滤镜”菜单中还有“自适应广角”“镜头校正”“液化”“消失点”等滤镜效果。每组滤镜中包含很多可控滤镜效果。例如,打开“滤镜”——“渲染”——“光照效果”菜单命令，在弹出的“光照效果”对话框中可以对样式、光照类型、属性、纹理通道等选项进行设置。该滤镜通过 17 种光照方式、3 种光照类型和 4 套光照属性搭配，能够生成各种各样的光照效果。应用光照效果滤镜功能，可以实现效果图局部色影和光照效果的调配，实现图像的综合照明效果。

在产品数位绘制中，Photoshop 的滤镜功能不仅可以用于产品环境及特效的处理，还可以用于产品材质效果的绘制。例如通过“滤镜”菜单中的“云彩”“添加杂色”“晶格化”等命令来绘制木质纹理; 通过“高斯模糊”等滤镜命令来绘制金属拉丝材质效果等。滤镜工具是帮助设计师进行设计创作和设计表现的利器，它可以丰富设计师的创意和表现手段。对于滤镜工具的掌握除了需要我们大量的练习，更需要我们平时的研究和经验积累。

课后作业

1. 使用 Photoshop 完成金属拉丝材质效果制作。
2. 使用 Photoshop 完成玻璃材质效果制作。

第7章 SAI与产品数位绘制

本章重点

◎ SAI 界面分区
◎ SAI 快捷键设置
◎ SAI 自定义内容设置
◎ SAI 画笔、图层、尺子等功能

学习目的

◎熟练掌握 SAI 软件的核心功能。

过去，在计算机上进行专业的绘画需要价格昂贵的软件。近年来，随着高性能低价格软件的普及，大家都可以轻松地进行计算机绘画创作。“Easy Paint Tool SAI”软件的出现，让无法购买高价软件的用户以及众多的画师实现了计算机绘画的梦想。SAI 具有颜色混合和渗透、笔刷形状多样、自制材质追加等独特功能，为产品数位绘制提供了很大的方便。

7.1 SAI 软件介绍

Easy Paint Tool SAI 简称 SAI，是一款二维绘图软件。这款软件具有超级友好的操作界面。

手抖修正功能可以有效提高用数位板画图时线条流畅的问题。矢量化的钢笔图层，能画出流畅的曲线并像 Photoshop 的钢笔工具一样任意调整。SAI 还可以根据画者需要自定义快捷键，使用快捷键可以实现笔刷在画笔和橡皮之间的转换，以及快速 360° 旋转图像等操作。笔刷配上强力的软化系统，非常适合在线稿上铺大色调、塑造色彩渐变。SAI 有 SAI 和 SAI2 两个版本，SAI 文件只有 3MB 多，并且无须安装，对计算机配置要求不高。SAI2 是 SAI 的升级版，功能有所扩充。SAI 与 SAI2 的文件不完全通用，即低版本软件打不开高版本文件，因此在选择软件时需要提前做好规划。本章以 SAI2 版本为例介绍。

7.2 SAI 界面及常用设置

7.2.1 SAI 界面介绍

SAI 工作界面分区合理、操作简单，如图 7-1 所示。颜色面板的功能为颜色的选取与记录等。工具面板包含一些常用工具，如选区工具、移动工具、缩放工具、旋转工具、吸管工具等。笔刷工具栏的功能是选择和调整不同的笔触效果。快捷工具栏中不仅包含撤销与重做、取消选择与反选等功能，同时还具有缩放、旋转和水平翻转图像的功能，以及调整抖动修正程度的功能。导航栏可以显示图像的缩略图，能够调整当前的显示区域，并且旋转或缩放画布。图层关联面板中包含调整图层属性的混合模式、不透明度，以及对图层的新建、删除、群组、合并和蒙版等基础功能。视图选择栏用于在多个图像文件之间进行切换。

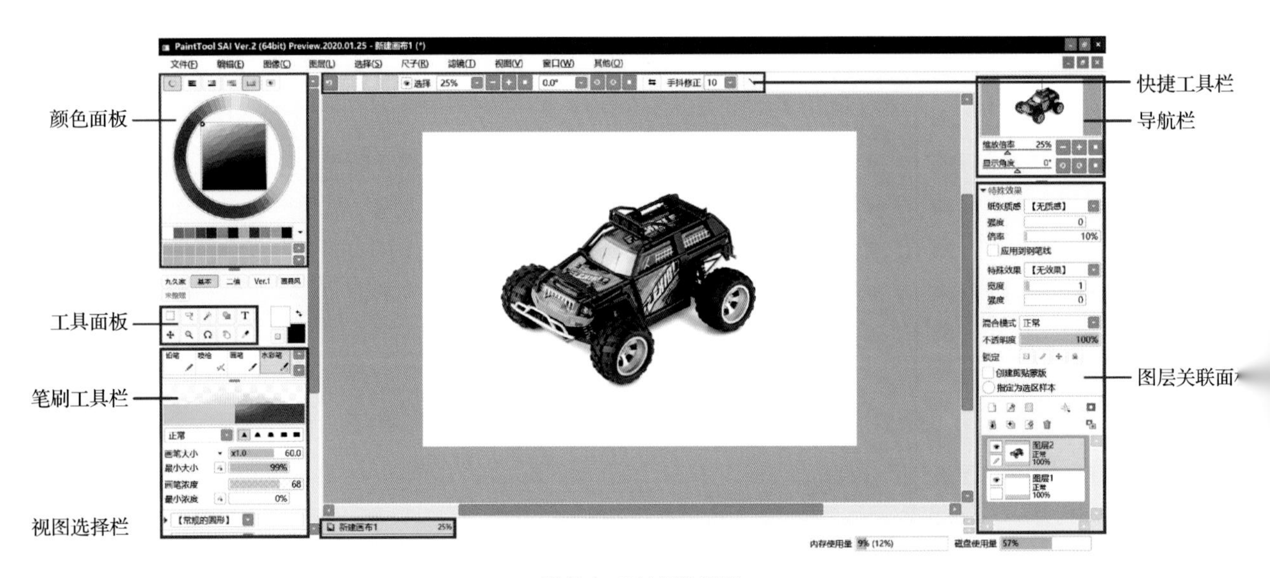

图 7-1　SAI 工作界面

我们以颜色面板为例做一下详细介绍。在颜色面板中，拥有“色轮”“RGB 滑块”，以及可以对色相、饱和度、亮度进行调整的“HSV 滑块”，还有制作中间色时所使用的“灰度滑块”等各种工具。而且在制作过程中，还可以利用“自定义色盘”将调制好的颜色记录下来。

图 7-2　SAI 调色面板显示开关

在调色面板中，显示开关由左到右依次为色轮、RGB 滑块、HSV 滑块、中间色、自定义色盘、便笺本六种色彩管理方式，如图 7-2 所示。

（1）色轮

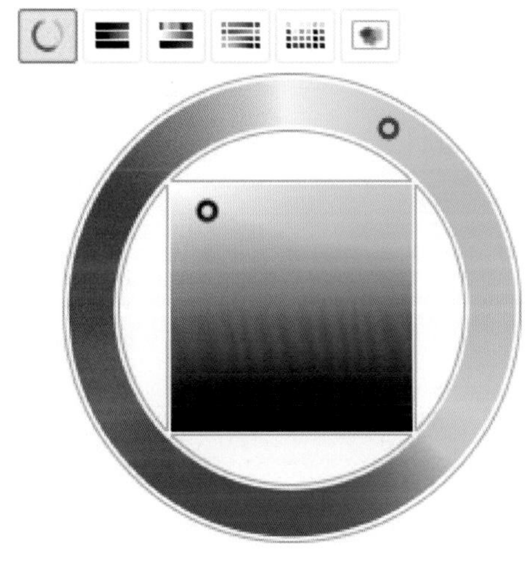

图 7-3　SAI 色轮面板

在色轮面板中，外侧的环状色轮上可以调整色相。中间的方形区域调节色彩的饱和度、亮度，鼠标横向移动可调整饱和度，纵向移动调节明度，如图 7-3 所示。

（2）RGB 滑块

在 RGB 滑块面板中，根据色彩的 RGB 值调色，在调节滑块的同时，配合色轮面板能够较为直观地看出色彩数值的变化范围，如图 7-4 所示。

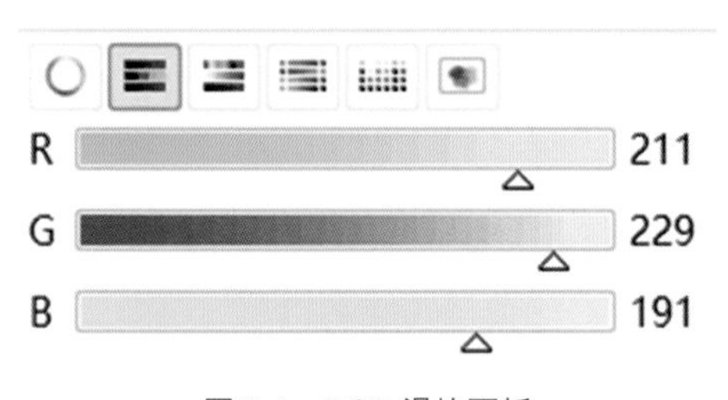

图 7-4　RGB 滑块面板

（3）HSV 滑块

HSV 滑块的基本原理与色轮相同，“H”代表色相，“S”代表饱和度，“V”代表明度，如图 7-5 所示。

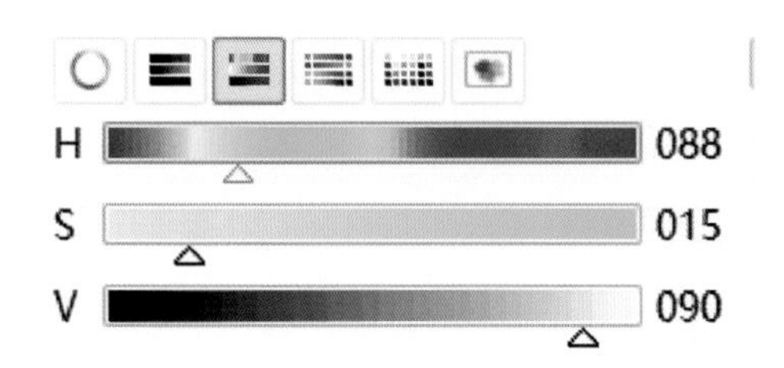

图 7-5　HSV 滑块面板

色轮与 HSV 滑块同时打开可以发现，调整“H”滑块时色轮外圈中选中色彩的圆点会跟着 H 滑块移动，分别调整“S”与“V”滑块时，色轮中方形区域内的圆点会分别在横向与纵向上移动，如图 7-6 所示。

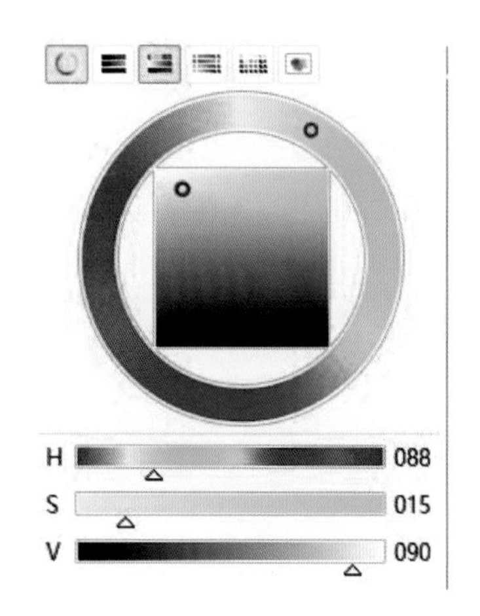

图 7-6　HSV 滑块与色轮的同步显示

（4）中间色

使用吸管选取不同的颜色，分别填充在每个色条前后两个方格的区域内，中间部分便会形成两种色彩之间的渐变色。中间色面板可以同时设置四个渐变色条，如图 7-7 所示。

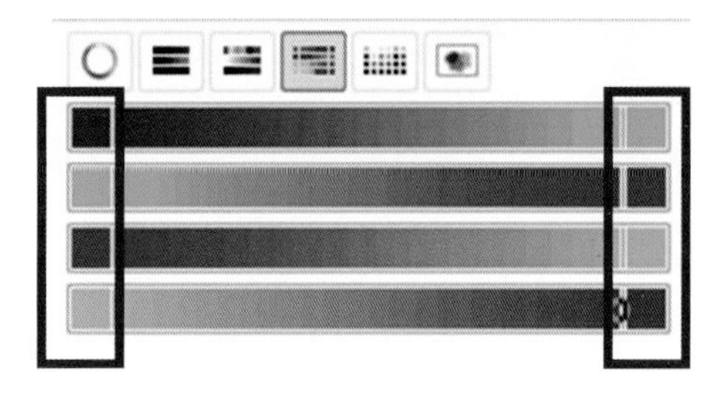

图 7-7　中间色面板

（5）自定义色盘

自定义色盘默认为空的色盘，可以根据自己的习惯或者需要，保存自己的常用色或常用搭配等，如图 7-8 所示。选取了颜色后，右击空白方格，会弹出“添加颜色”的选项，如图 7-9 所示，单击后可以将选取的颜色加入色盘，如果想要删除已添加的颜色，右击该颜色后单击“删除颜色”选项即可，如图 7-10 所示。

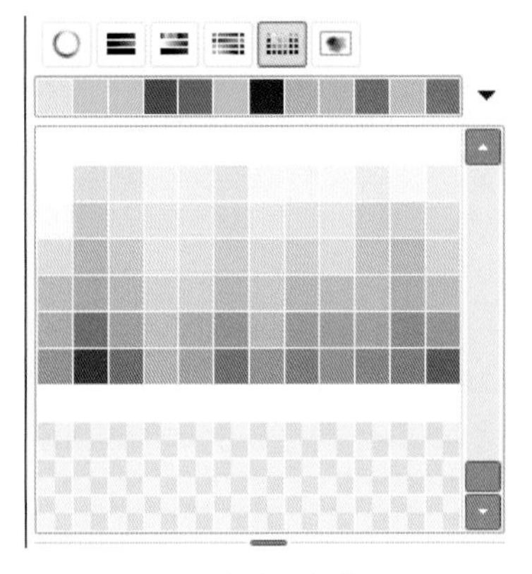

图 7-8　自定义色盘面板

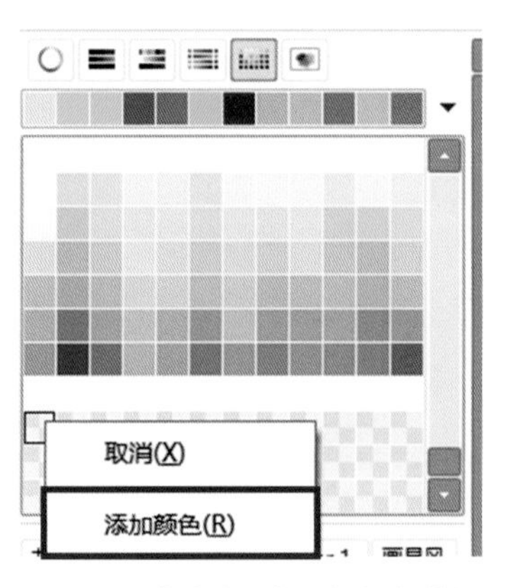

图 7-9　自定义调色面板颜色添加

（6）便笺本

便笺本具有比较随意且便捷的记录颜色的功能，它相当于一个小型画布，所有笔刷对这个区域都有效。在绘图过程中，画笔在这个小型画布上随意涂抹一笔就可以记录调好的颜色。选取便笺本颜色时，右击即可吸取，右上方的清除便笺本按键可以清空区域内的所有颜色。另外，它具有单独的撤销和恢复键，与画布中的撤销和恢复互不影响，如图 7-11 所示。

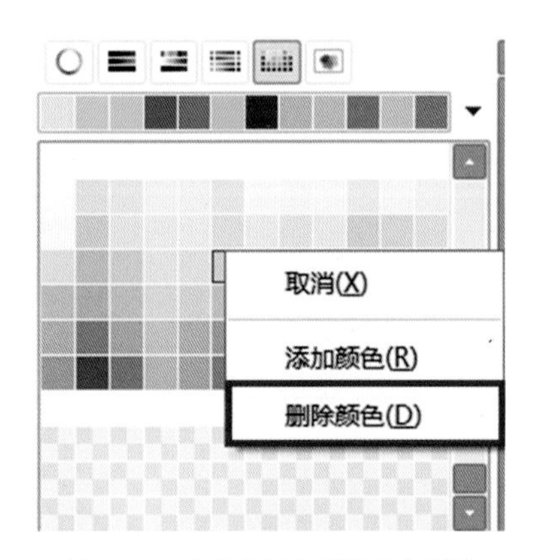

图 7-10　自定义调色面板颜色删除

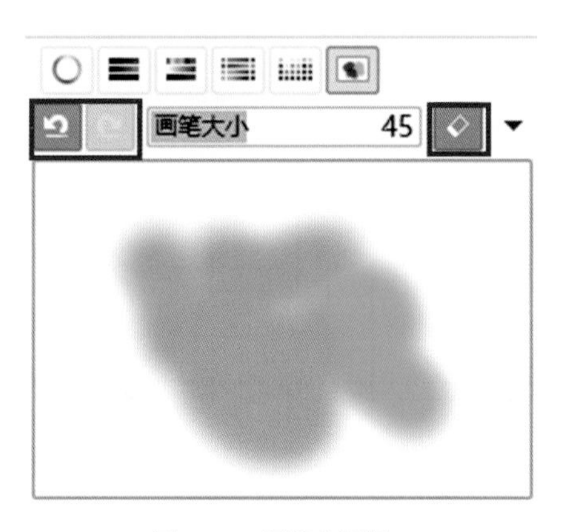

图 7-11　便笺本面板

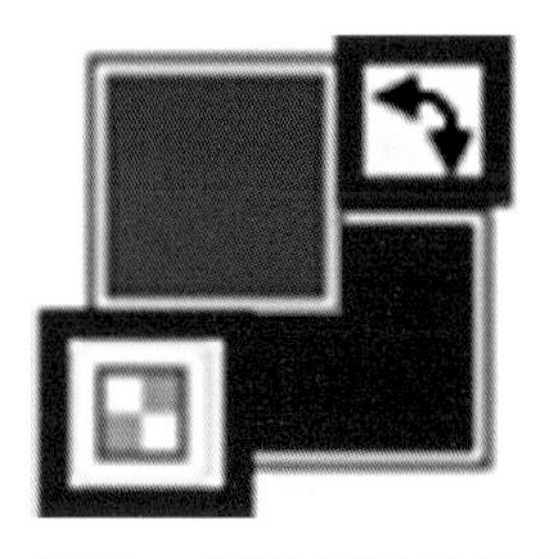

色彩面板左上方的色块为前景色，右下方的色块为背景色。右上方的双向箭头可将前景色与背景色相互替换，左下方的按键可将前景色与透明色切换，如图 7-12 所示。透明色是指画笔画过的位置变为透明。透明色只对当前图层有效，功能与橡皮擦相似，但笔触为当前画笔笔触效果。

图 7-12　前景色、背景色置换键与透明色设置键

7.2.2　SAI 常用设置

7.2.2.1　快捷键设置

在 SAI 软件中可以对快捷键进行设置。将常用操作设定为快捷键操作，可以让作画效率得到很大提升。快捷键的设置可以在“其他”——“快捷键设置”菜单命令中进行，如图 7-13 所示，或者双击图标对其快捷键进行设置，如图 7-14 所示。

图 7-13　SAI 快捷键设置

图 7-14　SAI 自定义工具设置

7.2.2.2　自定义内容设置

SAI 自定义内容大致可分为“画纸质感”“笔刷材质”“笔刷渗透效果”“笔刷形状”四类。对这四类自定义内容进行添加时，必须打开计算机里 SAI 安装文件夹中的相关文件进行设置。

（1）自定义画纸质感设置

添加自定义的画纸质感时，首先将自制的 bmp 画纸质感文件放入 papertex 文件夹中，如图 7-15 所示。然后重启软件，自定义画纸质感添加成功。

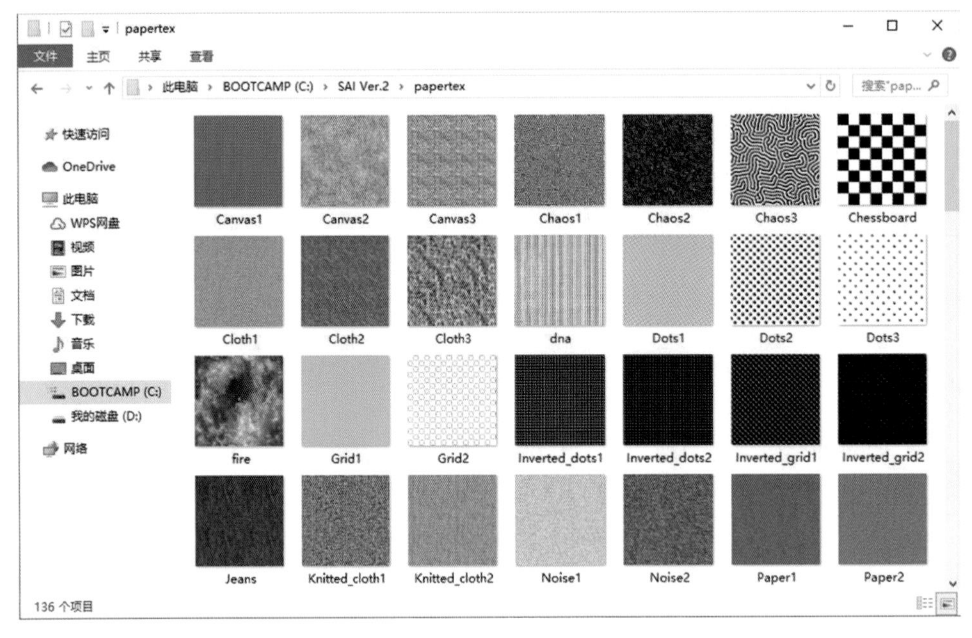

图 7-15　papertex 文件夹

（2）自定义笔刷材质设置

添加自定义笔刷材质时，首先将自制的 bmp 笔刷材质文件放在 brushtex 文件夹中，如图 7-16 所示。然后重启软件，自定义笔刷材质添加成功。

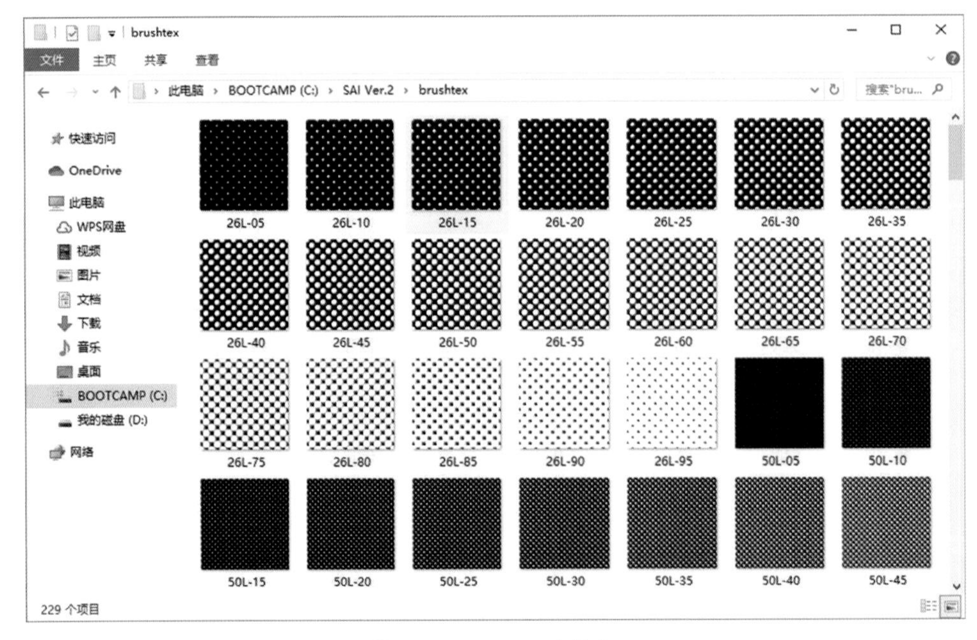

图 7-16　brushtex 文件夹

（3）自定义笔刷渗透效果设置

添加自定义笔刷渗透效果时，首先将自制的 bmp 笔刷渗透效果文件放入 blotmap 文件夹中，如图 7-17 所示。然后重启软件，自定义笔刷渗透效果添加成功。

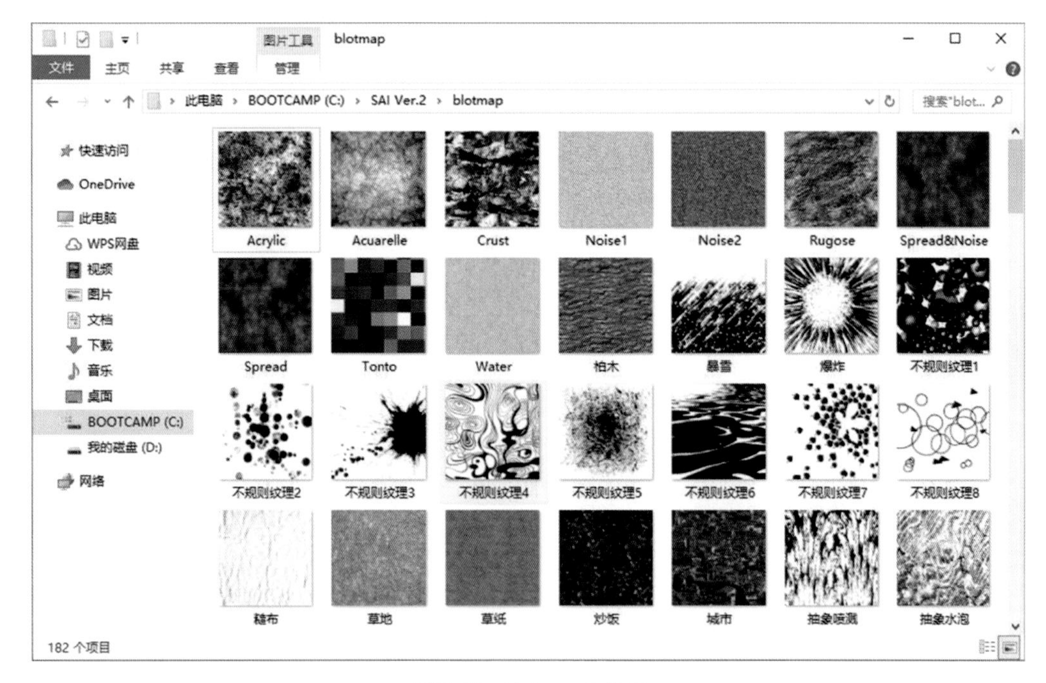

图 7-17　blotmap 文件夹

（4）自定义笔刷形状设置

添加自定义笔刷形状时，首先将自制的 bmp 笔刷形状文件放入 elemap 文件夹中，如图 7-18 所示。然后重启软件，自定义笔刷形状添加成功。

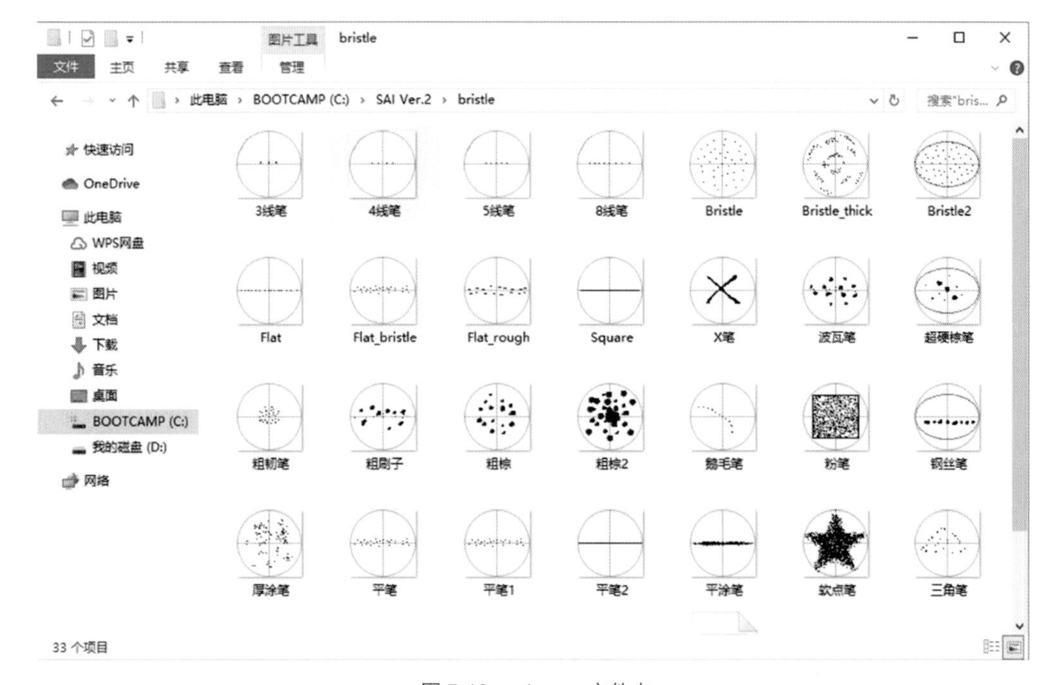

图 7-18　elemap 文件夹

在自定义添加时需要注意:“画纸质感”“笔刷材质”“笔刷渗透效果”的自制 bmp 文件的要求相同，都是使用灰度 bmp 图像，大小可以设置为“256 × 256”“512 × 512”“1024 × 1024”（单位:pixel）。但添加“笔刷形状”使用的图像，与上面三项不同，具有自己特别的制作方法。具体方法是在大小为 63 × 63（pixel）的 bmp 图像中,用 RGB 数值为 0.0.0 的黑点进行打点绘制，最多可以绘制 64 个点。

7.3 SAI 产品设计快速表达中常用工具介绍

（1）画笔工具

不同的笔触可以带来不同的线稿效果，通过更换笔刷可以画出符合产品风格的图像。

在图 7-19 较为细致精确和图 7-20 简洁粗犷两种风格的线稿中，可以看出不同的笔刷设置带来的不同视觉效果。多种多样的画笔工具都集中在画笔工具面板中，如图 7-21 所示。通过画笔工具面板，可以对画笔工具进行多样性设定。在工具托盘的空白处右击就可以添加自定义笔刷。使用者可以根据自己的绘画习惯，制作出“线条用”“上色用”等经常使用的画笔，方便以后的绘制工作，如图 7-22 所示。

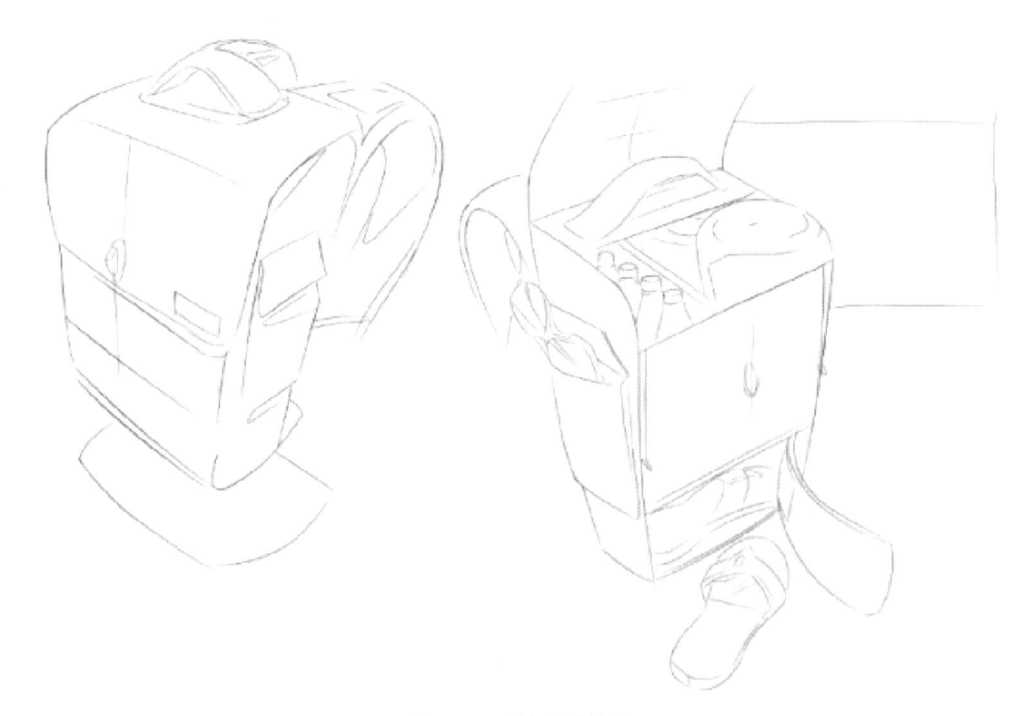

图 7-19　精细线条效果

图 7-20　粗犷线条效果

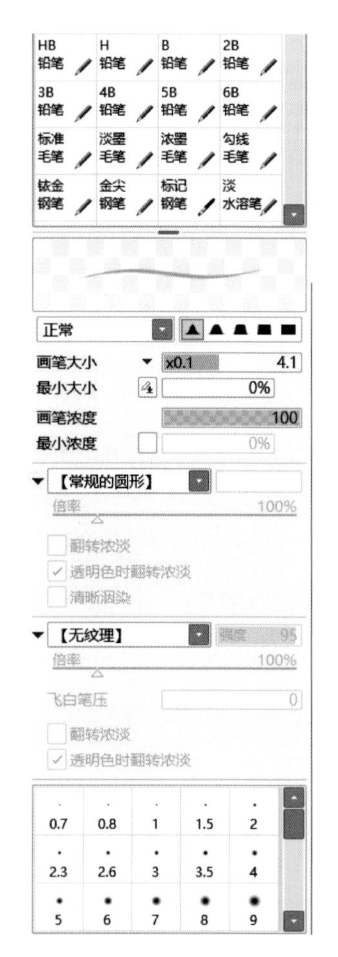

图 7-21　画笔工具面板

在这里对涂色时所使用的画笔工具进行一些说明。SAI2 拥有多种多样的画笔工具，它们不仅拥有各自的用途，而且预设中有多种设置以营造不同的笔触效果，每种笔刷都有不同的设定值，可以通过对设定值的更改来调整笔刷效果。

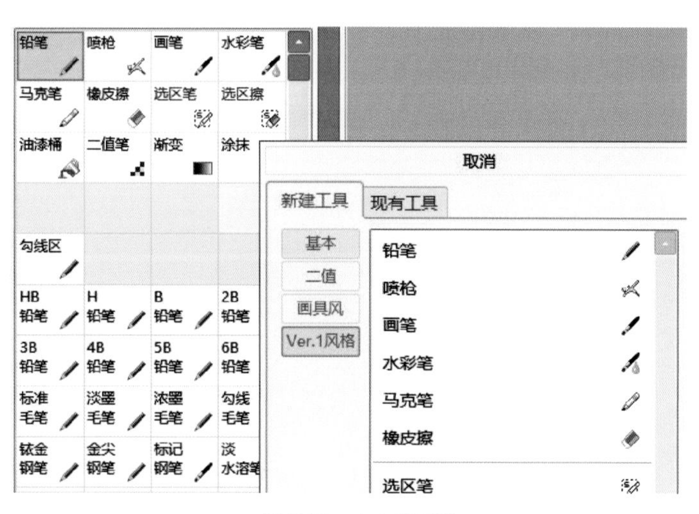

图 7-22　自定义画笔

以常用的笔刷种类“笔”为例。笔尖形状影响着笔刷边缘的柔和程度及效果，如图 7-23 所示，左边是笔刷笔尖轮廓模糊的效果，右边为笔尖轮廓清晰的效果，两者边缘的柔和及清晰程度明显不同。SAI2 版本提供了五种笔尖形状，如图 7-24 所示。

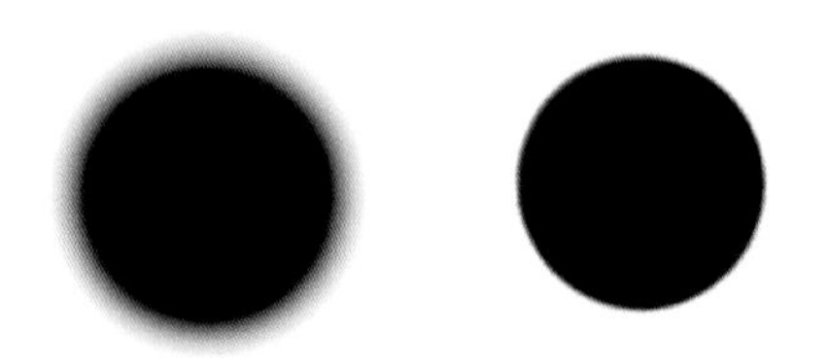

图 7-23　画笔轮廓锐钝度

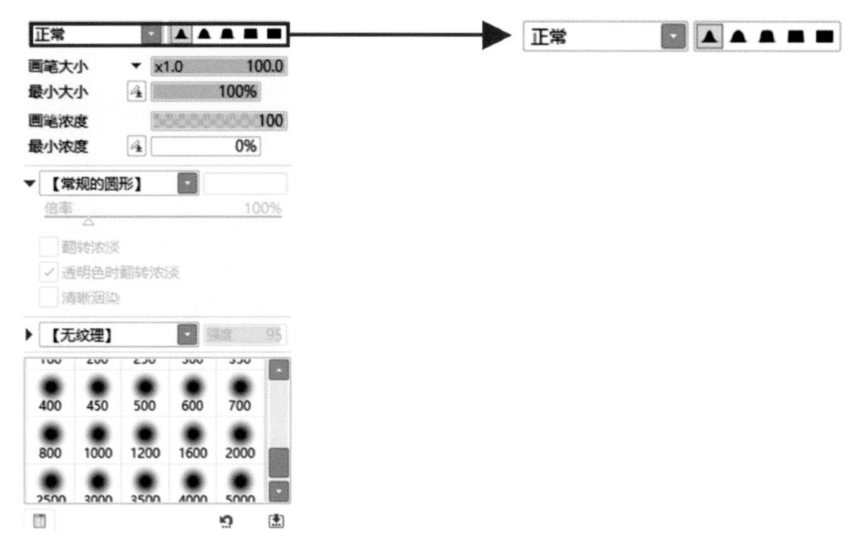

图 7-24　笔尖形状

在笔刷的详细设置中，勾选笔压“浓度”选项，绘制的颜色浓度就会根据笔压的用力不同发生变化。笔刷浓度影响每笔的深浅与透明度等效果，如图 7-25 所示。在图 7-26 中，左右分别为笔刷浓度为 50% 与 100% 时的效果。

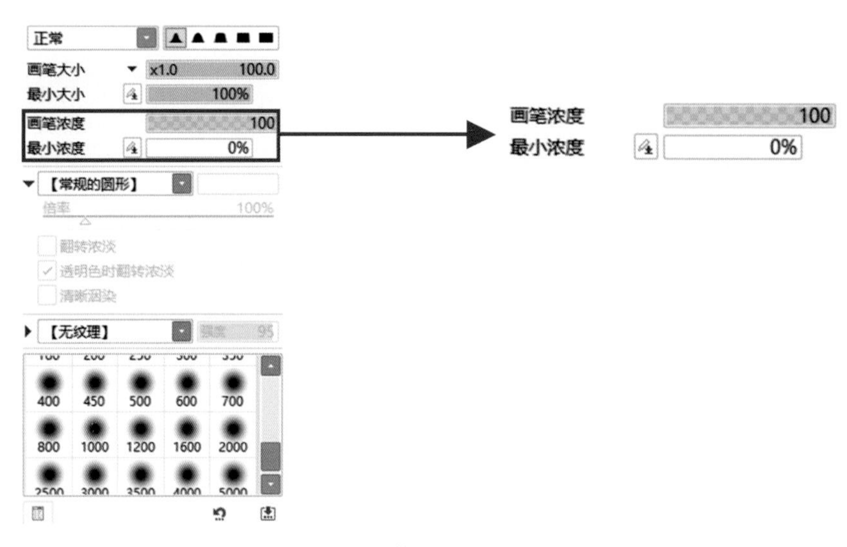

图 7-25　笔刷浓度调节开关

如果勾选“直径”选项，勾画出来的线条粗细也会根据笔压的不同而发生变化，如图 7-27 所示。“最大直径”是在压感足够大时笔刷可画出的最大直径，即影响线条粗细的关键值。“最小直径”是一笔中最细部分的直径占最大直径的百分比，笔压越小，直径越接近最小直径，若最小直径为 100%，则画笔没有粗细变化。如图 7-28 所示，从左到右依次为最大直径相同，最小直径为 100%、50%、0% 时的效果。

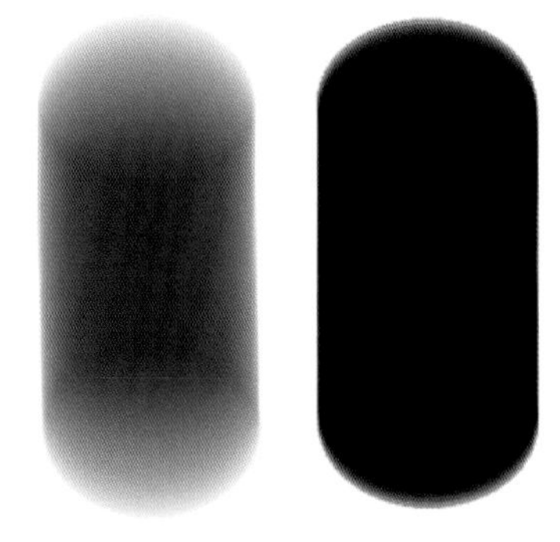

图 7-26　笔刷浓度 50%、100% 的效果

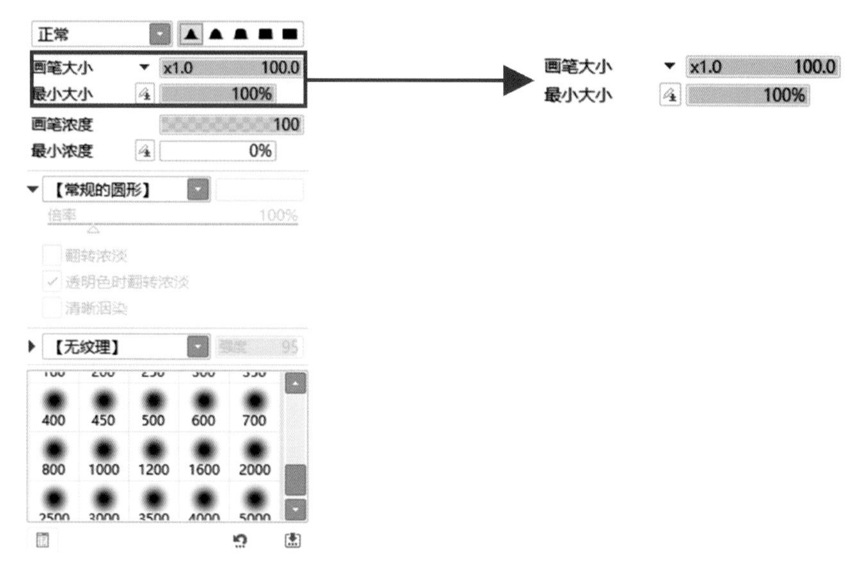

图 7-27　SAI 画笔直径设置

图 7-28　画笔最小直径不同时的效果

更改笔刷形状与笔刷材质可以让画面带有肌理效果或者图案纹理。如图 7-29 所示，左边笔刷形状为扩散和噪点的效果，右边笔刷材质为千鸟格子的效果。

图 7-29　笔刷形状和笔刷材质效果

笔刷除上述关键数值的设置外，其效果还会受笔刷的“混色”“水分量”“色延伸”等数值的影响，如图 7-30 所示。“混色”表示前景色与底色的混合程度，混色值越大，前景色就越容易与底色混合；混色值越小，前景色就越不容易被底色干扰。如图 7-31 所示，底色为浅绿色，前景色为蓝色，由左到右分别是混色值为 100、80、60、30、0 时的混色效果。“水分量”影响笔刷的通透程度，水分量越大，笔刷越透明；水分量越小，笔刷的颜色就越重。图 7-32 中，由左到右分别是笔刷水分量为 0、30、60、90 的效果，当水分量为 100 时，笔刷为全透明。“色延伸”影响混色时颜色的延伸效果，色延伸数值越大，延伸效果就越强，反之越弱。

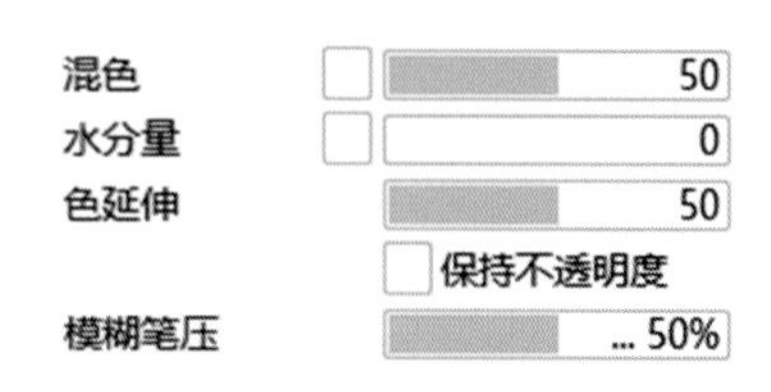

图 7-30　笔刷混色、水分量、色延伸设置

图 7-31　不同混合色值效果

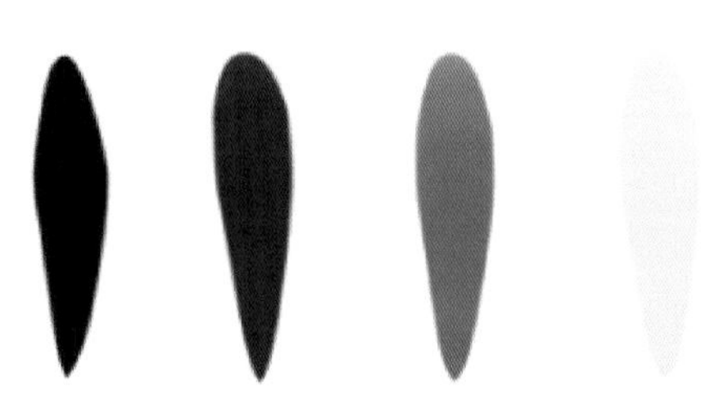

图 7-32　笔刷不同水分量值效果

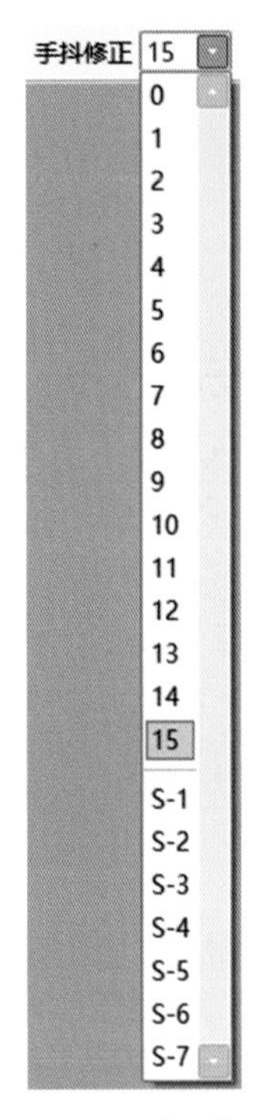

在产品数位绘制中一般会有线稿图层，线稿不同于草稿，它将草稿归纳整理为平滑利落的线条轮廓。因此，在描线的过程中需要一些功能的辅助。例如，因为手的抖动而无法画出准确的线条，可以调整“抖动修正”的程度。如图 7-33 所示，“抖动修正”具有 23 个等级，通过调节等级可以不同程度地修正因手抖而造成的误差，避免线条的细小弯曲或粗细不均等瑕疵，使线条更加平整光滑，等级越高修正程度越大，线条越平滑，等级太高也容易造成一定显示延迟。需要注意，修正程度过大会影响绘画的准确性，所以请选择适合自己绘制效果的“抖动修正”数值。图 7-34 中的四条线由上到下依次为，在同一笔刷的设定下，抖动修正值分别为 0、8、15、S-7 画出的效果。

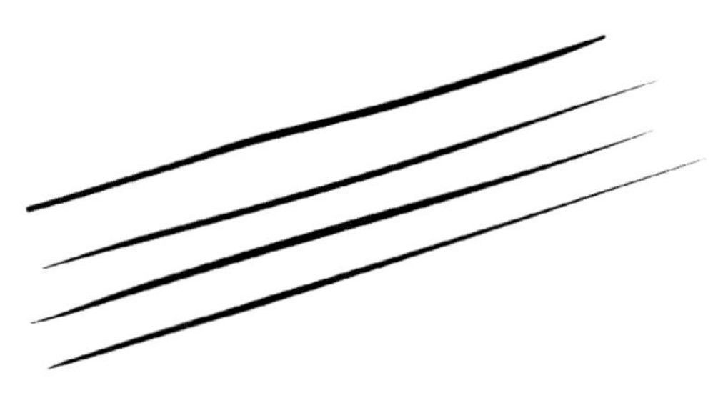

图 7-33　SAI 抖动修正选项

图 7-34　不同抖动修正值的绘制效果

（2）图层

在图层功能中，图层混合模式的改变、新建图层、图层组都在图层面板中设置，灵活运用图层，可以使绘制过程变得轻松。通过调整不透明度可以实现半透明效果，因此只要素材不同，即使是很细小的部分也最好分设图层进行操作，如图 7-35 所示。

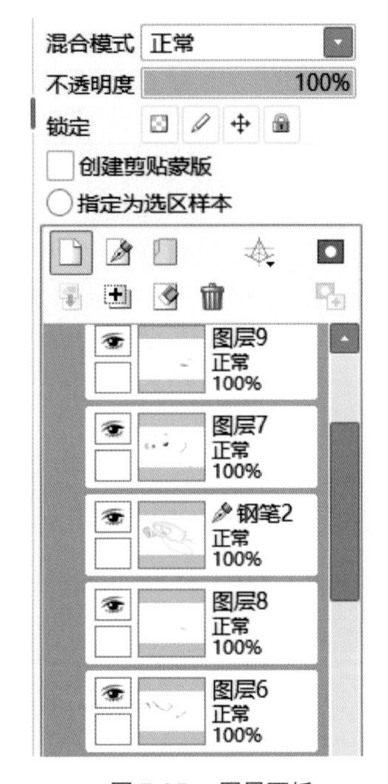

图 7-35　图层面板

在产品数位绘制过程的上色阶段，利用图层分出各个需要上色的部分，然后勾选“保护不透明度”选项，再配合“剪贴图层蒙版”选项，就无须担心涂色超出范围。例如，在画有底色之类的图层上新建一个图层，勾选“剪贴图层蒙版”选项，新建的图层就只能在下面图层的涂色范围内进行上色。

此外，分图层可以进行各自内容的编辑。因此通过用图层混合模式等功能，可以达到各种各样的效果。图层组也和图层一样，可以使用各种混合模式或者改变不透明度等。因此用图层组进行管理，可以同时编辑图层组下的全部图层，如图 7-36 所示。由此可以看出，熟练地使用图层，可以更加有效地进行产品绘制。

SAI 软件中的图层混合模式种类与 Photoshop 的有相似之处，如图 7-37 所示。SAI 中的图层混合模式“发光”是非常重要的功能，甚至可以说是 SAI 最有价值的地方。通过对图层

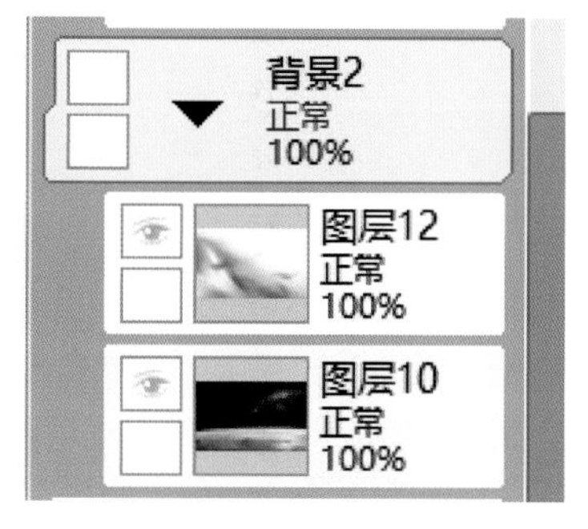

图 7-36　图层组效果

的混合模式进行设定，就能轻松做出各种效果，这也是SAI 的长处之一。

图层的“向下转写”功能在描线的过程中经常用到。单击“向下转写”可以将当前选中图层中的内容转移到下面相邻的图层上，下面图层中原有的内容保留不变，当前图层变为空白图层。在绘制线稿时，新建两个图层，在上方的图层中进行描线，线条确认无误后进行“向下转写”，再继续后面的描线，这样在对线条进行修改和擦除时，不会影响到画好的线条，如图 7-38 所示。

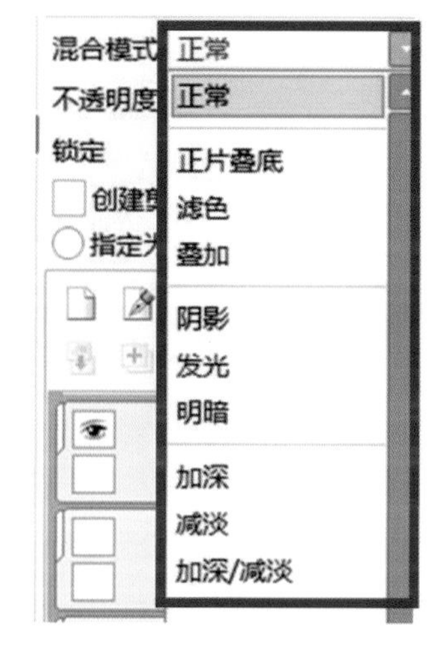

图 7-37　SAI 图层混合模式

图 7-38　图层向下转写

在新建图层时可以选择“钢笔图层”，“钢笔图层”的特点是可以对每个控制点进行调整修改，方便线条的修正，如图 7-39 所示。钢笔图层中绘制的线条上具有多个控制点，可通过锚点工具对控制点进行移动、删除等，如图 7-40、图 7-41 所示。曲线和折线工具可以直接通过确定控制点位置来形成线条。另外，“钢笔图层”与普通图层合并后将变成普通图层，无法再对线条进行修正。

图 7-39　新建钢笔图层

图 7-40　钢笔线条特点

用钢笔图层绘制线条具有局限性，因为它只有一种笔刷，所以绘制线稿效果较少，而且其“最大直径”的最大值只有 30，无法画出较粗的线条。对于钢笔图层的使用，还要根据使用者绘制线条的熟练程度来选择。

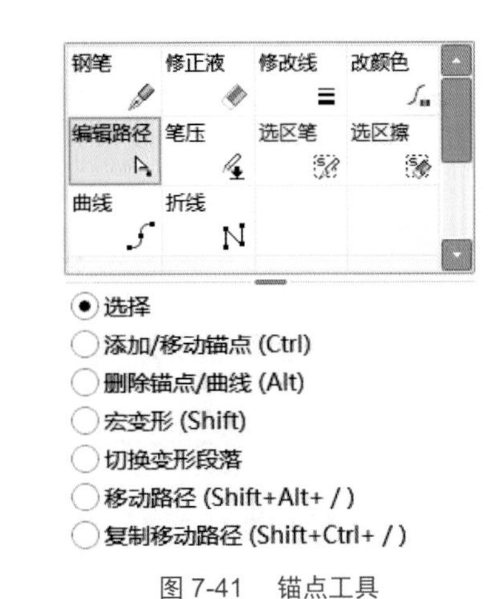

图 7-41　锚点工具

（3）尺子工具

SAI2 新增的尺子工具可以在如图 7-42 所示工具栏位置单击或使用“Ctrl+R”组合键调出，效果如图 7-43 所示。在 SAI 的尺子工具中，分为直线、椭圆、平行线、同心圆、集中线，尺子工具可以对绘画起到一定的辅助作用。

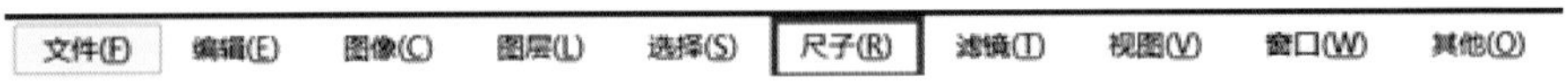

文件(F)　编辑(E)　图像(C)　图层(L)　选择(S)　尺子(R)　滤镜(T)　视图(V)　窗口(W)　其他(O)

图 7-42　工具栏

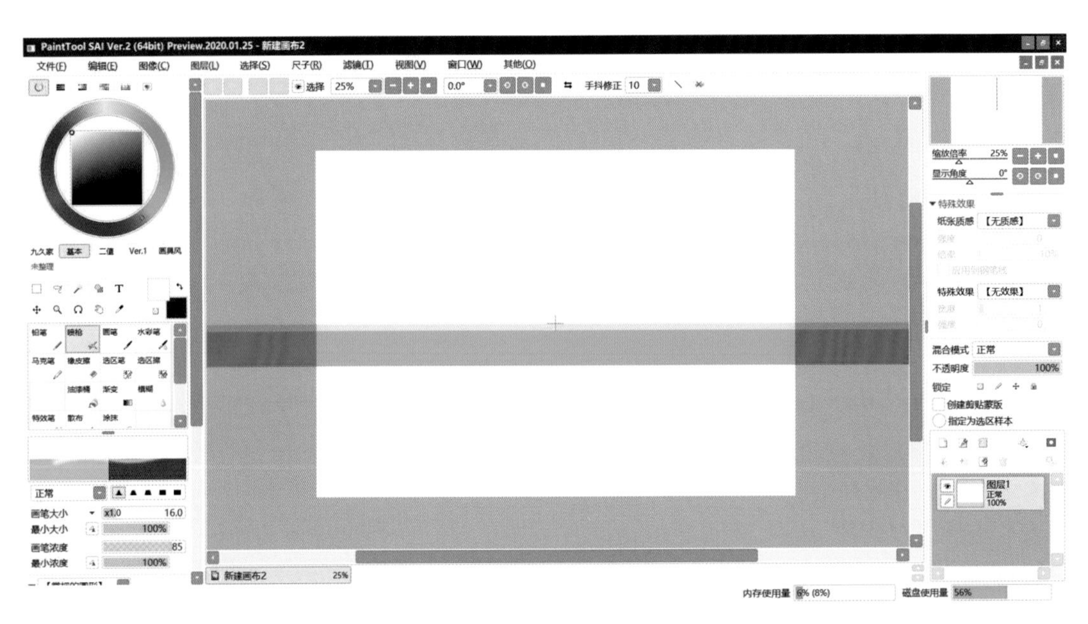

图 7-43　尺子工具效果

SAI2 新增的透视尺工具可以在图层窗口调出，如图 7-44 所示。单击展开后可以看见有一点透视尺、二点透视尺、三点透视尺，如图 7-45 所示。透视尺工具可以辅助画出具有强烈透视效果的产品。

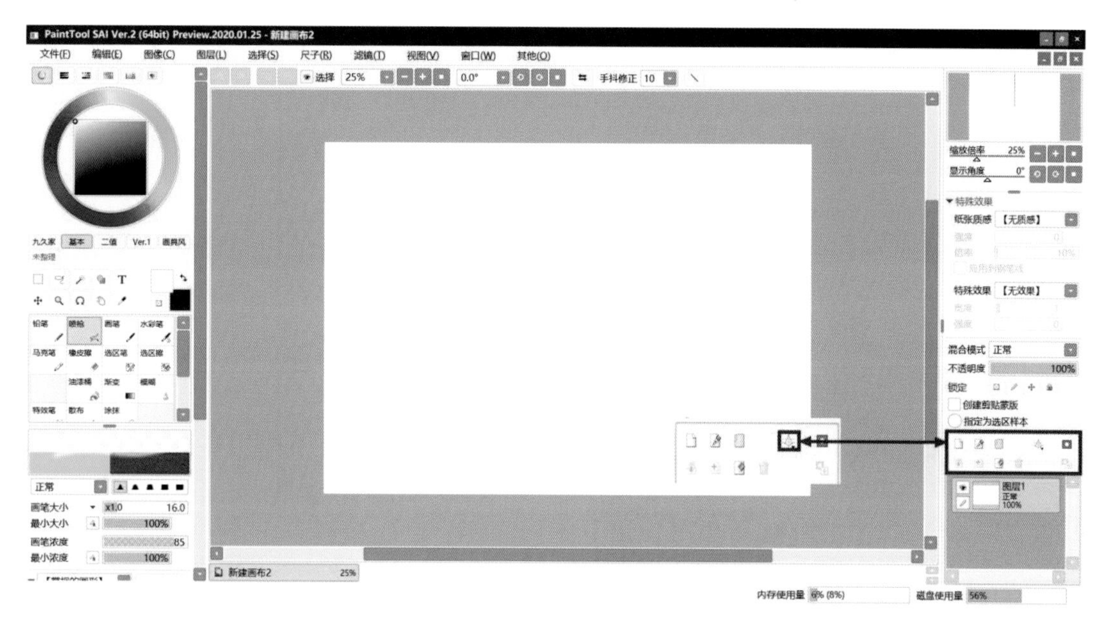

图 7-44 透视尺工具

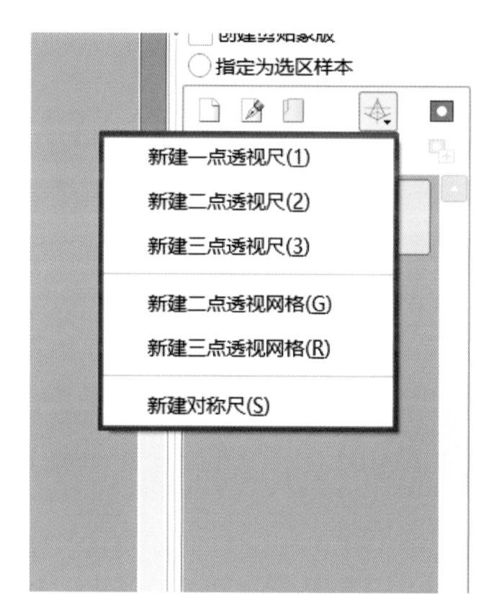

图 7-45 展开效果

对于SAI软件的其他功能，由于篇幅限制，在此不再细讲。在后面实际案例的学习和操作中，大家可以体会到 SAI 的独特绘画特点。

课后作业

以汽车为主题，使用 SAI 软件完成不同风格线稿的绘制。

第8章

产品数位绘制流程

本章重点

◎产品轮廓、色彩的绘制方法
◎常用材料表面特征绘制方法
◎光源分类及简单、复杂形体光影绘制方法
◎按键、屏幕、发光、结构四大细节绘制方法

学习目的

◎通过案例绘制学习，掌握常用绘制规律及方法。

在完成了深化草图后，设计师根据目标用途使用数位板和软件来进行各类丰富效果的绘制。产品数位绘制通过轮廓绘制、颜色绘制、质感与细节绘制、背景绘制及调整等步骤完成效果图的制作，如图 8-1 所示。在绘制过程中，力求通过绘制产品的色彩、材料质感及结构细节等元素，将产品的每个特征都准确无误地表达出来。

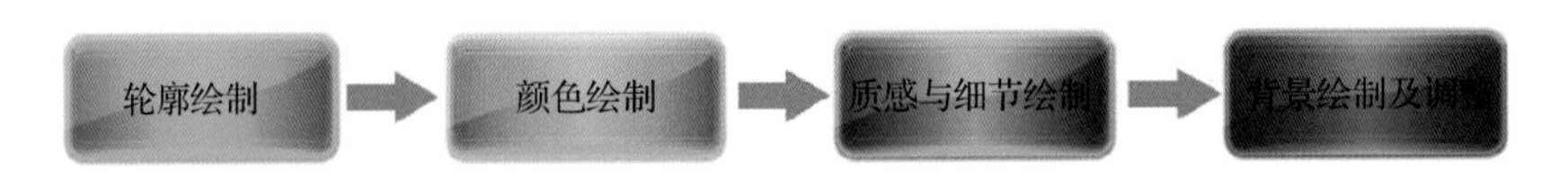

图 8-1　产品设计数位绘制流程

8.1 轮廓绘制

对产品造型的把握，轮廓线起到决定作用。产品在绘制之前，可以简单地规划为几个部分，研究这几部分互相依存的线条关系，并对产品整体所分割的比例把握清楚，这样绘制出的轮廓能够让读者快速感受到产品特质。

数位绘制产品轮廓有四种方法。

第一种方法是手绘线稿图。手绘线稿图要注意尺寸、比例之间的关系，然后将手绘线稿图借助外界转化工具（扫描、数码相机拍摄等方法）转化为数字图像后，导入软件作为底图，运用软件中的绘图工具进行轮廓细节的修正与绘制。在转化数字图像过程中需要注意，利用扫描仪进行图像转化时，注意各种扫描仪的设定都有所不同，但是为了不让灯光之类多余的颜色混杂其中,最好设定扫描类型为“黑白”。扫描画像分辨率也会随着用途的不同而有所不同。作为产品绘制，分辨率最好在 150dpi 以上。

第二种方法是在纸面上绘制产品的基本造型后，将绘图纸放在数位板绘图区，利用压感笔进行基本造型的描摹和细节的进一步绘制。这种方法可以缓解初次使用数位板的不适感觉，也可以节省线稿图转换时间。

第三种方法是在计算机上使用二维软件直接绘制轮廓。在轮廓的绘制过程中，产品结构表现要严谨，这一点对接下来的工作有很大帮助。

第四种方法是在绘制草图前，先在三维软件里建一个大概的模型，渲染出所需视角的视图。然后将其视图导入平面软件，在此基础上调整绘制轮廓线。这种方法用于初学数位绘制的透视训练。

对于绘制轮廓这一步，读者可以选择自己擅长的方法进行。在整个轮廓绘制过程中要尽量准确地表达产品的特征和使用方式。同时还需要注意，尽量分图层绘制，例如大轮廓线、细节轮廓线、结构线等多项图层。其目的是方便后期的修改和颜色绘制。

8.2 色彩绘制

运用二维软件画效果图犹如在纸面上画静物，需要正确运用合理的光影变化来反映产品形体特征。掌握这一点就能掌握所有二维软件在数位绘制中的制作技巧。在使用二维软件 Photoshop 或 SAI 上色时，我们要学会分析我们手中产品的形体特征，以及使用者的感受和人机工程学的一些参数，以便在效果图中更好地展现出来。

绘制颜色时，很容易忽视光线的方向，造成画面效果混乱和不整洁。正确的方法是将光源和色块大致确定后，可以分图层上色。上色过程如同素描绘制过程，先铺大色调，然后再来刻画细节。这样的好处是整体感更强，光线方向清晰。对于铺大色调的方法有两种：一是直接调出我们需要的颜色进行绘制；二是先绘制黑白效果，然后再新建一个图层，通过调整图层样式和“图层”——“调整”菜单命令来修改颜色。第二种方法在后期可以很方便地改变颜色，来进行色彩方案比较，如图 8-2 所示。

图 8-2　产品的色彩方案

在色彩填充过程中要注意，产品同一个面上的颜色要有深浅变化，如图 8-3、图 8-4 所示。对于这种光影变化，需要我们多观察和留意。

图 8-3　光影变化单调的产品效果

图 8-4　光影变化丰富的产品效果

8.3 质感与光影绘制

8.3.1 质感

产品质感绘制是产品数位绘制中的重要步骤，制作产品质感的方法也有很多。我们常用的方法有两种。一是找一些材质素材，利用改变图层样式的方法，把材质赋予产品之上。二是通过软件的各种特效处理功能，结合材质特征来制作。由于在设计过程中所处的阶段不同，数位绘制中质感表达与深化草图中的质感表达要求也不同。深化草图中质感表达的目标是辨识性，即使用手绘工具快速、概括地将产品质感特点表现出来，达到材质的准确识别。数位绘制在此基础上的表达还需更加细腻和丰富。绘制过程中需要多留意、多观察、多总结。

产品表面材质效果的表达是影响产品最终表现效果的关键因素。一个产品仅仅有造型是不够的，必须有合适的材质来配合，才能算得上完整的产品，特别是在一些很简洁的造型设计中，需要通过一些新奇的材质来丰富产品视觉效果。产品的表面材质除了可以反映产品的功能及工艺信息外，往往还影响和决定着一个产品的造型风格、色彩及气质。由于物体材质不同，所以吸收光和反射光的能力也不同，从而呈现出的表面效果有软硬、虚实、滑涩、韧脆、透浊等多种感觉。有些产品由于结构复杂，所以组成一个产品的材质丰富多样。由两种及两种以上材质组合的复合材质产品如图 8-5 所示。只有对简单而基本材质的物体表面效果加以探究，才便于更好地塑造复杂材质的物体。

图 8-5　复合材质产品外观效果

8.3.1.1　塑料材质效果表达

在塑料、橡胶和合成纤维三大合成材料中，塑料因为性能优异、易于加工，成为产量最大、应用最广的高分子材料。用于产品外观的常见塑料类型有聚丙烯（PP）、聚苯乙烯（PS）、ABS、聚苯乙烯（PS）、聚甲基丙烯酸甲酯（PMMA）等。例如，聚丙烯（PP）的产品主要应用于口杯、饭盒等产品。聚苯乙烯（PS）的产品主要应用于透明文具尺子、化妆品瓶等。ABS 适用于注塑和挤压加工，故其用途也主要是生产这两类制品，例如手机壳、计算机机箱、玩具等。由于使用的原材料不同，所以各种塑料产品所呈现出的外观效果也大不相同，有表面光滑且光泽度较高、表面磨砂且反光较弱等多种效果，如图 8-6 所示。

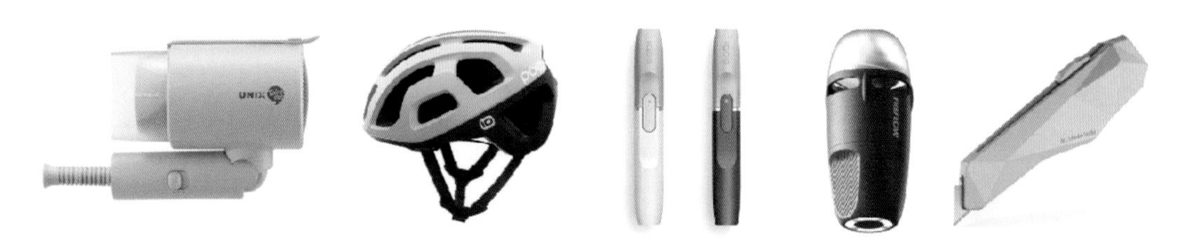

图 8-6　不同塑料产品外观效果

高光泽塑料是产品中比较常见的材质，特别是在小家电产品和玩具的设计制造中经常会用到。高光泽塑料材质表面具有较高的光洁度，因此光影变化十分明显，高光和反光出现的位置相对比较集中，并且轮廓清晰可见。高光泽塑料产品的高光部根据其自身光泽度和周围光线效果，呈现的颜色和形状也各有不同。一般高光泽塑料的高光颜色与物体本身的颜色有一定的关系。例如蓝色高光泽塑料吸尘器的亮部颜色是蓝色的，黄色高光泽塑料甜点机的亮部颜色是黄色的，如图 8-7、图 8-8 所示。需要注意的是高光泽塑料在光照强度较高时，物体高光颜色应该是中性色（黑、白、灰），还会在曲面转折处出现细长的高光反射带，如图 8-9 所示。在一定环境中，物体的反光也会受到周围环境的影响，例如三种不同颜色的手机在相互叠放时，粉红色手机壳上会反射出绿色，白色手机壳上会反射出绿色和粉红色等环境色，如图 8-10 所示。

图 8-7　高光泽塑料吸尘器高光效果

图 8-8　高光泽塑料甜点机高光效果

图 8-9　高光泽塑料产品高光形状

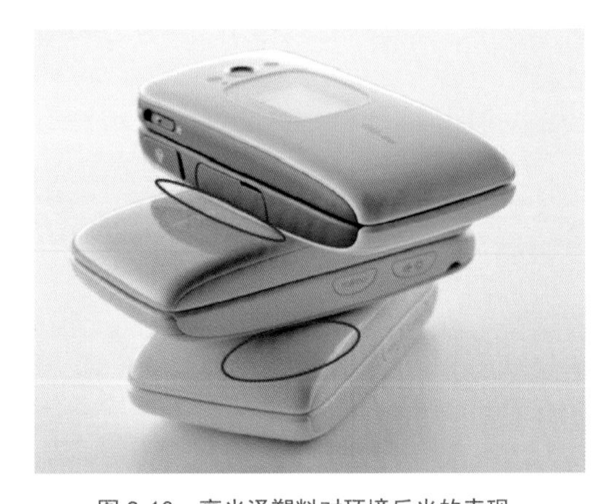

图 8-10　高光泽塑料对环境反光的表现

高光泽塑料材质表现的关键在于光影的绘制。高光泽塑料材质因表面光滑且坚硬，在绘制时既要保证光影轮廓的清晰和肯定，同时又要避免过于生硬和表面化。数位绘制中使用图层蒙版结合渐变工具或画笔工具绘制高光泽塑料的光影效果是最常见的方法，也是较容易产生效果的方法。本章以手持风机为例，如果 8-11 所示，讲解高光泽塑料的绘制方法。

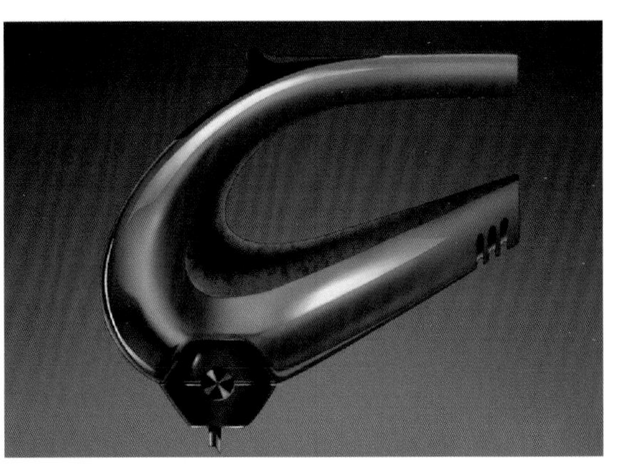

图 8-11　手持风机绘制效果

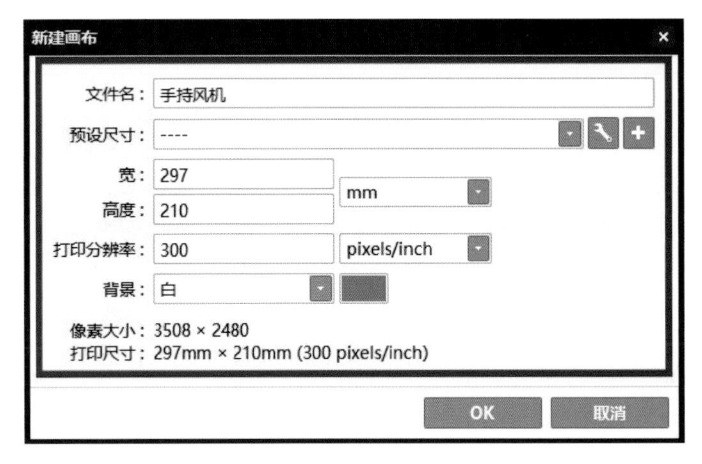

图 8-12 “新建画布”对话框

（1）该方案使用 SAI2 与 Photoshop 软件共同绘制。打开 SAI2，执行“文件”——“新建”菜单命令，在弹出的“新建画布”对话框中将其命名为“手持风机”，分辨率选择 300pixles/inch，宽度和长度设置如图 8-12 所示。

（2）绘制线稿。新建图层，命名为“线稿”。在“线稿”图层上新建钢笔图层，将前景色颜色数值设置为 #041521，使用直径为 2.6 的曲线绘制工具绘制线稿，设置如图 8-13 所示，绘制效果如图 8-14 所示。

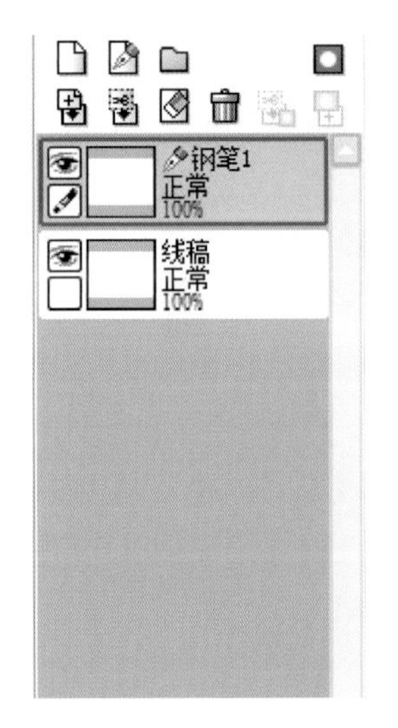

图 8-13 图层设置

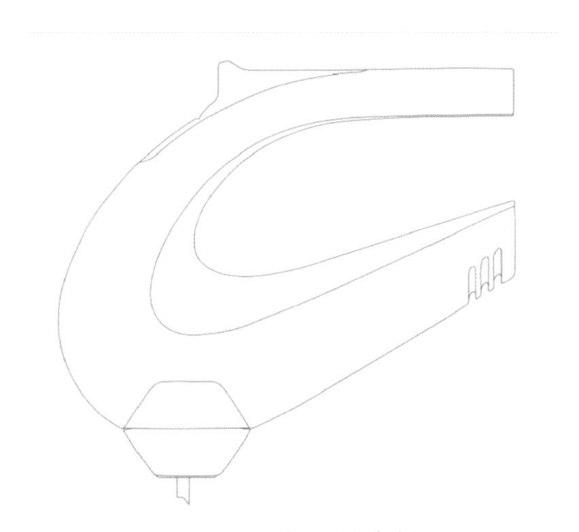

图 8-14 手持风机线稿绘制

（3）对“钢笔 1”图层使用（向下转写）工具，将其转写到“线稿”图层，删除“钢笔 1”图层，并将“线稿”图层设置为“指定选取来源”，如图 8-15 所示。

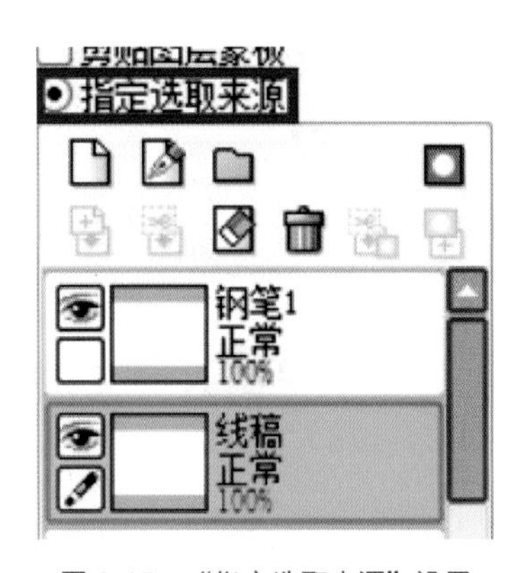

图 8-15 “指定选取来源”设置

（4）绘制各个部分的主体颜色。新建五个图层，分别命名为“黑色散热孔”“黑色底部”“黑色顶端”“黑色把手”“蓝色主体”，使用（油漆桶工具），通过不同的颜色填充将颜色分布粗略地表达出来。各个图层的填充颜色色标数值如图 8-16～图 8-22 所示。并将五个图层设置为“保护不透明度”。

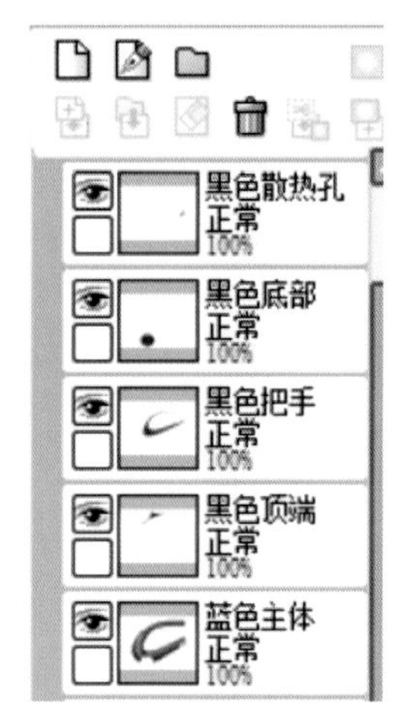

图 8-16　图层设置

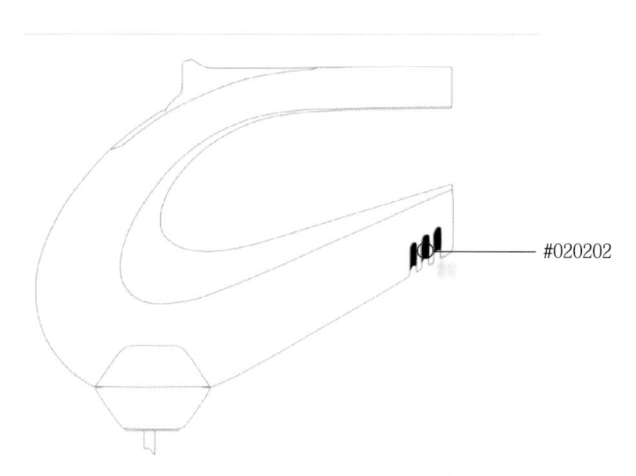

图 8-17　黑色散热孔填充效果

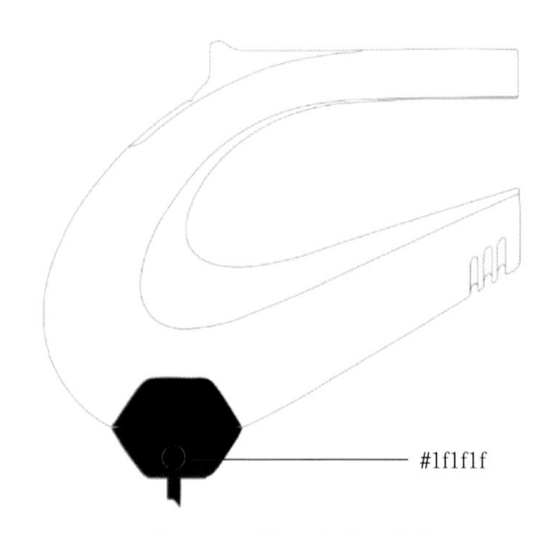

图 8-18　黑色底部填充效果

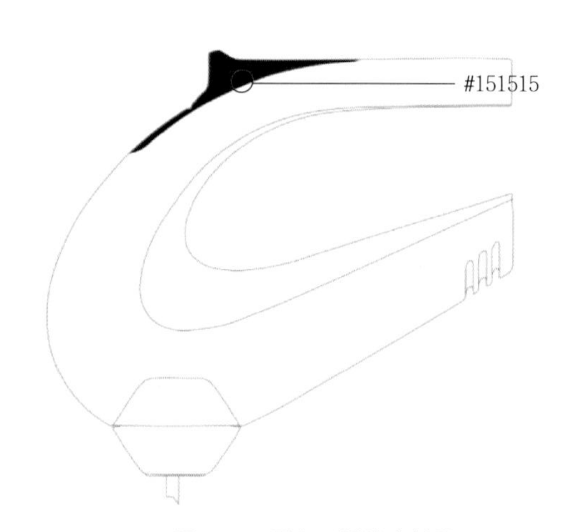

图 8-19　黑色顶端填充效果

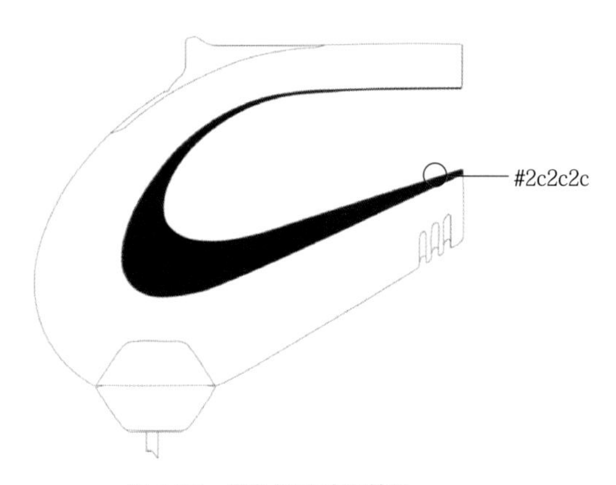

图 8-20　黑色把手填充效果

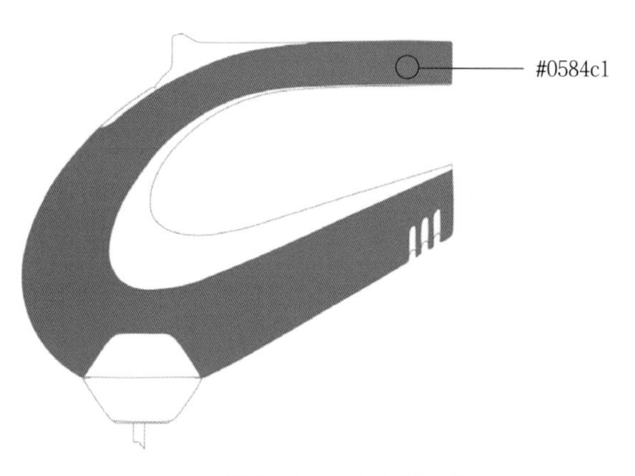

图 8-21　主体填充效果

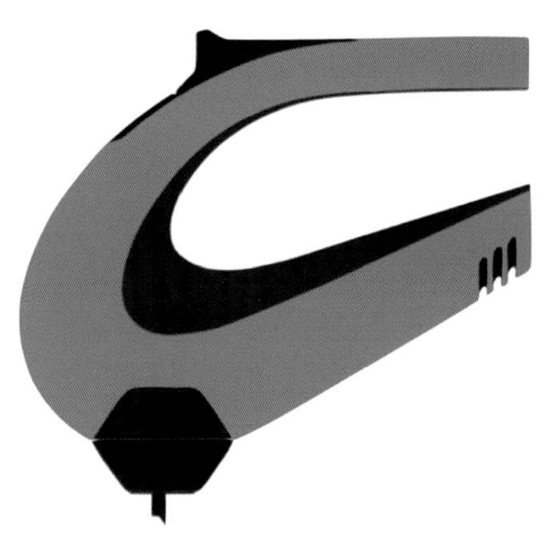

图 8-22　手持风机主体色基本填充效果

图 8-23　蓝色主体绘制

（5）绘制“蓝色主体”图层部分。使用（喷枪工具），在“蓝色主体”图层通过选择不同明度的颜色绘制出明暗变化，使用（水彩笔工具）让其明暗变化更自然。上部边缘及下部中间部分使用较小尺寸的（喷枪工具）、（水彩笔工具）绘制出高光。绘制效果如图 8-23 所示。

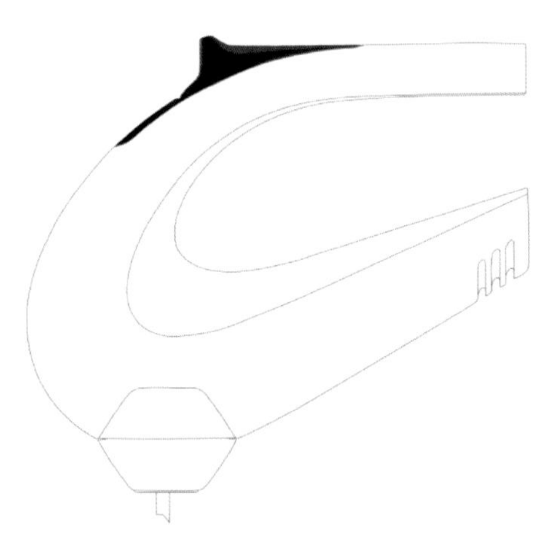

图 8-24　黑色顶端绘制

（6）绘制“黑色顶端”图层部分。使用大小为 70，使用数值为 #424242 的深灰色（喷枪工具），沿其边缘喷绘。使用（水彩笔工具）进行一定的调和，使其过渡更加自然。绘制效果如图 8-24 所示。

（7）使用相同的方法绘制“黑色散热孔”图层的明暗关系，最终绘制效果如图 8-25 所示。

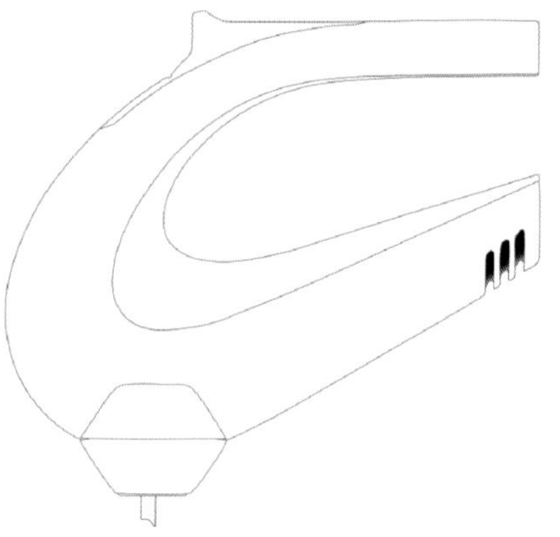

图 8-25　黑色散热孔绘制

（8）绘制“黑色底部”图层部分的明暗关系。使用（喷枪工具）画出大致明暗分布，暗部、亮部、灰色过渡区域喷枪颜色分别为 #000000、#ffffff、#3f3f3f。利用（水彩笔工具）进行调和。效果如图 8-26 所示。

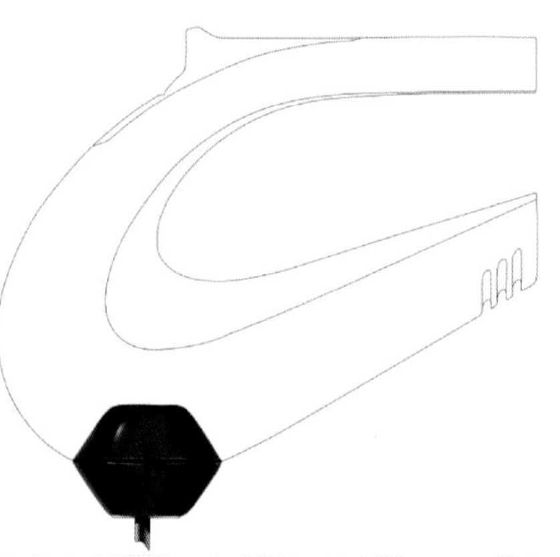

图 8-26　黑色底部绘制

（9）绘制“黑色把手”图层部分。使用大小为 100，使用数值为 #636363 的灰色（喷枪工具）绘制出大致明暗变化，利用（水彩笔工具）进行调和，效果如图 8-27 所示。

图 8-27　黑色把手绘制

（10）执行“文件”——“另存为”菜单命令，在弹出的“另存画布”对话框中，将其另存为 psd 文件格式。使用 Photoshop 软件打开该文件，进行“黑色底部”图层细节的完善。使用工具箱中的（椭圆工具）绘制圆形并用黑色进行填充，复制该图层后适当放大并填充数值为 #adadad 的灰色，使用工具箱中的（画笔工具）进行白色高光绘制。最终绘制效果如图 8-28 所示。

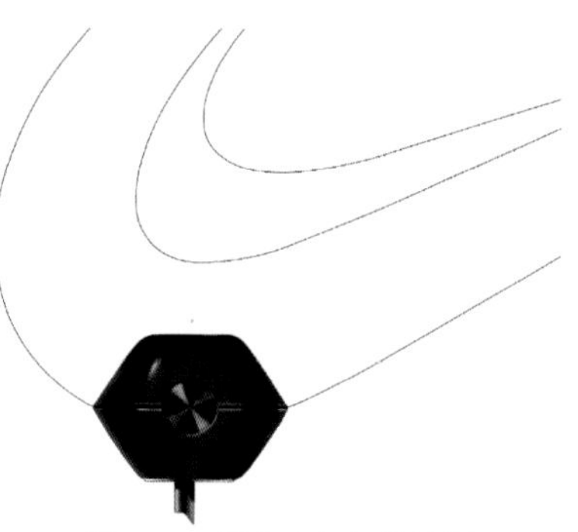

图 8-28　黑色底部细节绘制

（11）对“黑色把手”图层进行贴图处理。从“素材”文件夹选择“手持风机贴图”素材，将该素材图置入文件，调整背景素材至合适大小和位置并进行裁剪，图层模式设置如图 8-29 所示，贴图效果如图 8-30 所示。

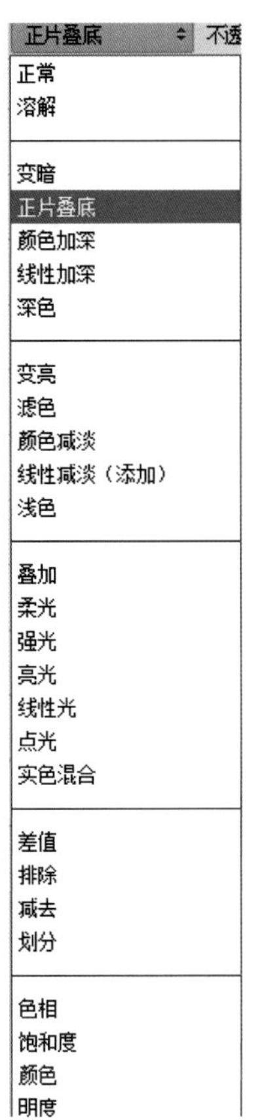

图 8-29　图层模式设置

图 8-30　黑色把手贴图效果

（12）手持风机背景绘制。新建“背景”图层。在工具箱中选择（渐变工具）。单击渐变条，渐变色条设置如图 8-31 所示，颜色数值分别为 #2b2b2b（位置：0%）、#7c7c7c（位置：100%），手持风机最终绘制效果如图 8-32 所示。

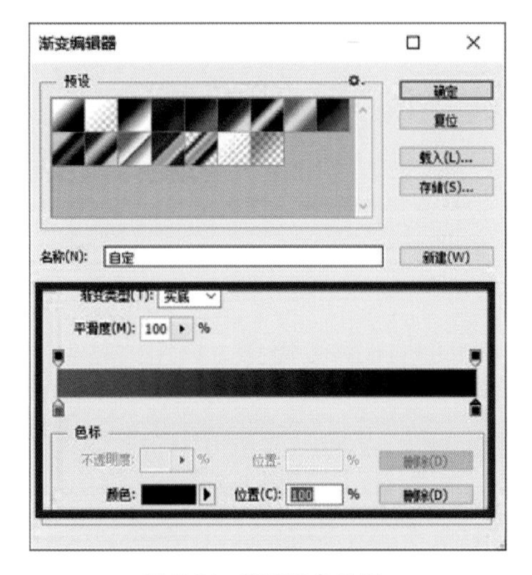

图 8-31　渐变色条设置

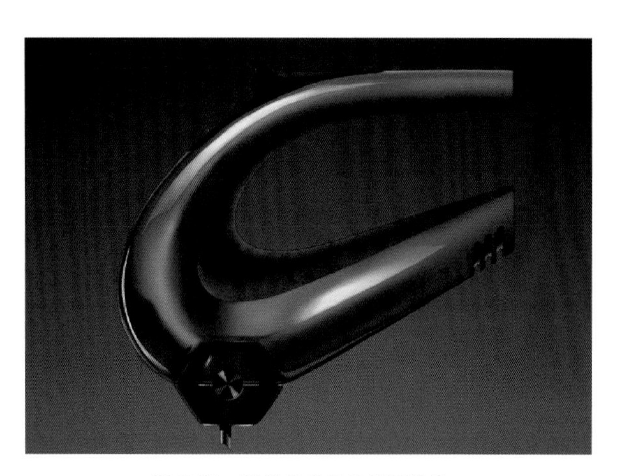

图 8-32　手持风机最终绘制效果

8.3.1.2 金属材质效果表达

在第 4 章深化草图中，我们讲到金属材质物体表面有光滑和粗糙两大类，对光的反射能力也各有不同。具有较高光泽度的镀铬、抛光金属表面犹如一面镜子，其表面效果出现“黑白分明”的视觉反差效果。低光泽金属材质效果主要包括磨砂和拉丝两种，多用于家电产品及 3C 类电子产品的设计和制造，如图 8-33、图 8-34 所示。

图 8-33　铬弧面金属外观效果

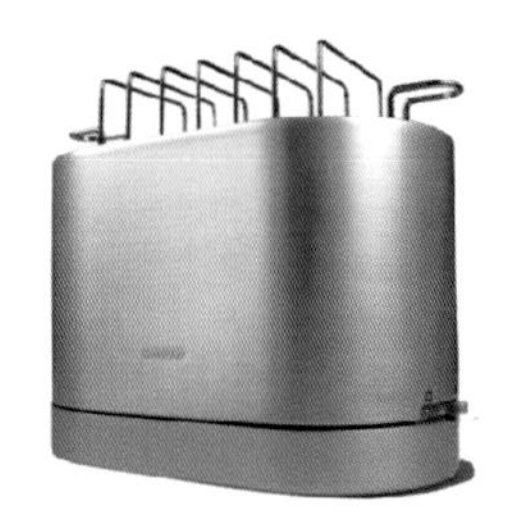

图 8-34　磨砂材质产品外观效果

高光泽金属材质物体反光度很高，表面光洁明亮，触感硬朗，是受光线影响较大的材质之一。描绘高光泽金属材质特征时要抓住明暗交界线的变化，圆弧面过渡的层次要清晰简练，笔触要肯定、果断和规整。下面我们以轮毂为例讲解金属材质的绘制方法，效果如图 8-35 所示。

图 8-35　轮毂绘制效果

（1）该案例使用 SAI2 软件绘制。打开 SAI2，执行“文件”——“新建”菜单命令，在弹出的“新建画布”对话框中将其命名为“轮毂”，分辨率选择 300pixles/inch，宽度和长度设置如图 8-36 所示。

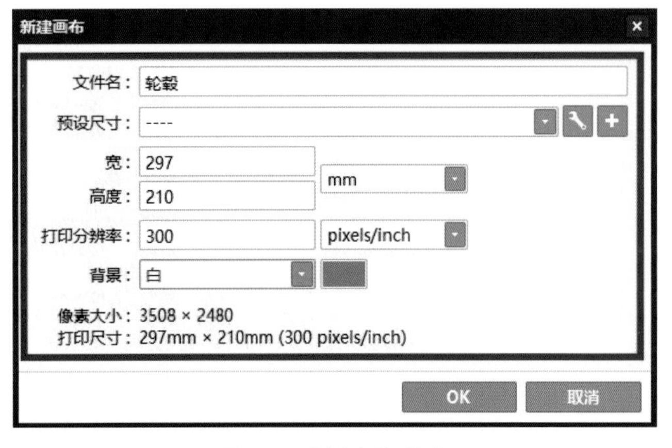

图 8-36　新建文件对话框

（2）绘制线稿。新建图层并命名为“线稿”。在“线稿”图层上新建钢笔图层，使用直径为 2.6 的曲线（曲线工具）绘制线稿，颜色数值为 #000000，设置如图 8-37 所示，绘制效果如图 8-38 所示。

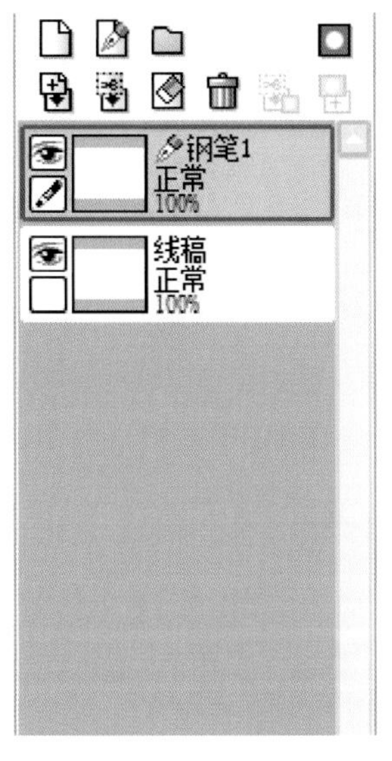

图 8-37　图层设置

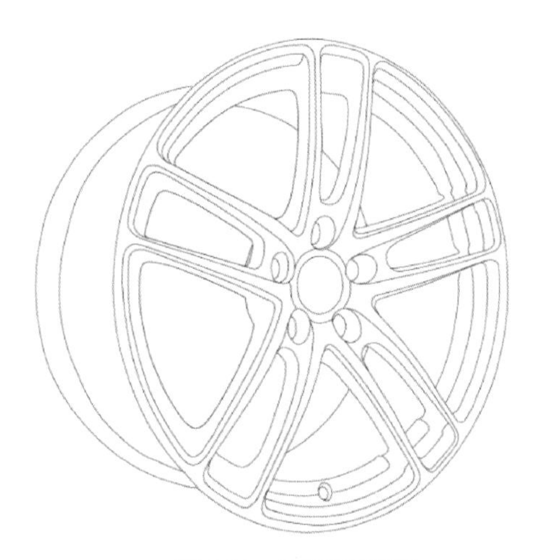

图 8-38　轮毂线稿设置

（3）对“钢笔 1”图层使用 （向下转写）工具，将其转写到“线稿”图层，删除“钢笔 1”图层，并将“线稿”图层设置为“指定选取来源”，如图 8-39 所示。

（4）分层着色绘制轮毂。新建四个图层，分别命名为“深灰”“中灰”“浅灰”“深蓝灰”，使用油漆桶（油漆桶工具），在不同图层进行颜色填充将轮毂的明暗粗略地表达出来。将四个图层设置为“保护不透明度”，如图 8-40 所示。“深灰”“中灰”“浅灰”“深蓝灰”图层的颜色填充数值如图 8-41 ～图 8-44 所示。填充效果如图 8-45 所示。

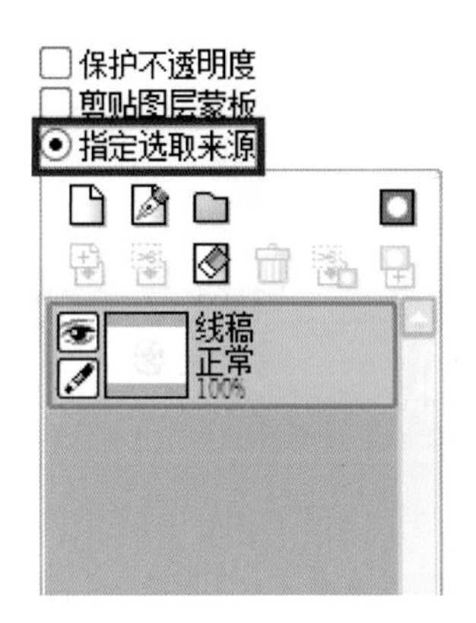

图 8-39　“指定选取来源”设置

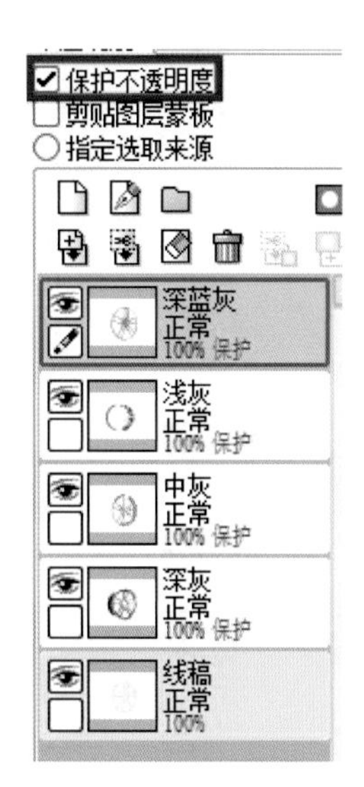

图 8-40　“保护不透明度”设置

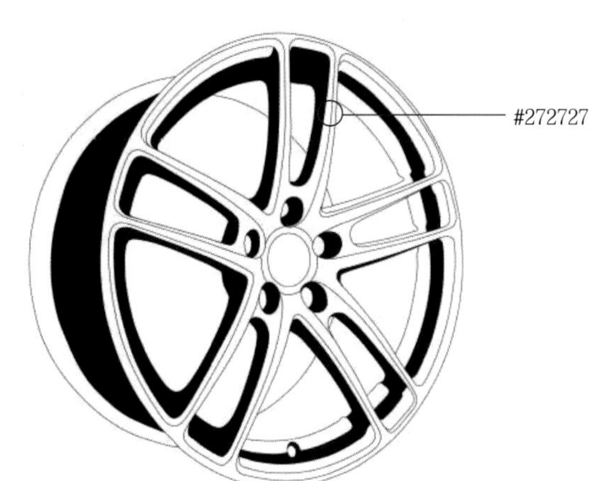

图 8-41 “深灰”图层填充效果

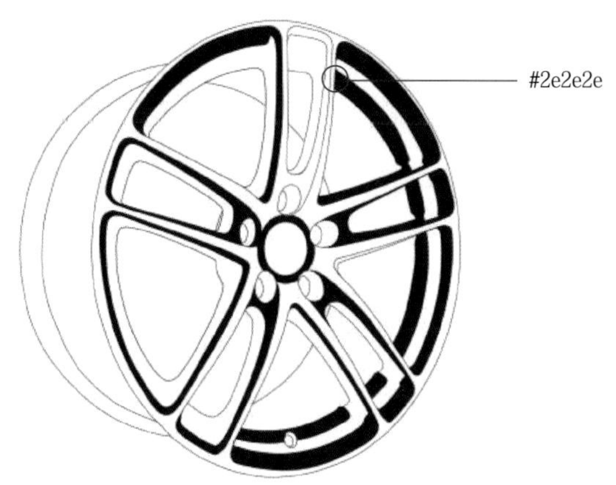

图 8-42 “中灰”图层填充效果

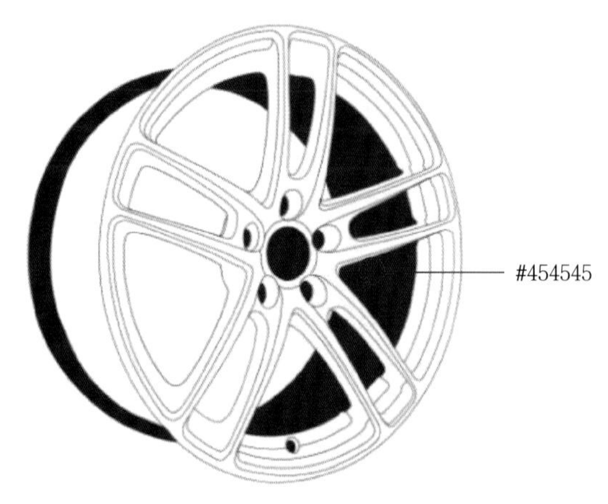

图 8-43 “浅灰”图层填充效果

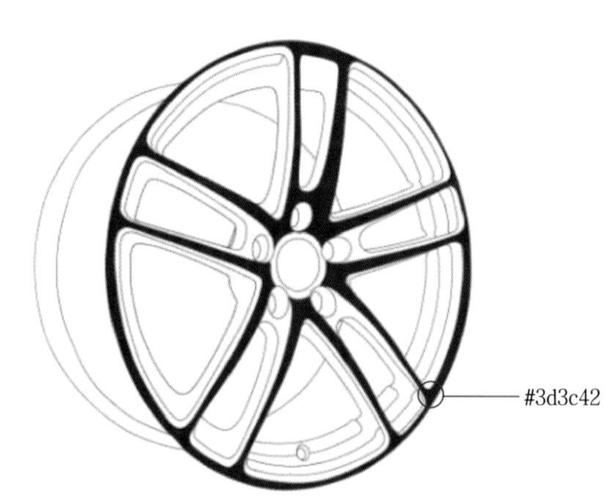

图 8-44 “深蓝灰”图层填充效果

图 8-45 轮毂主体色基本填充效果

（5）绘制“浅灰”图层部分。使用喷枪（喷枪工具），颜色数值设置为 #616161，在“浅灰”图层绘制出明暗变化，使用水彩笔（水彩笔工具）让其明暗变化更自然。左侧边缘及中间部分使用较小尺寸的喷枪（喷枪工具），颜色数值为 #ffffff 的水彩笔（水彩笔工具）绘制出高光。右边轮毂内壁使用较大尺寸的（喷枪工具），颜色数值为 #ffffff 的（水彩笔工具），绘制效果如图 8-46 所示。

图 8-46　“浅灰”图层绘制效果

（6）绘制“深蓝灰”图层部分。使用大小为 350，颜色数值为 #ffffff 的（喷枪工具），在“深蓝灰”图层绘制出明暗变化，使用（水彩笔工具）让其明暗变化更自然。在“深蓝灰”图层使用颜色数值为 #ffffff 的（喷枪工具）绘制大体的明暗关系。使用大小为 30，颜色数值为 #3f3f45 的深灰色（喷枪工具），沿其边缘喷绘。使用（水彩笔工具）进行一定的调和，水彩笔设置如图 8-47 所示，使其过渡更加自然。绘制效果如图 8-48、图 8-49 所示。

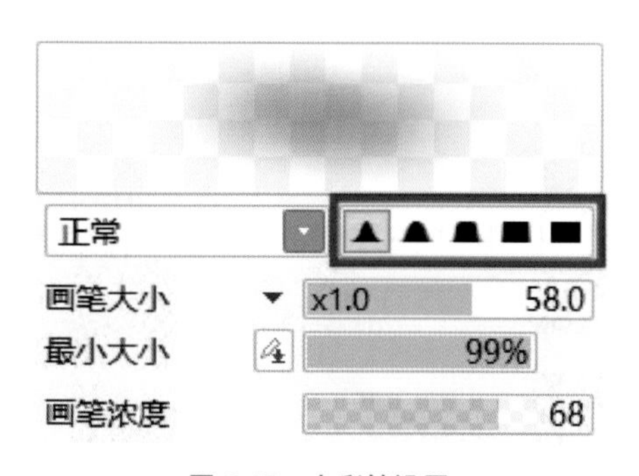

图 8-47　水彩笔设置

图 8-48　“深蓝灰”图层绘制效果

图 8-49　“深蓝灰”图层水彩笔过渡效果

（7）按照步骤（6）的方法绘制其他辐条部分，最终绘制效果如图 8-50 所示。

图 8-50 其他辐条部分绘制

（8）绘制“深灰”图层部分。使用颜色数值为 #ffffff 的（喷枪工具）绘制出大致的明暗分布，利用（水彩笔工具）进行调和，水彩笔具体设置如图 8-47 所示。效果如图 8-51、图 8-52 所示。

图 8-51 “深灰”图层喷枪绘制效果

图 8-52 “深灰”图层水彩笔绘制效果

（9）绘制“中灰”图层部分并完善细节。绘制方法与上述方法相同，注意明暗对比。高光与阴影的绘制方法与步骤（8）相同，注意明暗关系的对比变化，轮毂绘制效果如图 8-53 所示。

图 8-53 “中灰”图层绘制

图 8-54　背景素材

（10）轮毂背景绘制。从“素材”文件夹中选择“轮毂背景”素材，将背景素材图置入文件最底层，调整背景素材至合适大小和位置。并在其上方建立新的“阴影”图层，如图 8-54 所示。

图 8-55　轮毂最终绘制效果

（11）在背景图层上使用颜色为 #272727，大小为 300 的喷枪（喷枪工具）绘制阴影，轮毂最终绘制效果如图 8-55 所示。

8.3.1.3　玻璃材质表面效果表达

玻璃材质在产品设计中应用广泛，例如硼硅玻璃具有优异的耐高温性能及化学稳定性、极佳的透过率、良好的玻璃表面平整度等特点，所以广泛用于家用电器、照明、环保及化学工程、医疗及生物技术、半导体、电子技术等领域。从表面加工效果来看，玻璃材质分为透明玻璃和半透明玻璃两类。在第 4 章中介绍过玻璃材质透明、反光和折射三大特点。在数位绘制过程中，我们在考虑以上三大特点外，还需要考虑光影问题。玻璃材质的光影常常有两个层次：一个是表面产生的正常光影，另一个是内部产生的与正常光影相反的光影表现。如果是盛有带色液体的透明体，为使色彩不失去原有的纯度，可以使用白色背景，从而衬托其原有的色彩，如图 8-56 所示。在绘制玻璃等透明材质时还可以加入

图 8-56　带色液体的透明体

各种蓝色，因为天是蓝色的，这些具有反射习性的材质也应该反射出一些天空的色彩，这样做出的东西会更真实。

图 8-57　玻璃瓶绘制效果

半透明玻璃由于特殊表面处理效果，其通透性较弱，但表面肌理效果丰富，例如磨砂玻璃等。半透明玻璃材质特征出现的原因有两点：一是表面不够平滑；二是物体内部具有吸收或阻碍光线通过的成分。因此这类材质在绘制过程中，应抓住“透而朦”的材质特点。对于玉器、蜡制品等均可以借鉴这种绘制方法。

透明玻璃给人一种通透的质感表现，透明玻璃的透射率极高，如果表面平整，可以直接透过其本身看到后面的物体。如果没有衬托物，可以直接表现玻璃因造型和壁厚发生折射而产生的光影效果。下面我们以玻璃瓶为例，讲解玻璃材质的绘制方法，如图 8-57 所示。

（1）该方案使用 Photoshop 软件绘制。打开 Photoshop，执行“文件”——“新建”菜单命令，在弹出的新建文件对话框中将其命名为“玻璃瓶”，分辨率选择 300pixles/inch，宽度和长度设置如图 8-58 所示。

新建
名称(N): 玻璃瓶
预设(P): 自定
大小(I):
宽度(W): 210 毫米
高度(H): 297 毫米
分辨率(R): 300 像素/英寸
颜色模式(M): RGB 颜色 8 位
背景内容(C): 白色
高级
颜色配置文件(O): 工作中的 RGB: sRGB IEC619...
像素长宽比(X): 方形像素
确定
复位
存储预设(S)...
删除预设(D)...
图像大小:
24.9M

图 8-58　新建文件对话框

（2）在工具箱中选择（钢笔工具）绘制出瓶子的半个轮廓，如图 8-59 所示，使用“Ctrl + Alt + Shift”组合键水平拖动选区，选择“编辑”——“变换路径”——“水平翻转”菜单命令，如图 8-60 所示。将新路径与左边的路径进行拼接，如图 8-61 所示。

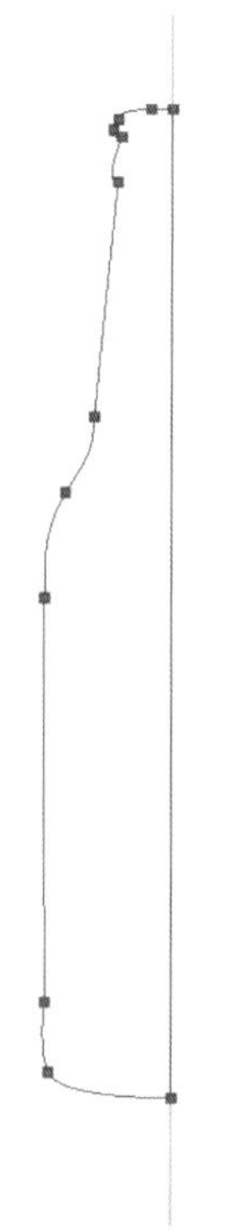

图 8-59　钢笔绘制路径

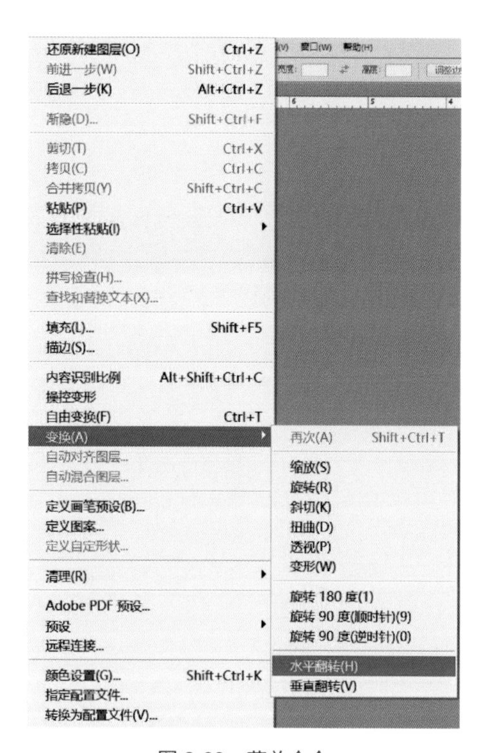

图 8-60　菜单命令

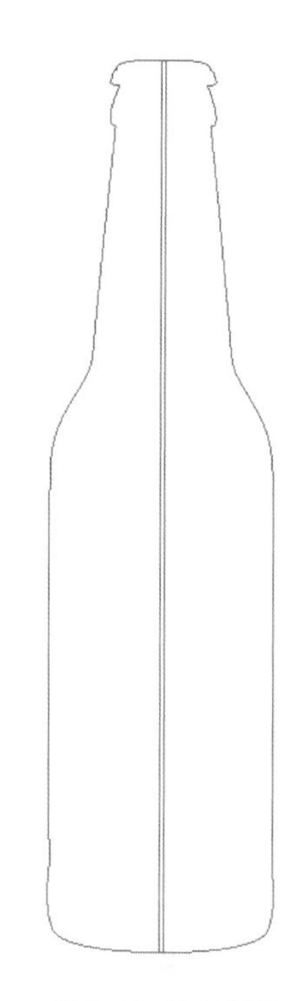

图 8-61　路径拼接

（3）填充瓶身颜色。使用“Ctrl+Enter”组合键将路径转换为选区进行颜色填充，填充颜色数值为 #cbcbcb。“瓶身”图层的不透明度设置为 30%，如图 8-62 所示。

图 8-62　“瓶身”图层填充效果

（4）双击图层“瓶身”添加 fx（图层样式）的“内发光”效果，“内发光”参数设置及绘制效果如图 8-63、图 8-64 所示。

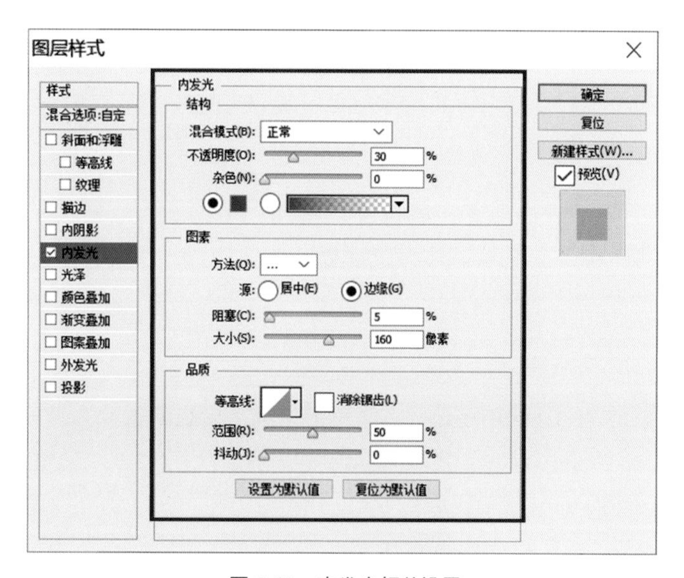

图 8-63　内发光相关设置

（5）选择工具箱中的 （钢笔工具），勾画出瓶子暗部的大体形状，新建“瓶子暗部”图层进行颜色填充，颜色数值及绘制效果如图 8-65 所示。

图 8-64　内发光设置效果　　图 8-65　“瓶子暗部”图层绘制

（6）新建“瓶底灰色”图层，选择工具箱中的 （钢笔工具），勾画出瓶底灰色的轮廓，使用“Ctrl+Enter”组合键将勾画的路径转化为选区，将前景色设置为 # 505050，再使用“Alt+Delete”组合键对选区填进行填充，不透明度设置为 74%，效果如图 8-66 所示。

图 8-66　“瓶底灰色”图层绘制

（7）选择工具箱中的 （画笔工具），将画笔“硬度”适当降低，调整画笔的“不透明度”和“流量”，笔尖大小根据绘制需求而变化。新建图层“瓶底亮部”。使用 （画笔工具）进行瓶底亮部的绘制，颜色数值及效果如图 8-67、图 8-68 所示。（特殊不透明度已在图中标明，非特殊标明不透明度均为 100%。）

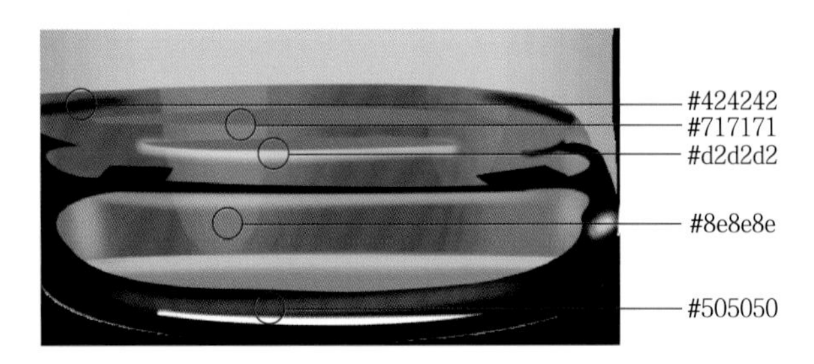

图 8-67　“瓶底灰色”图层细节绘制颜色数值

图 8-68　“瓶底灰色”图层细节绘制

（8）使用工具箱中的（钢笔工具），分别勾画出瓶身反光部分的大体形状。使用“Ctrl+Enter”组合键将勾画轮廓转换为选区，新建图层，命名为“瓶身反光部分”，选择工具栏中的（渐变工具）进行填充，其形状填充类型设置为渐变填充，渐变填充设置及效果如图 8-69 ～图 8-78 所示。

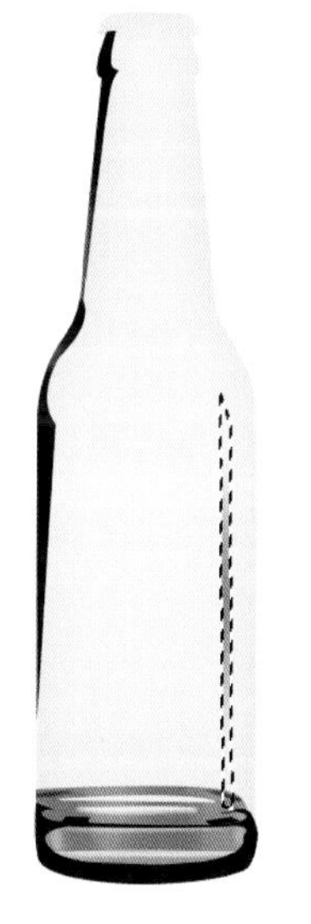

图 8-69　“瓶身反光部分”绘制 1

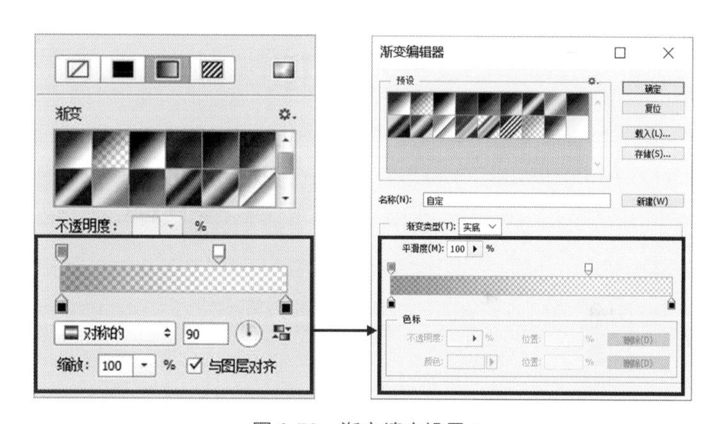

图 8-70　渐变填充设置 1

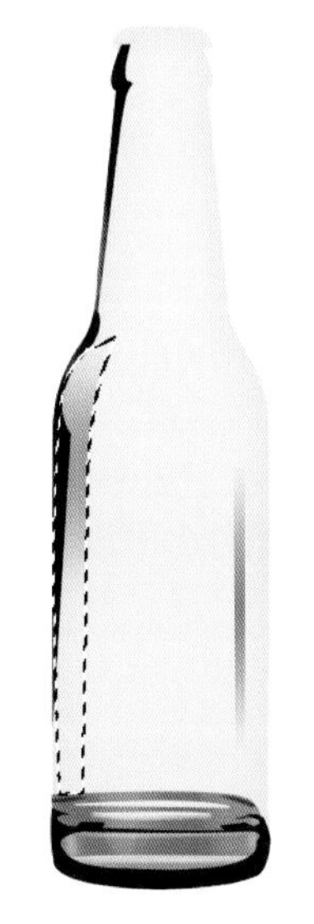

图 8-71　“瓶身反光部分”绘制 2

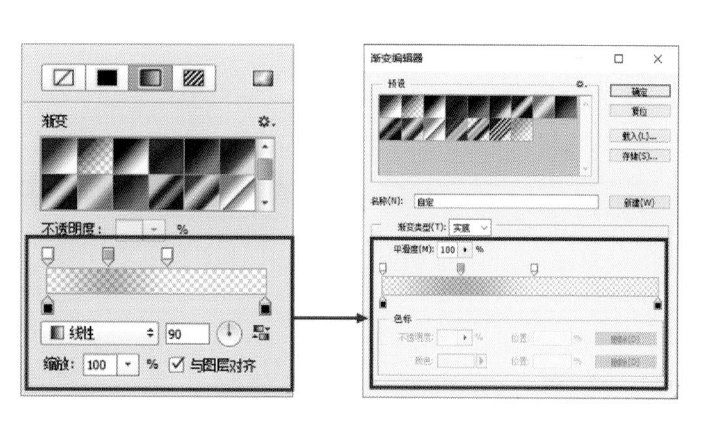

图 8-72　渐变填充设置 2

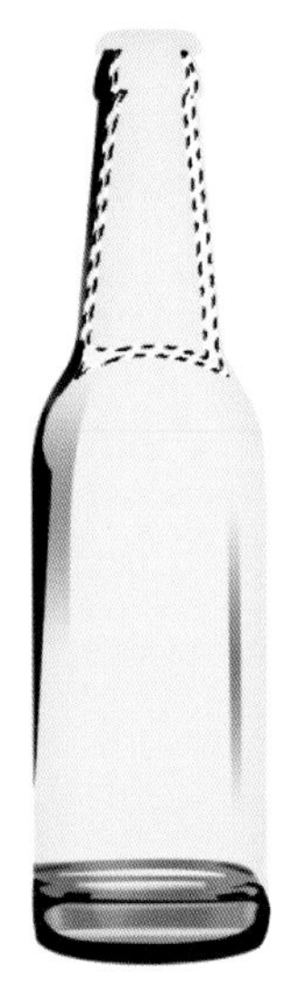

图 8-73 “瓶身反光部分”绘制 3

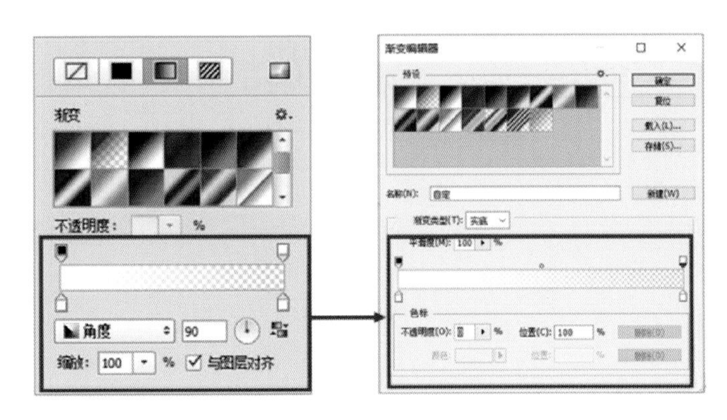

图 8-74 渐变填充设置 3

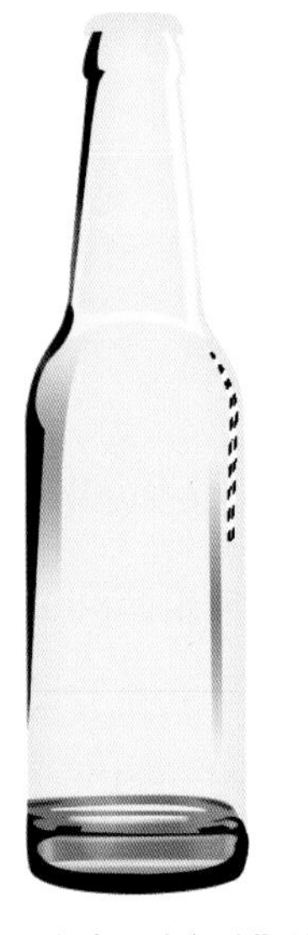

图 8-75 “瓶身反光部分”绘制 4

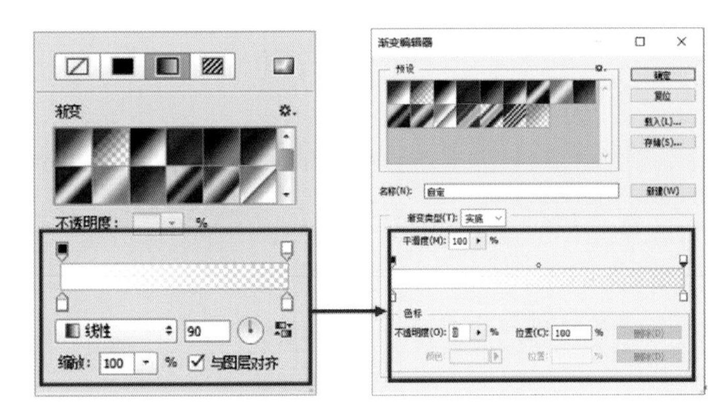

图 8-76 渐变填充设置 4

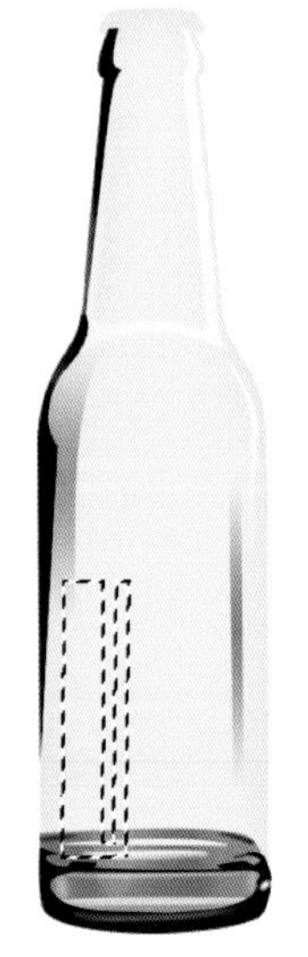

图 8-77 “瓶身反光部分”绘制 5

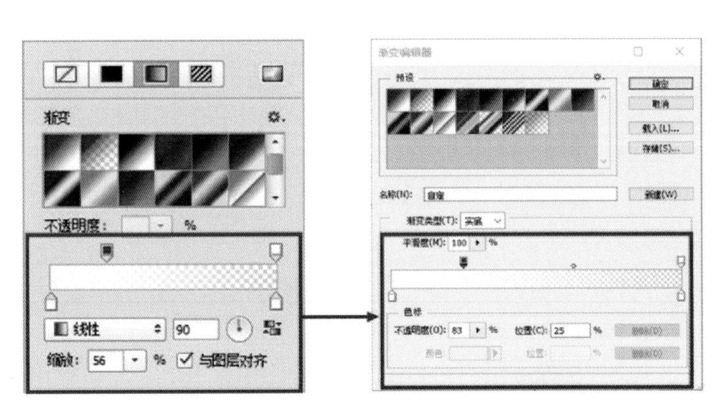

图 8-78 渐变填充设置 5

（9）新建图层，命名为“暗部反光”。使用工具箱中的 （钢笔工具），勾画出“暗部反光”的大体形状，使用“Ctrl+Enter”组合键将勾画路径转换为选区，在该图层进行颜色填充，颜色填充数值如图 8-79 所示。

（10）新建图层，命名为“灰色反射”。选择工具箱中的 （钢笔工具）画出反射的大体形状，使用“Ctrl+Enter”组合键将勾画路径转换为选区。将前景色设置为 # 757575，使用“Alt+Delete”组合键对选区填进行填充，不透明度设置为 70%，效果如图 8-80 所示。

图 8-79 “暗部反光”图层绘制

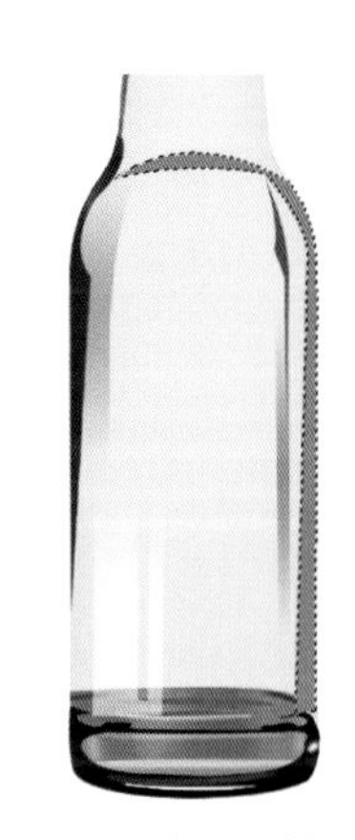

图 8-80 “灰色反射”图层绘制

（11）选择工具箱中的 （画笔工具），画笔具体数值设置如图 8-81 所示，将画笔“硬度”适当降低，调整画笔的“不透明度”和“流量”，笔尖大小根据绘制需求而变化，按住“Ctrl”键单击“灰色反射”图层建立选区。使用 （画笔工具）进行“灰色反射”图层的光影变化绘制，画笔颜色数值及效果如图 8-82 所示。

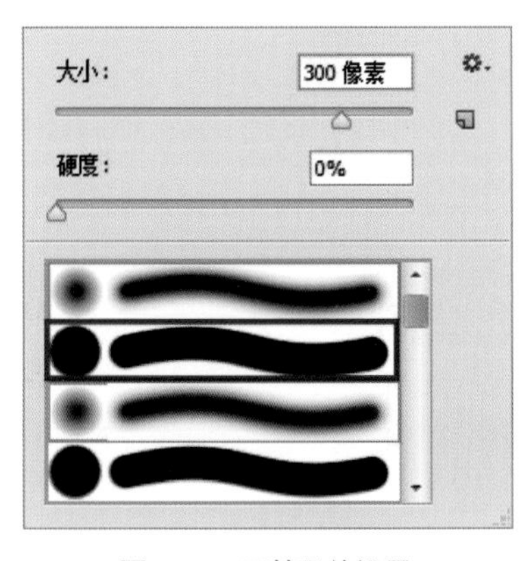

图 8-81 画笔具体设置

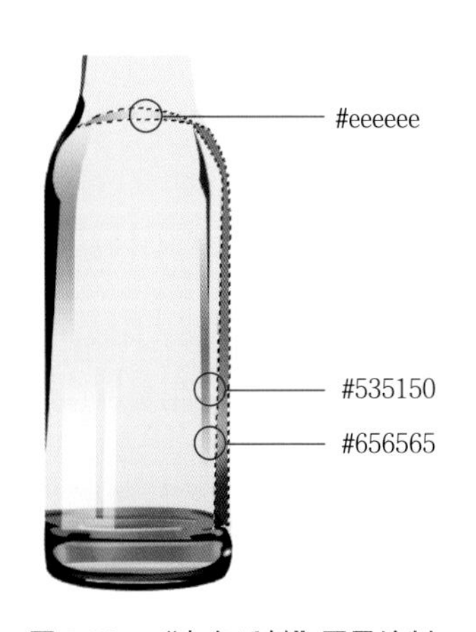

图 8-82 “灰色反射”图层绘制

（12）新建图层，命名为“瓶颈反射”，使用 （画笔工具），画笔具体数值设置如图 8-83

所示，将画笔“硬度”适当降低，调整画笔的“不透明度”和“流量”，笔尖大小根据所需而变化，使用 （画笔工具）进行瓶颈反射区域的绘制，颜色数值及效果如图 8-84 所示。

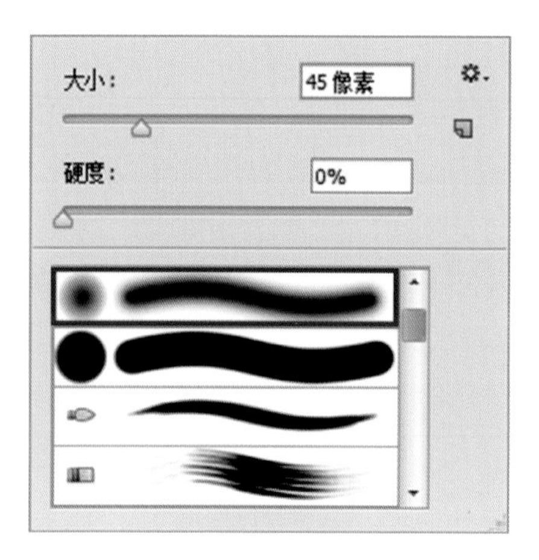

图 8-83　画笔具体设置

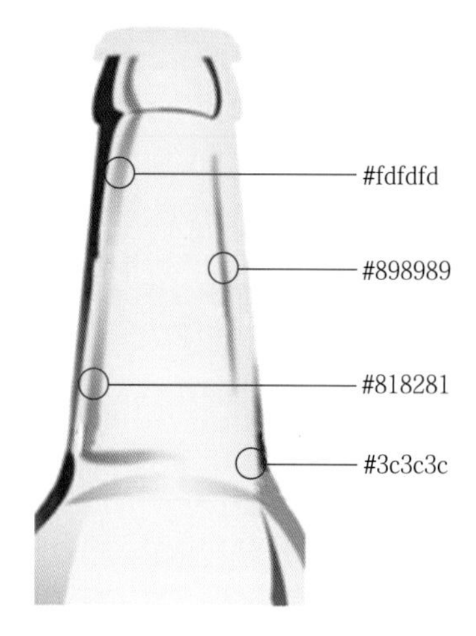

图 8-84　“瓶颈反射”图层绘制 1

（13）新建图层，命名为“瓶口反射”，使用 （画笔工具），将画笔“硬度”提高，调整画笔的“不透明度”和“流量”，笔尖大小根据绘制所需而变化，使用 （画笔工具）进行瓶颈反射区域绘制，颜色数值及效果如图 8-85 所示。

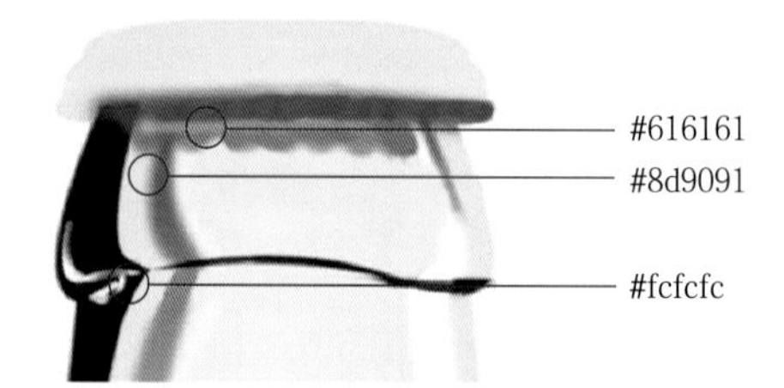

图 8-85　“瓶口反射”图层绘制 2

（14）新建图层，命名为“蓝色瓶盖”。使用工具箱中 （钢笔工具），勾画出瓶盖的大体形状，使用“Ctrl+Enter”组合键将路径转换为选区，将前景色设置为 #35ace5，再使用“Alt+Delete”组合键对选区填进行填充，绘制效果如图 8-86 所示。

图 8-86　“蓝色瓶盖”图层绘制

（15）使用 （画笔工具），将画笔“硬度”适当降低，调整画笔的“不透明度”和“流量”，笔尖大小根据绘制需求而变化，按住“Ctrl”键单击“蓝色瓶盖”图层建立选区。使用 （画笔工具）进行“蓝色瓶盖”的细节绘制，颜色数值及效果如图 8-87 所示。

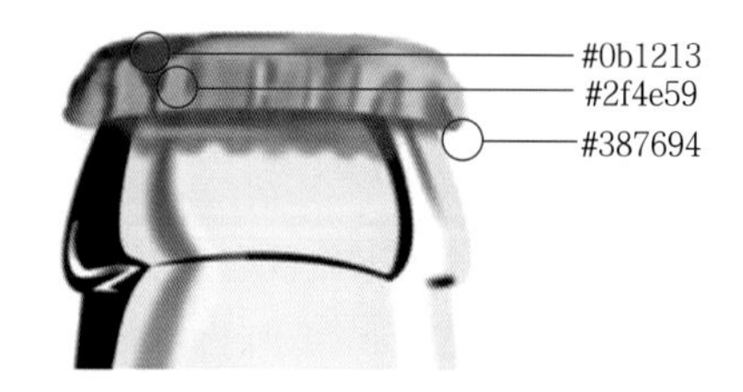

图 8-87　“蓝色瓶盖”图层细节绘制

（16）更换背景颜色以表现其立体感。背景颜色数值为 #b8b8b8，效果如图 8-88 所示。

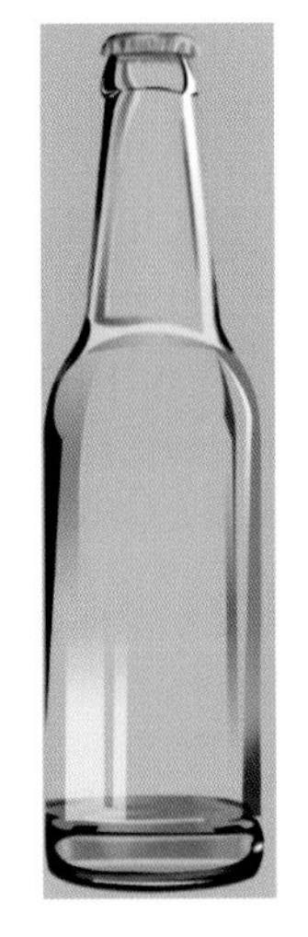

图 8-88　玻璃瓶背景绘制

（17）新建图层，命名为“整体亮部与暗部”，使用 （画笔工具），具体画笔参数设置如图 8-89，将画笔“硬度”适当降低，调整画笔的“不透明度”和“流量”，笔尖大小根据绘制需求而变化，颜色数值及效果如图 8-90 所示。（特殊图层不透明度已在图中标出。）

（18）新建图层，命名为“瓶身反光”。使用工具箱中 （钢笔工具），勾画出瓶身反光的大体形状，使用“Ctrl+Enter”组合键将勾画形状转换为选区，选择工具箱中的 （渐变工具）进行填充，其形状填充类型设置为线性渐变，渐变填充设置及效果如图 8-91、图 8-92 所示。

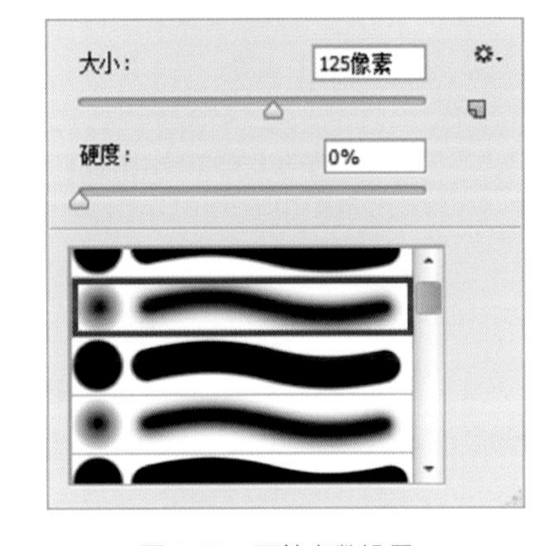

图 8-89　画笔参数设置

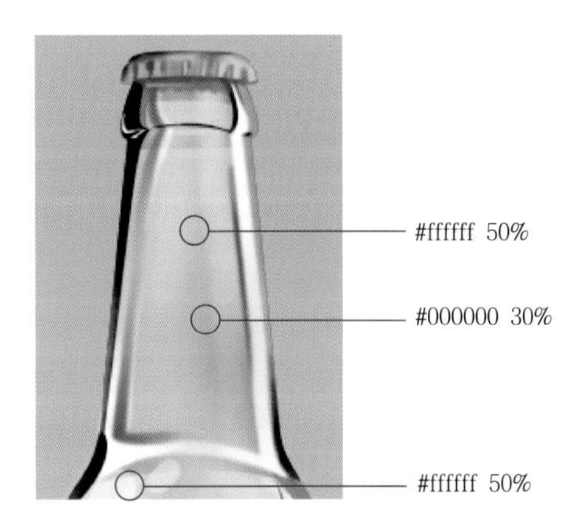

图 8-90　“整体亮部与暗部”图层绘制

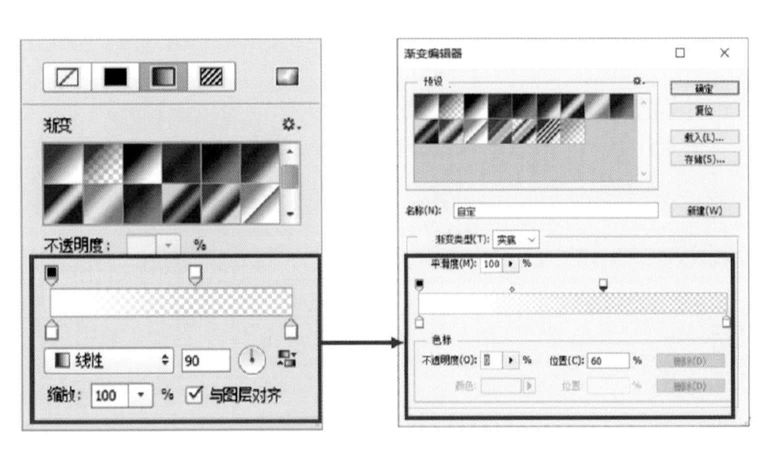

图 8-91　渐变填充设置

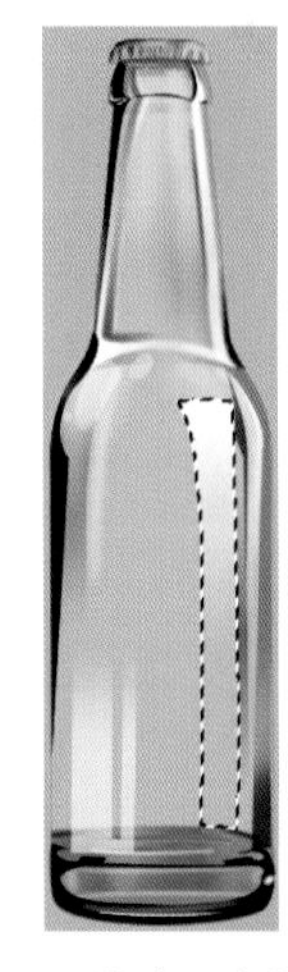

图 8-92　“瓶身反光”图层绘制

（19）背景的绘制。新建图层，命名为“背景”，将前景色设置为 #c1c1c1，使用 （选区工具）在图层中上位置绘制出合适大小的矩形，使用“Alt+Delete”组合键进行颜色填充，按照上述步骤绘制下半部深色位置，颜色数值设置为 #737373。绘制效果如图 8-93 所示。

（20）绘制投影效果。复制除“背景图层”外的所有图层,合并这些图层并命名为“投影”,使用“Ctrl+T”组合键进行180°翻转，调整图层不透明度，形成投影效果，执行“滤镜”——“模糊”——“高斯模糊”命令，半径为20像素。玻璃瓶最终效果如图8-94所示。

图8-93　玻璃瓶背景绘制

图8-94　玻璃瓶最终绘制效果

8.3.2 光影

对于在二维的图纸上表现三维的产品，光线的运用是比较重要的。产品造型的圆角、曲面、斜面等都需要通过光影才能表现出来。因此，数位绘制可以通过具有较强塑造力的光线来表现产品的特点。在作图时，为了能让产品特点表现出来，我们会考虑物体哪部分亮哪部分暗。因为巧妙地打光可以使平淡或奇异的造型变得生动有趣。在数位绘制中，光线表现的重点在于光源的位置，绘制者要在脑海里构建一个三维的空间，并假想一个主光源。有了主光源后，很容易分清光线的主次关系和物体的明暗关系。

主光源是塑造形体最重要的光源，其他的辅助光源的光照强度不要超过主光源的强度，并且与光影相关的绘制都要遵循主光源环境的要求。物体高光、阴影、反光的位置都要随着主光源的变化而变化，这样塑造出的造型效果会更统一。虽然这些是很简单的素描原理，但数位绘制时就容易忽视这些基本原则，而被漂亮的效果蒙蔽了眼睛。所以，作为产品设计师在数位绘制表达时，应该遵守基本的素描原则，这对造型的正确表达具有指导意义。为了能够更好地将产品的各项特征绘制出来，本章从光源和形体两个方面来共同分析产品设计中的光影处理技巧。

8.3.2.1　常用光源

根据绘制目的和绘制对象的不同，需要有针对性地安排光的种类、方向和数量等光线要素。我们根据产品表达需要将光源分为左右光源、顶光源、背光源和夸张光源四种。由于产品形体、色彩、材质各不相同，所以在表达时我们应根据产品特征选择合适的光源来营造丰富的光线效果和环境氛围。

图 8-95　左光源

（1）左、右光源

左、右光源为从左或右上方 30° 或 45° 角的位置，向主体正面打光，如图 8-95 所示。左、右方向的绘制方法是一样的。使用此种光源不仅介绍了各种面的关系，各部分的形态也区分得比较清楚，方便勾勒出轮廓亮线。这种光源给人以理性、庄重的感觉，也能清楚地表达设计细节，如图 8-96 所示。

图 8-96　产品的左光源灯光效果

（2）顶光源

简洁的顶光源可以满足表现产品顶面大部分细节的要求。当顶光源为主光时，会产生边缘亮光和柔和阴影的光照效果。其效果虽较为平淡，但产品的顶部主要细节都能表达出来，如图 8-97 所示。

图 8-97　顶光源

（3）背光源

背光源或称“反光”“轮廓光”，主光源体一般架设在主体后侧，用以勾勒出主体的轮廓，让主体和背景间产生空间感和立体感。此种光源方便体现产品外部形态，多用于产品宣传的场景，如图 8-98、图 8-99 所示。

图 8-98　背光源产品效果 1

图 8-99　背光源产品效果 2

（4）夸张光源

夸张光源主要用于作者想要表达的内容和位置，是突出设计主题思想并吸引读者眼球的一种光源，如图 8-100 所示。夸张光源来塑造的形体效果很炫，但不能将大部分产品细节表达出来，很多细节被淹没在大面积的阴影中。所以，夸张光源效果多用于产品定型后的宣传使用。

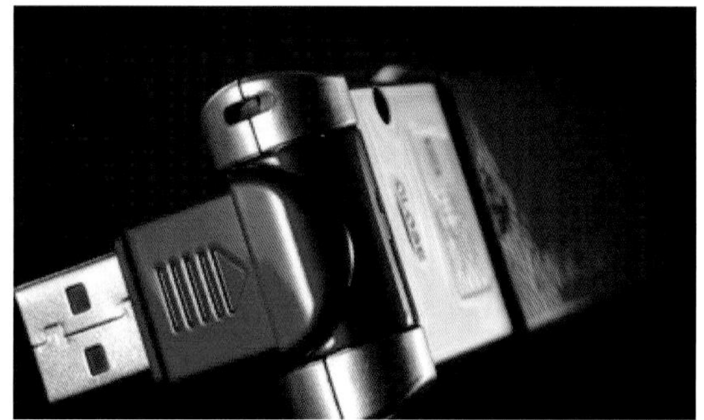

图 8-100　夸张光源产品效果

与所有的渲染一样，数位绘制过程中有三种情况要考虑：光源（位置和方向）、几何形状和物体材质特征。如果知道光线照射方向，设计师可以根据几何形状推断物体高光及产生的阴影和明暗位置。

8.3.2.2　简单几何形体光影表现效果

简单几何形体的光影变化规律比较好分析，我们对球体、圆柱和正方体等简单形体进行仔细观察，就会发现它们的明暗交界线单一，且明暗交界线自身的深浅变化也较单一。球体、圆柱体等回转体的转折消失面往往比较虚，所以在绘制其选区轮廓时，首先要对选区进行一定程度的羽化或者使用“滤镜”中的“高斯模糊”。这样绘制出来的圆柱或球体的立体感才会更强，更为真实和自然。下面我们就以球体为例，讲述简单几何形体光影效果的绘制方法，如图 8-101 所示。

图 8-101　球体光影效果

（1）使用“Ctrl+N”（新建文件），在弹出的“新建”对话框中，将其命名为“球体绘制”。使用工具箱中（椭圆选框工具），配合“ Shift”键绘制球体。单击右键，选择“填充”，为其填充黑色（固有色）。选择“图层样式”的“外发光”选项，设置发光颜色为黑色，“外发光”参数设置及绘制效果如图 8-102、图 8-103 所示。

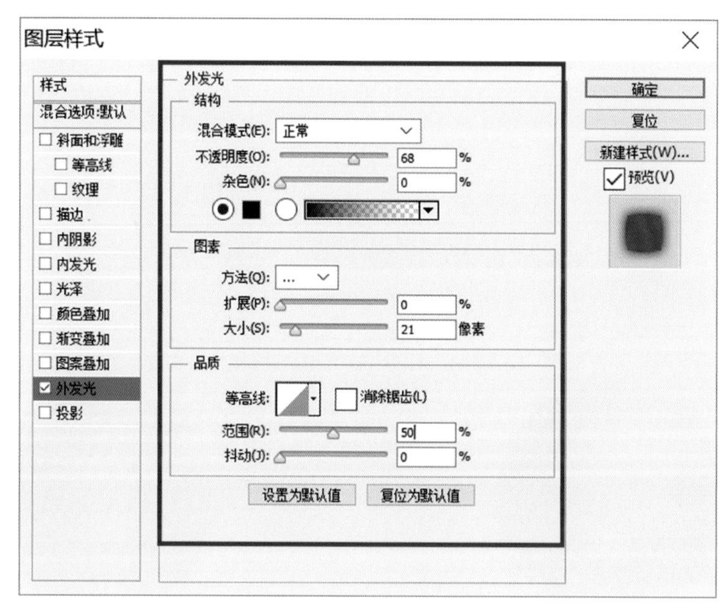

图 8-102　外发光相关设置

（2）绘制球体亮部区域。新建“亮部”图层，前景色设为白色，使用工具箱中的（椭圆选框工具），按住“Shift”键的同时在黑色圆形左上方绘制圆形，使用步骤（1）中的方法为其填充白色，绘制效果如图 8-104 所示。

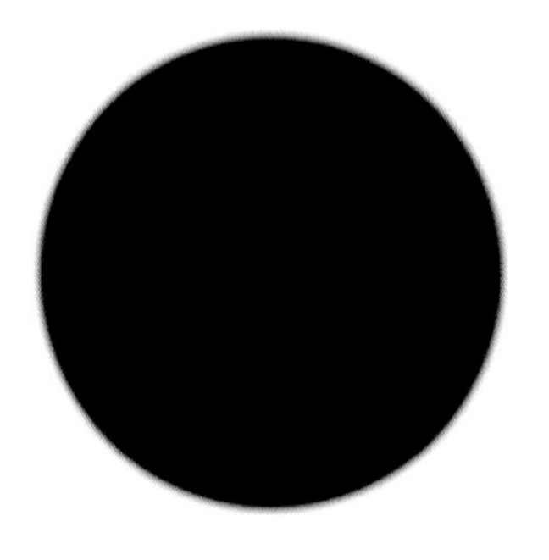

图 8-103　球体绘制效果

图 8-104　亮部内容绘制

（3）处理亮部效果。对“亮部”图层内容执行“滤镜”——“模糊”——“高斯模糊”菜单命令，“高斯模糊”对话框中的参数设置及绘制效果如图 8-105、图 8-106 所示。

（4）将“亮部”图层复制，并改名为“高光”图层。使用“Ctrl+T”（自由变换）组合键调整内容大小及位置，效果如图 8-107 所示。

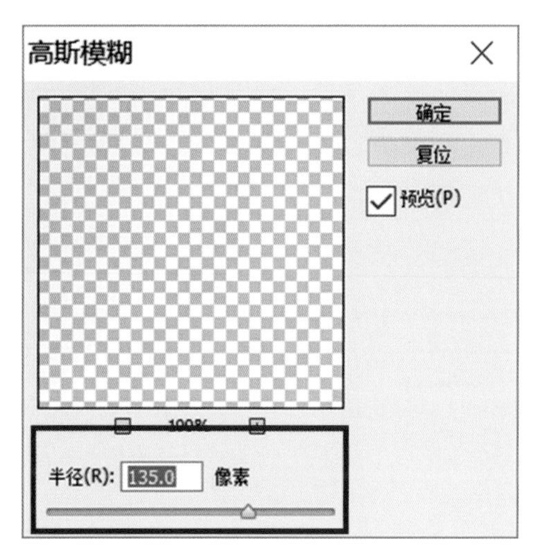

图 8-105　高斯模糊相关设置

图 8-106　球体基本明暗关系

图 8-107　高光绘制效果

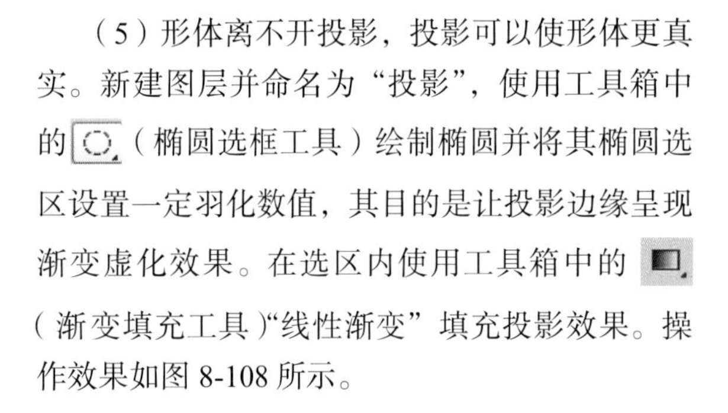

（5）形体离不开投影，投影可以使形体更真实。新建图层并命名为“投影”，使用工具箱中的（椭圆选框工具）绘制椭圆并将其椭圆选区设置一定羽化数值，其目的是让投影边缘呈现渐变虚化效果。在选区内使用工具箱中的（渐变填充工具）“线性渐变”填充投影效果。操作效果如图 8-108 所示。

图 8-108　球体投影填充效果

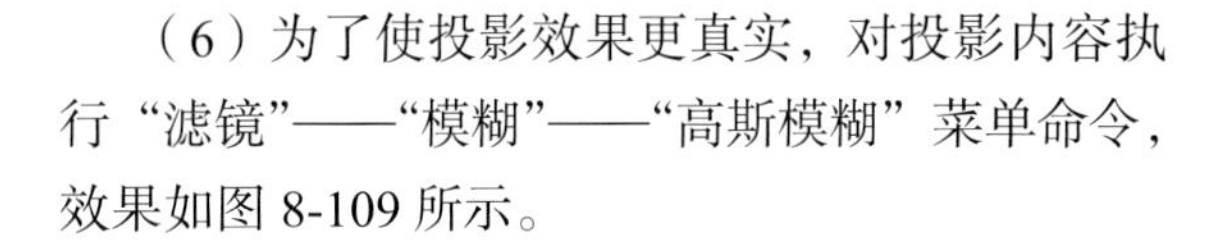

（6）为了使投影效果更真实，对投影内容执行“滤镜”——“模糊”——“高斯模糊”菜单命令，效果如图 8-109 所示。

图 8-109　投影处理效果

（7）将“投影”图层调至最底层，并使用“Ctrl+T”（自由变换）组合键调整位置和方向。最终效果如图 8-110、图 8-111 所示。绘制物体的阴影时要注意阴影的虚实变化规律。一般而言，阴影离物体距离越近就越实，离物体越远就越虚。

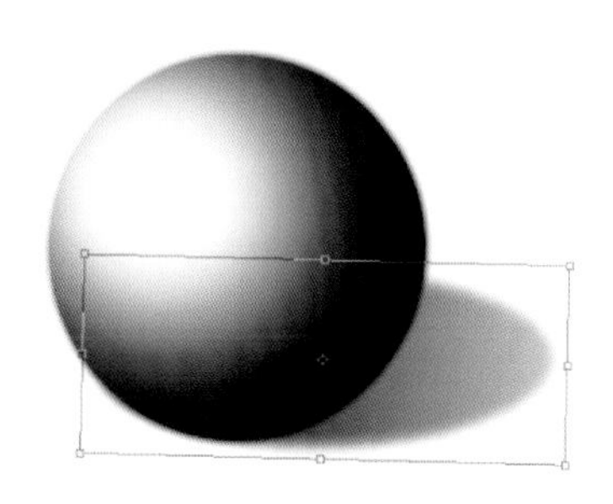

图 8-110　自由变换调整效果

图 8-111　球体绘制最终效果

图 8-112　游艇绘制效果

8.3.2.3　复杂形体光影表现效果

复杂形体由于自身结构和外形的多样性，其光影表现效果既丰富又多变。所以绘制复杂形体的光影变化时要仔细观察产品结构特征，整体绘制光影效果。我们以游艇为例，如图 8-112 所示，讲述复杂形体光影效果的绘制方法。

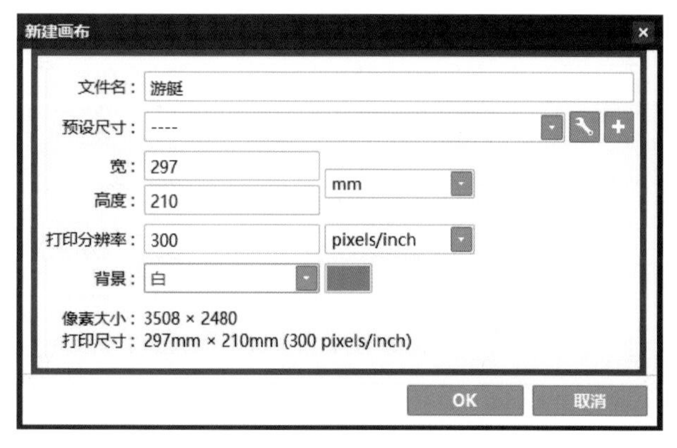

图 8-113　新建文件对话框

（1）该方案使用 SAI2 软件绘制。打开 SAI2,执行“文件”——“新建”菜单命令，在弹出的“新建画布”对话框中将其命名为“游艇”，分辨率选择 300pixles/inch，宽度和长度设置如图 8-113。

（2）绘制线稿。新建图层，命名为“线稿”。在“线稿”图层上新建钢笔图层，使用直径为 2.6 的（曲线）工具绘制线稿，颜色数值为 #000000，设置如图 8-114 所示，绘制效果如图 8-115 所示。

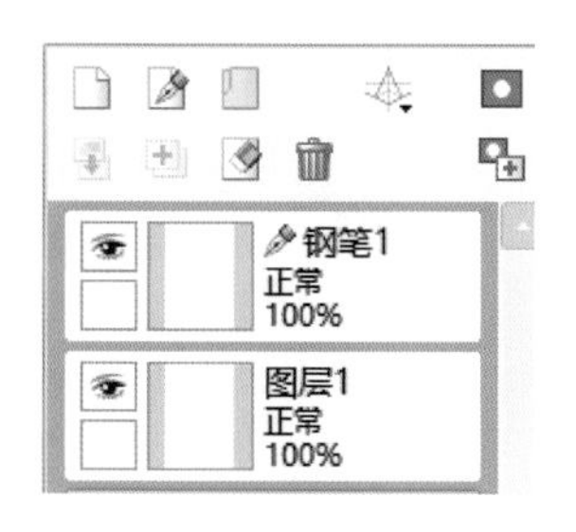

图 8-114　图层设置 1

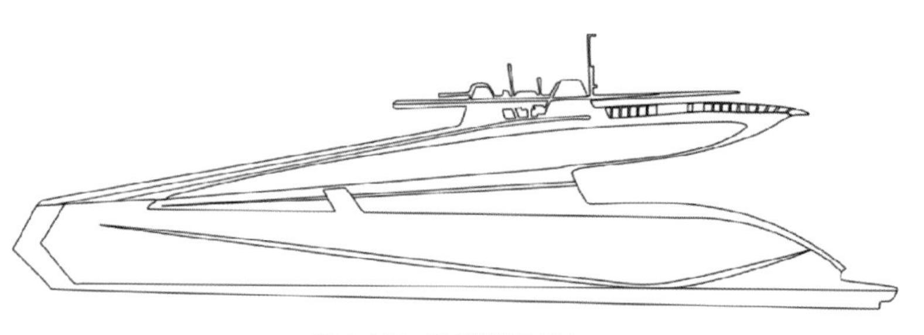

图 8-115　游艇线稿绘制

（3）对“钢笔 1”图层使用 （向下转写）工具,将其转写到“线稿”图层，删除“钢笔 1”图层，如图 8-116 所示。

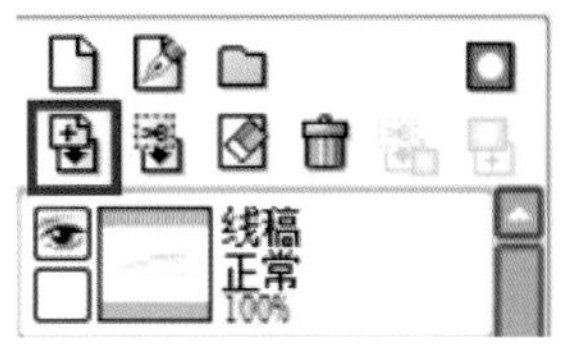

图 8-116　图层设置 2

（4）分层着色绘制游艇。新建 3 个图层，分别命名为“深色图层”“浅灰绿色图层”“玻璃图层”，使用油漆桶（油漆桶工具），通过不同的颜色填充将游艇的整体色彩关系表达出来，并将三个图层设置为“保护不透明度”。各图层填充颜色色标数值如图 8-117 ～图 8-119 所示。

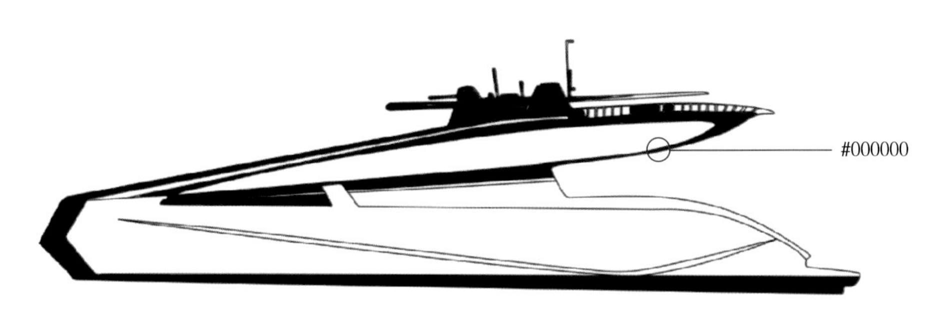

图 8-117　“深色图层”填充效果

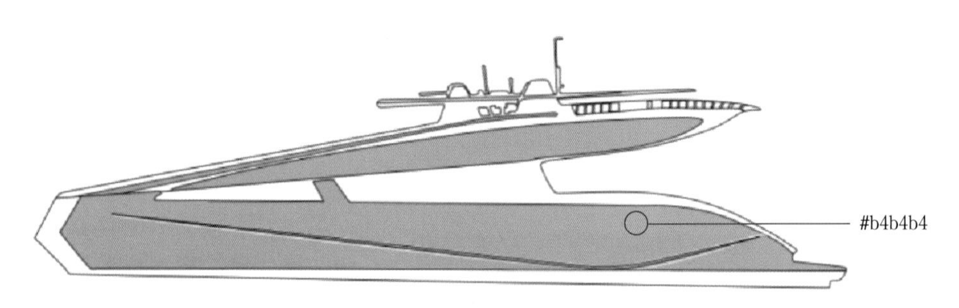

图 8-118　“浅灰绿色图层”填充效果

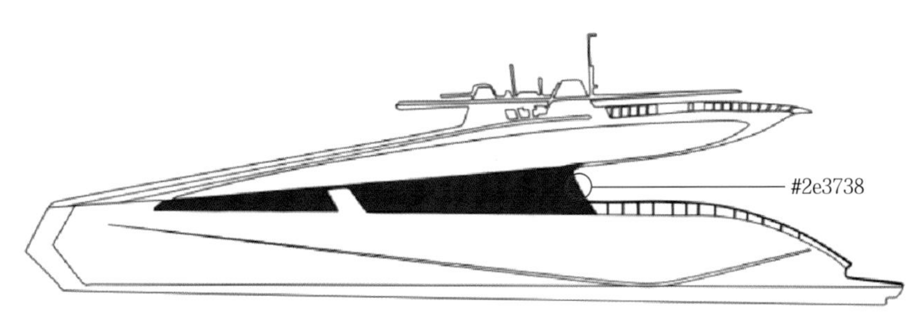

图 8-119　“玻璃图层”填充效果

（5）绘制“深色图层”明暗变化。使用颜色数值为 #ffffff 的喷枪（喷枪）工具，在“深色图层”绘制出明暗变化,使用水彩笔（水彩笔）工具让其明暗变化更自然。绘制效果如图 8-120 所示。

图 8-120 “深色图层”填充效果

（6）绘制“浅灰绿色图层”部分。使用不同明度的蓝灰色、白色及浅灰色，绘制出明暗变化。使用大小为 30，颜色为黑色、深灰色的（喷枪）工具，沿其边缘喷绘。使用（水彩笔）工具进行一定的调和，使其过渡更加自然。绘制效果如图 8-121 所示。

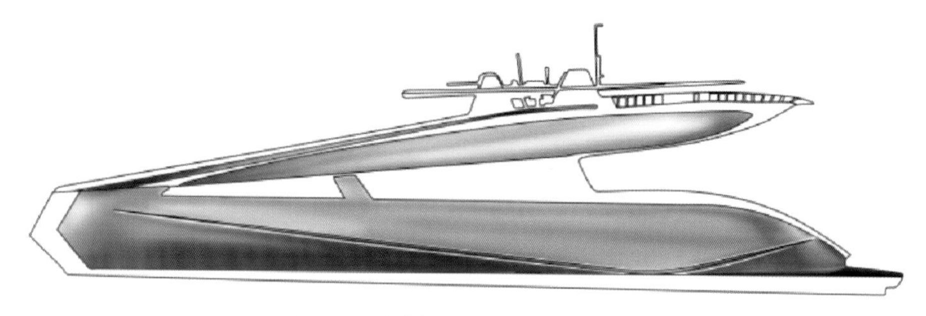

图 8-121 “浅灰绿色图层”明暗关系绘制

（7）绘制“玻璃图层”部分。使用（喷枪）工具绘制出大致明暗分布，亮部使用颜色数值为 #6f7979，暗部使用颜色数值为 #2c3637，深色阴影使用颜色为 #181e1e。绘制方法与上述方法相同，注意明暗对比。利用“水彩笔”工具进行调和。效果如图 8-122 所示。

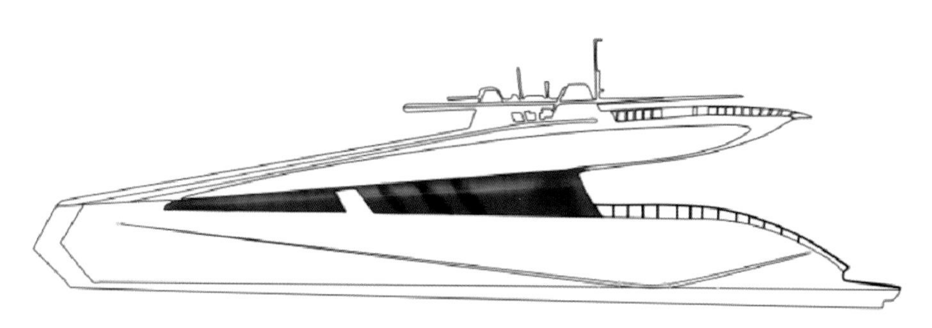

图 8-122 “玻璃图层”明暗关系绘制

（8）执行“文件”——“另存为”菜单命令，在弹出的“另存画布”对话框中，将其另存为 psd 文件格式,并将其命名为“游艇 .psd”。使用 Photoshop 软件打开该文件进行“游艇背景”绘制。新建“背景”图层，使用（渐变工具），单击渐变条，渐变色条设置如图 8-123 所示，颜色数值分别为 #5e6a6a（位置：0%，不透明度：100%）、#c7c7c7（位置：49%，不透明度：100%）、#5b6566（位置：100%，不透明度：100%），在“渐变底层”图层由上向下拖动鼠标填充径向渐变背景，填充效果如图 8-124 所示。

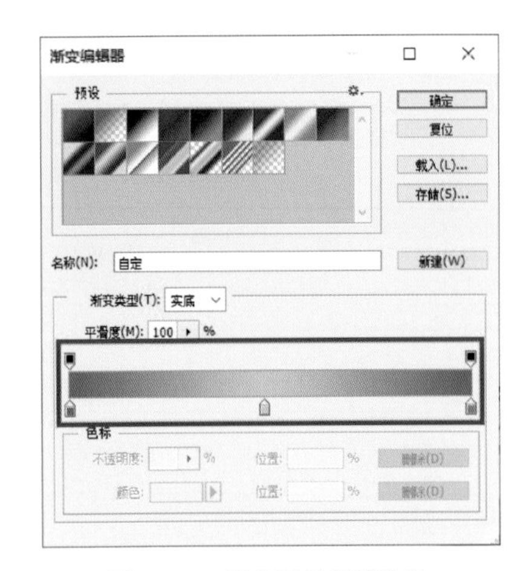

图 8-123　渐变工具相关设置

图 8-124　游艇背景绘制

（9）在背景图层上使用工具箱中的（椭圆工具），在属性栏中将其设置为“路径”选项，绘制椭圆形并用黑色进行填充，执行“滤镜”——“模糊”——“高斯模糊”菜单命令，具体数据设置如图 8-125 所示，游艇最终绘制效果如图 8-126 所示。

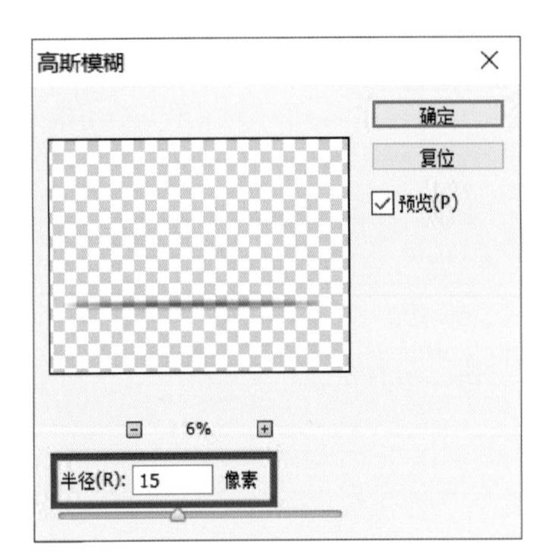

图 8-125　高斯模糊设置

图 8-126　游艇最终绘制效果

8.4 细节绘制

产品细节传达产品特征和气质，在数位绘制中不可忽略，好的细节刻画可以起到点睛效果。细节绘制前可以拍摄许多物体的照片研究它们的各项细节特征，例如结构特征。综合使用这些资源绘制练习，如图 8-127 所示。也可以通过网络和市场渠道获取大量图片资料，来总结各种细节特点。这样边参考资料边进行绘画，所画出的作品真实感更强。因此尽量多看些资料再开始动手作画。

图 8-127　产品细节效果

图 8-128　剃须刀绘制效果

8.4.1　按键细节表达

要像对待整体一样处理按键细节，同时按键的细节要服从整体效果。目前产品设计中按键根据产品的外观结构特点，分为用于交互界面的平面式按键和用于外观实体的立体式按键。本章我们围绕剃须刀实体按钮展开绘制方法的讲解，如图 8-128 所示。

（1）该方案使用 Photoshop 软件绘制。打开 Photoshop，执行“文件”——“新建”菜单命令，在弹出的新建文件对话框中将其命名为“剃须刀”，分辨率选择 300pixles/inch，宽度和长度设置如图 8-129 所示。

新建

名称(N): 剃须刀
预设(P): 自定
大小(I):
宽度(W): 210 毫米
高度(H): 297 毫米
分辨率(R): 300 像素/英寸
颜色模式(M): RGB 颜色 8 位
背景内容(C): 白色
高级
颜色配置文件(O): 工作中的 RGB: sRGB IEC619...
像素长宽比(X): 方形像素

确定
复位
存储预设(S)...
删除预设(D)...
图像大小:
24.9M

图 8-129　新建文件对话框

（2）新建图层，命名为“底层”。使用工具箱中的（钢笔工具），勾画出剃须刀的大体形状，使用“Ctrl+Enter”组合键转换成选区，将前景色设置为#c6c6c6。使用“Alt+Delete”组合键进行颜色填充。绘制效果如图 8-130 所示。

图 8-130 “底层”图层填充效果

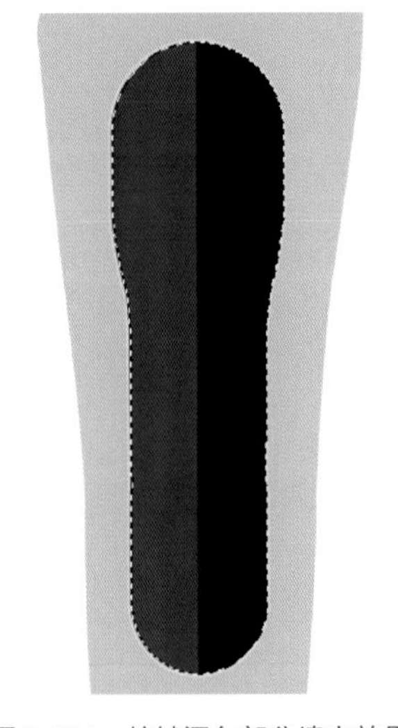

图 8-131 按键深色部分填充效果

（3）使用工具箱中的（圆角矩形工具）与（钢笔工具）勾画出按键深色部分，如图 8-131 深色区域所示。新建图层，命名为“黑灰”，使用“Ctrl+Enter”组合键转换为选区。将前景色设置为 #3f4a53，使用“Alt+Delete”组合键进行颜色填充。设置（图层样式）中的“描边”与“渐变叠加”，描边颜色数值为 #e7e7e9，“渐变叠加”颜色数值为 #89898b（位置：0%）、#89898b（位置：36%）、#05050f（位置：52%）、#05050f（位置：84%）、#05050f（位置：100%），其他参数如图 8-132 ～图 8-134，绘制效果如图 8-135。

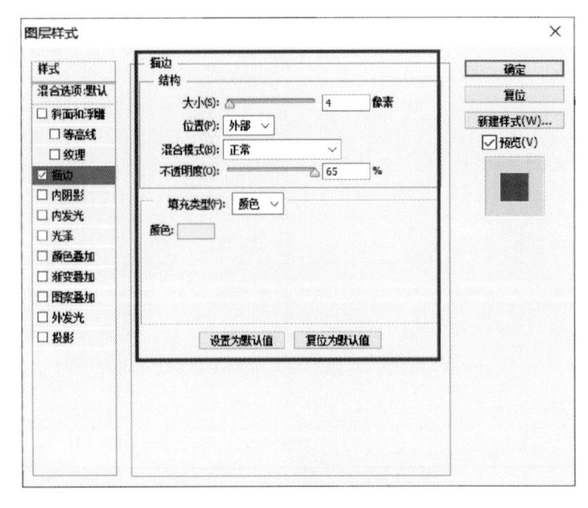

图 8-132 描边相关设置

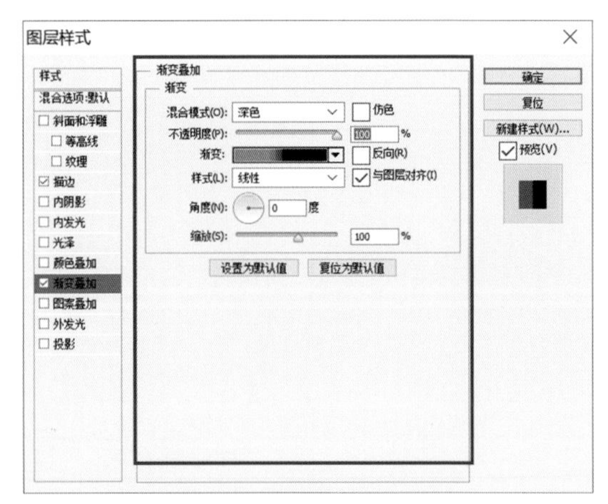

图 8-133 渐变叠加相关设置 1

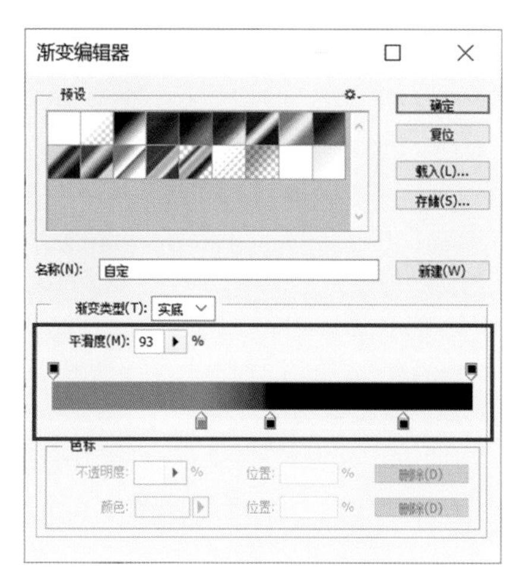

图 8-134　渐变叠加相关设置 2

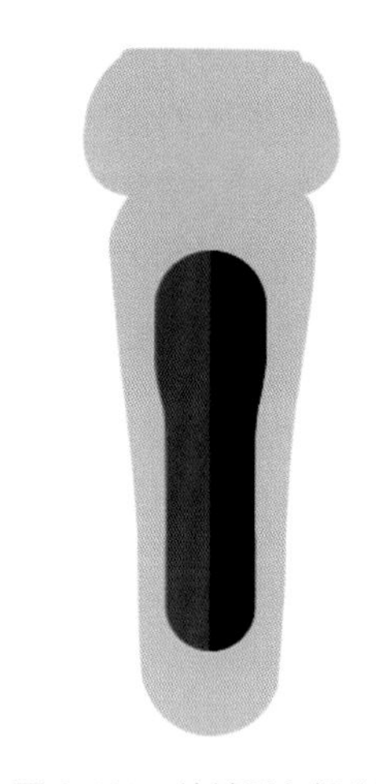

图 8-135　按键深色部分绘制

（4）复制图层“黑灰”，重新命名为“白色”，使用“自由变换”(“Ctrl+T”组合键）调整图像大小，根据原图等比放大到合适位置。设置 fx （图层样式）中的“渐变叠加”，颜色数值为 #dedee0（位置：0%）#f1f1f1（位置：60%）、#74737a（位置：100%），具体参数设置如图 8-136、图 8-137。绘制效果如图 8-138 所示。

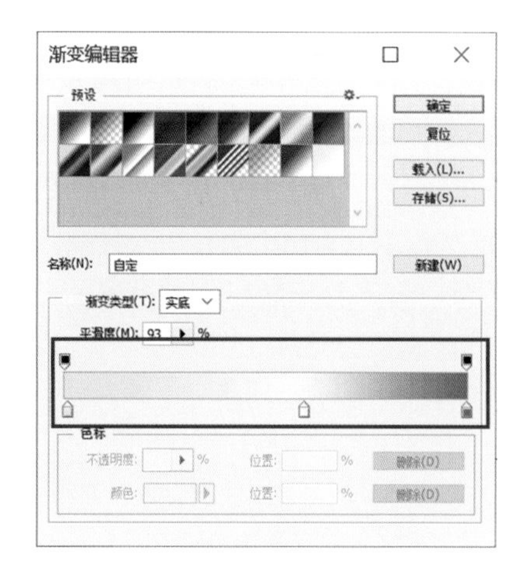

图 8-136　渐变叠加相关设置 3

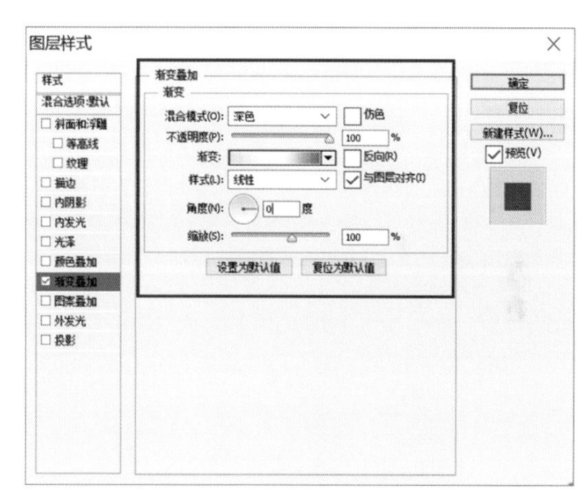

图 8-137　渐变叠加相关设置 4

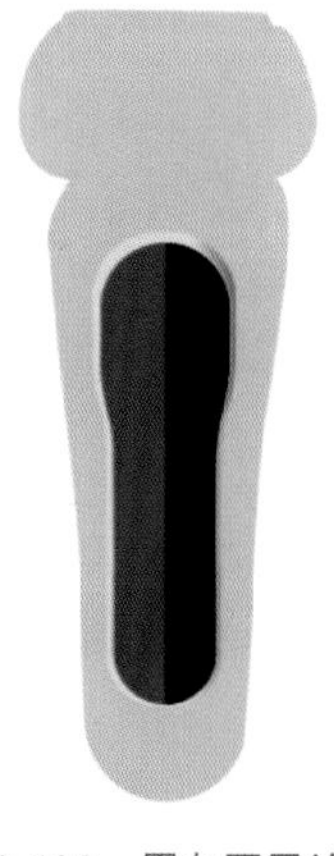

图 8-138　黑灰图层绘制

（5）使用工具箱中的（钢笔工具）与（圆角矩形工具）勾画出想要的形状，如图 8-139 所示，生成新建图层，命名为“黑色”，使用“Ctrl+Enter”组合键转换为选区。将前景色设置为 #000000，使用“Alt+Delete”组合键进行颜色填充。设置 fx（图层样式）中的“斜面和浮雕”，高光模式与阴影模式颜色数值分别为 #313131、#6d6d6d，其他参数设置如图 8-140 所示。绘制效果如图 8-141 所示。

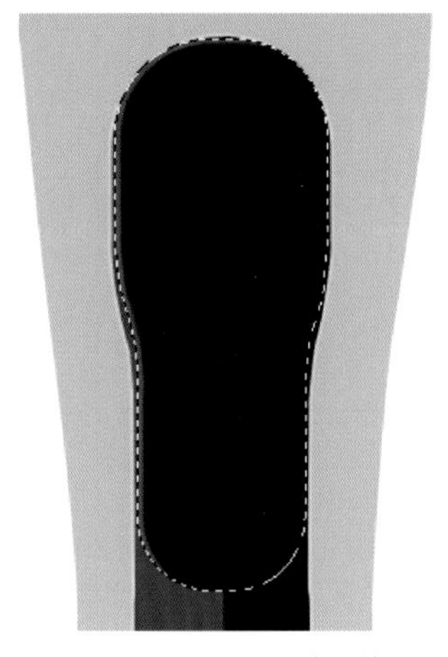

图 8-139　黑色图层填充效果

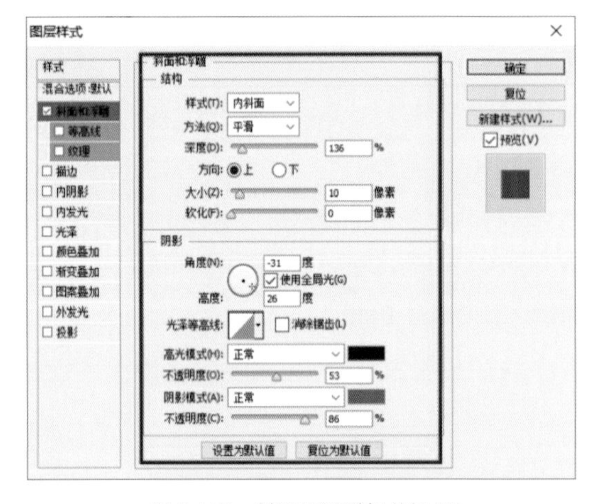

图 8-140　斜面和浮雕相关设置

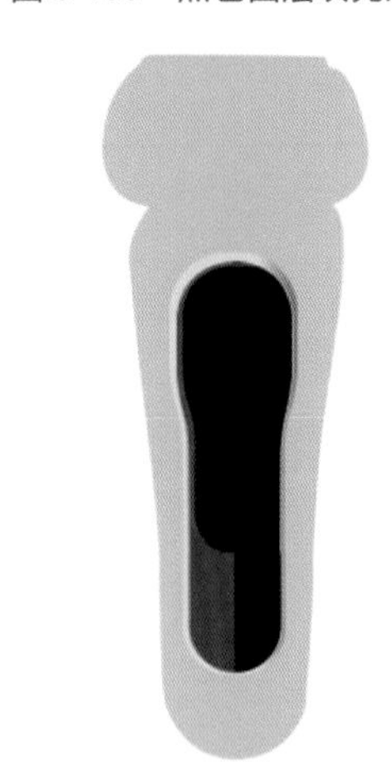

图 8-141　黑色图层绘制

（6）复制图层“黑色”命名为“灰色”，使用“Alt+Ctrl+T”组合键（自由变换）图层等比例缩小，设置 fx（图层样式）中的“渐变叠加”颜色数值为 #c4c3c9（位置：1%）、#ffffff（位置：8%）、#e0e0e0（位置：46%）、#75747a（位置：80%）、#5e6166（位置：100%），其他参数如图 8-142 所示，绘制效果如图 8-143 所示。

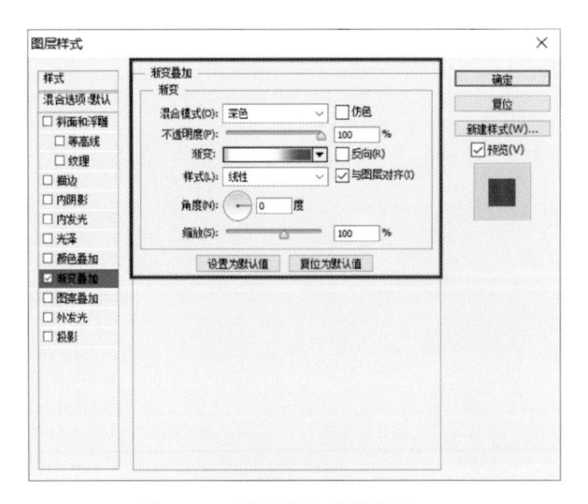

图 8-142　渐变叠加相关设置

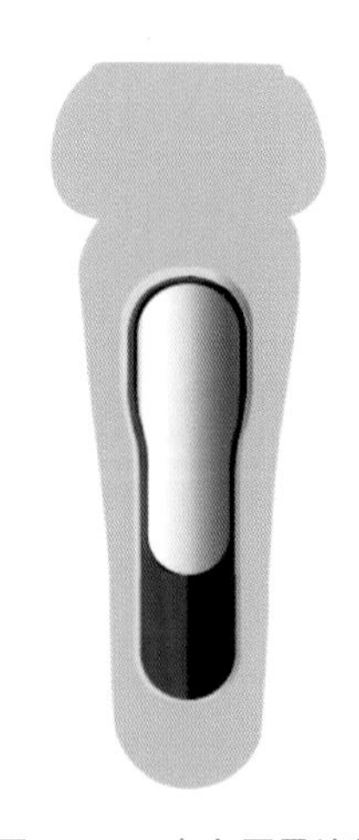

图 8-143　灰色图层绘制

（7）绘制按键主体部分。选用（圆角矩形工具），在属性栏中将“半径”设置为92.5像素，“描边”设置为无，拉动鼠标绘制一个圆角矩形，填充设置为渐变填充，颜色色标数值为#cbcbcd（位置：0%）、#f8f8fa（位置：69%）、#979799（位置：100%），其他参数如图8-144所示。设置（图层样式）中的“斜面和浮雕”“描边”“渐变叠加”，“斜面和浮雕”中的高光模式与阴影模式颜色数值都为#ffffff，其他参数如图8-145所示，描边颜色数值为#22212a，其他参数如图8-146所示，渐变叠加颜色数值为#c9c8cd（位置：21%）、#57565b（位置：89%），其他参数如图8-147所示，绘制效果如图8-148所示。

图8-144 “渐变填充”的设定1

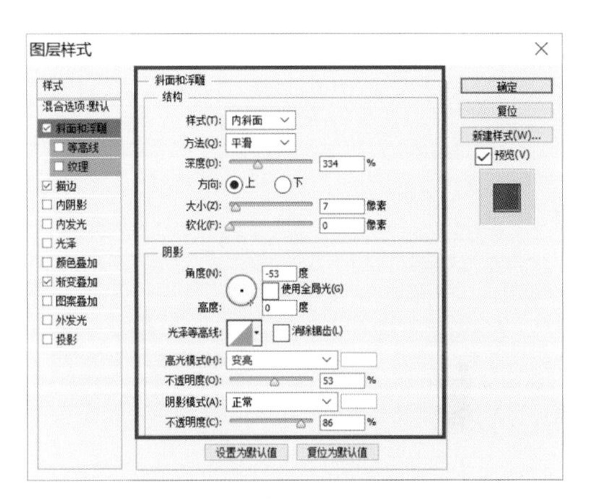

图8-145 斜面和浮雕相关设置

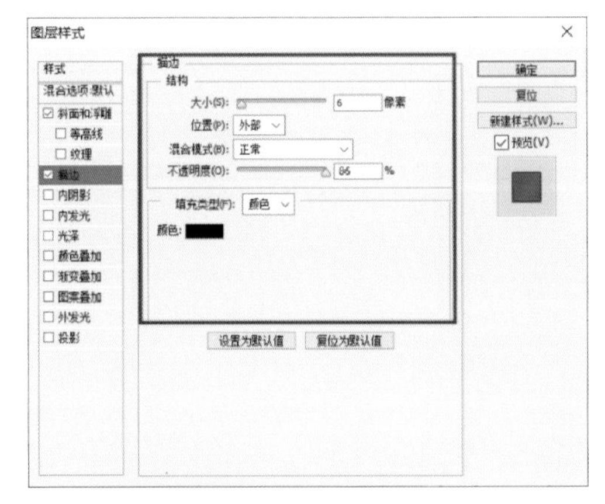

图8-146 描边相关设置1

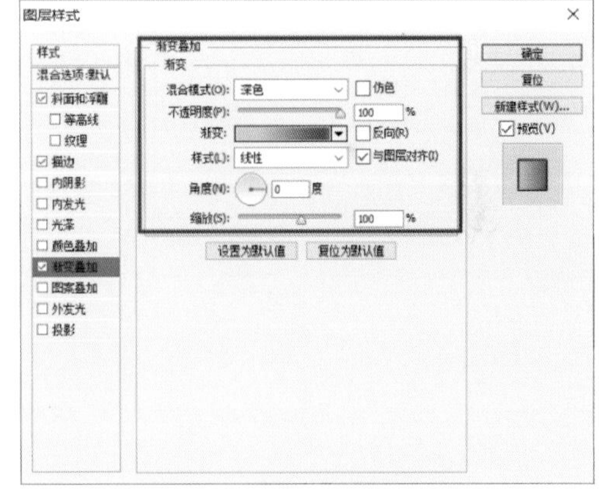

图8-147 渐变叠加相关设置5

图8-148 按键主体部分绘制

（8）使用工具箱中的（圆角矩形工具），在属性栏中将“半径”设置为82.5像素，“描边”设置为无，拉动鼠标绘制一个圆角矩形，填充设置为渐变填充，颜色数值为# 6b6a6f（位置：0%）、# dddddf（位置：54%）、# ededef（位置：100%），其他参数如图8-149所示。设置（图层样式）中的“斜面和浮雕”或者“描边”，“斜面和浮雕”中的高光模式与阴影模式颜色数值分别为# a2a1a1、# 736e6e，其他参数如图8-150所示，描边1颜色数值为# 7e7d82，描边2颜色数值为# ffffff，其他参数如图 8-151、图 8-152。绘制效果如图 8-153 所示。

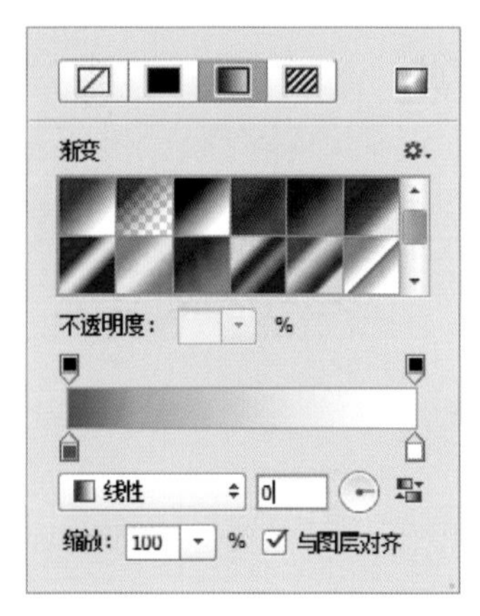

图 8-149 “渐变填充”的设定 2

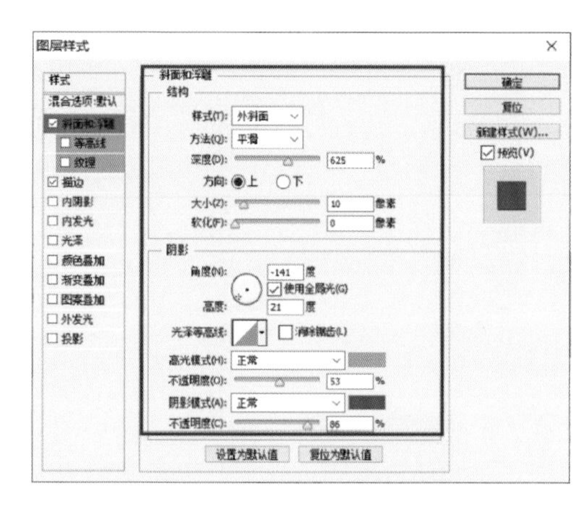

图 8-150 斜面和浮雕描边相关设置

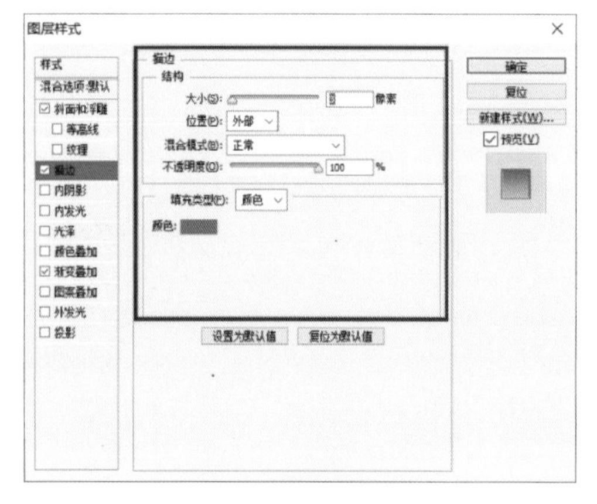

图 8-151 描边相关设置 2

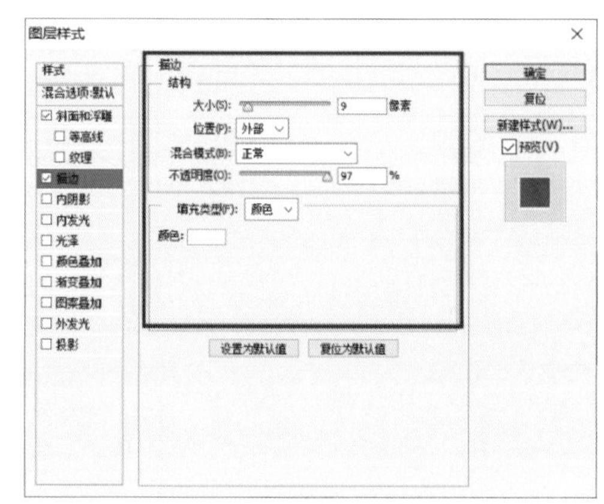

图 8-152 描边相关设置 3

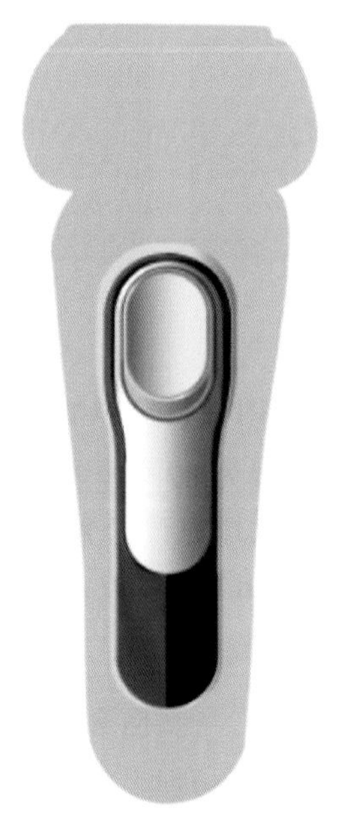

图 8-153 白色按键绘制

（9）绘制散热孔部分。使用工具箱中的（钢笔工具），描边设置为 10 像素，颜色数值为 #000000，端点选择圆头，如图 8-154 所示，使用（椭圆工具），使用“Alt+Shift”组合键，复制许多圆，合并图层命名为“散热孔”，设置（图层样式）中的“描边”，颜色数值为 #eeeef0，参数设置如图 8-155 所示。绘制效果如图 8-156 所示。

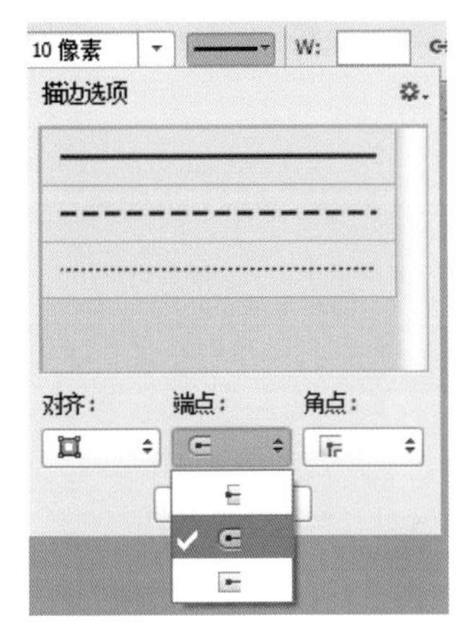

图 8-154　钢笔工具设置

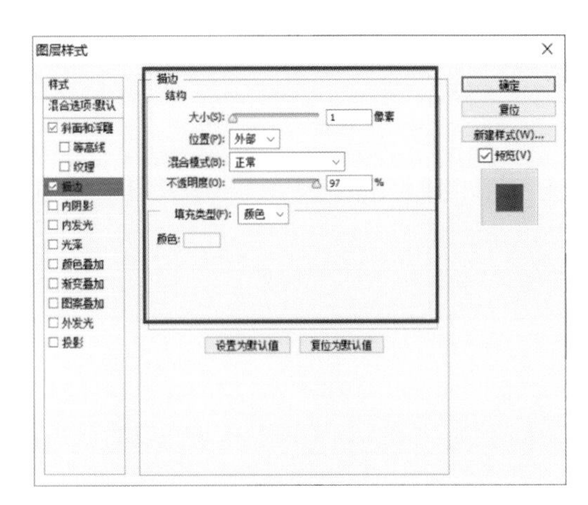

图 8-155　描边相关设置 4

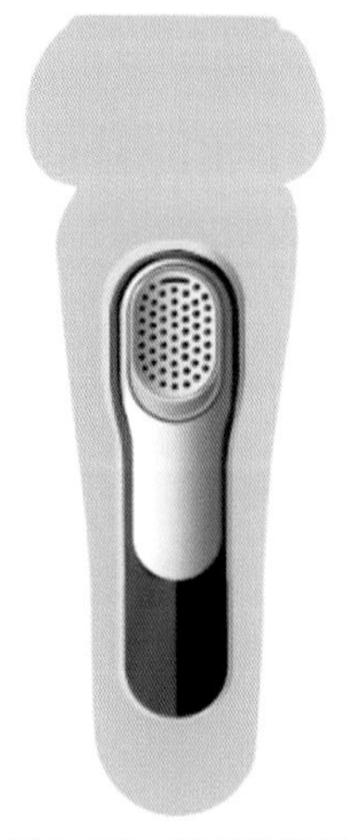

图 8-156　散热孔绘制

（10）绘制按键及文字部分。使用（椭圆工具）画圆，渐变填充颜色数值为 #ffffff（位置：0%）、#c9c8cb（位置：55%）、#929195（位置：100%），其他参数如图 8-157 所示。设置（图层样式）中的“描边”，颜色数值为 #22212a，其他参数如图 8-158 所示。导入“素材”文件夹中的“电源 .png”素材图片，使用工具栏中的（横排文字工具），在字体面板中选择 LED 字体，该字体可从网站上下载。将字体颜色设置为白色，在绘制好的图层上输入“6”显示内容。“S6”与“Wet&Dry”的字体制作方法和上述描述一致。剃须刀按键最终绘制效果如图 8-159 所示。绘制难点详见视频 8-1 剃须刀案例分解视频。

视频 8-1 剃须刀案例分解视频

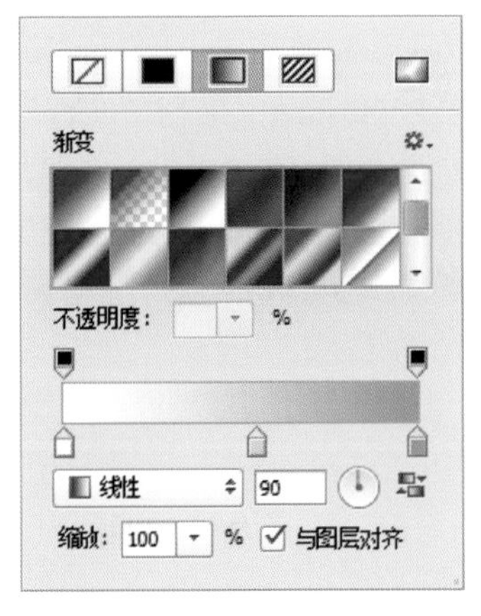

图 8-157　“渐变填充”的设定 3

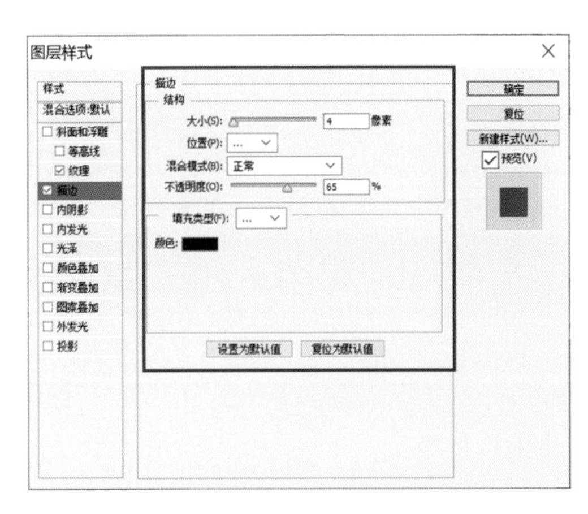

图 8-158　描边相关设置 5

图 8-159　剃须刀最终绘制效果

8.4.2　屏幕细节绘制

屏幕细节在第 4 章讲过其特征分析。数位绘制阶段的屏幕细节绘制依然遵循深化草图阶段屏幕绘制的基本方法，借助计算机技术，数位绘制屏幕细节更加精致、逼真。本章以“运动监测器”产品为例，介绍屏幕的数位绘制方法，如图 8-160 所示。

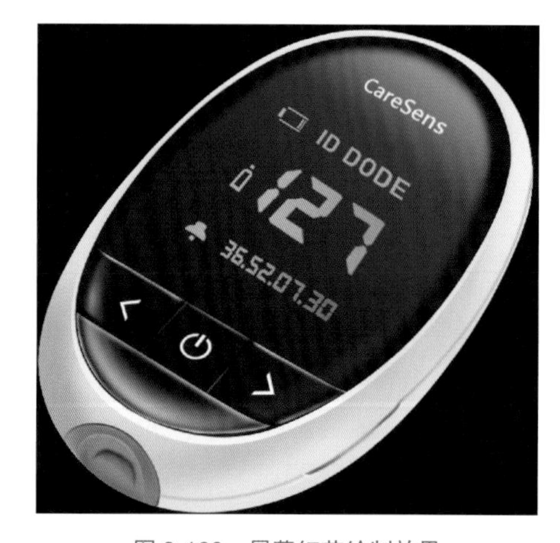

图 8-160　屏幕细节绘制效果

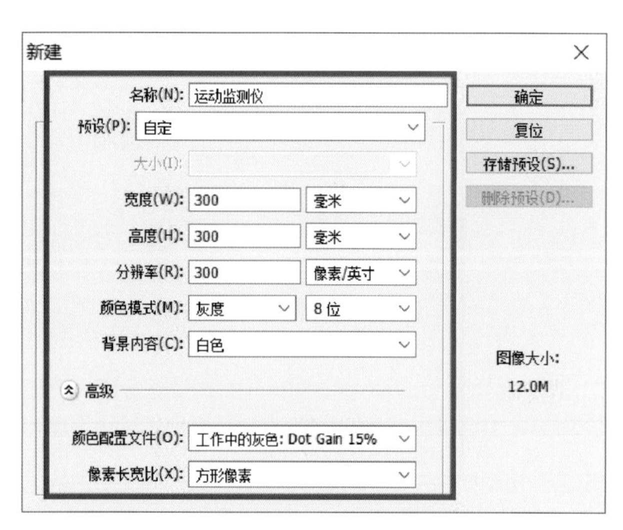

图 8-161　新建文件对话框

（1）该方案使用 Photoshop 软件绘制。打开 Photoshop，执行“文件”——“新建”菜单命令，在弹出的“新建画布”对话框中将其命名为“运动监测仪”，分辨率选择 300pixles/inch，宽度和长度设置如图 8-161 所示。

图 8-162 “监测仪底层”填充效果

（2）新建图层，命名为“监测仪底层”。使用工具箱中的 （钢笔工具），勾画出运动监测仪底层的大体形状，使用“Ctrl+Enter”组合键转换成选区，将前景色设置为 #eaebe6。使用“Alt+Delete”组合键进行颜色填充。绘制效果如图 8-162 所示。

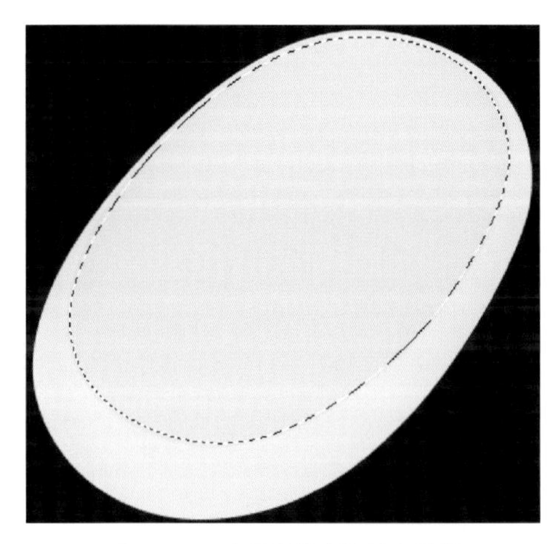

图 8-163 “屏幕轮廓”填充效果

（3）新建图层，命名为“屏幕轮廓”。使用工具箱中的 （钢笔工具），勾画出运动监测仪屏幕轮廓的大体形状，使用“Ctrl+Enter”组合键转换成选区，将前景色设置为 #e3e3e3。使用“Alt+Delete”组合键进行颜色填充。绘制效果如图 8-163 所示。

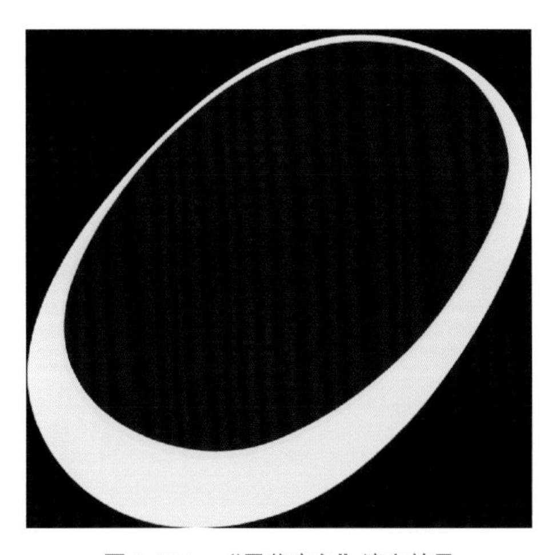

图 8-164 “屏幕底色”填充效果

（4）新建图层，命名为“屏幕底色”。使用工具箱中的 （钢笔工具），勾画出运动监测仪屏幕轮廓的大体形状，使用“Ctrl+Enter”组合键转换成选区，将前景色设置为 #0d0b0c。使用“Alt+Delete”组合键进行颜色填充。绘制效果如图 8-164 所示。

（5）新建图层，命名为“屏幕底部高光”。使用工具箱中的 （钢笔工具），勾画出运动监测仪屏幕底部高光的大体形状，使用“Ctrl+Enter”组合键转换成选区，使用工具箱中的 （渐变工具），渐变工具条具体设置为 #f0ebe8（位置：0%，不透明度：100%）、#f0ebe8（位置：

20%，不透明度：11%）、#f0ebe8（位置：100%，不透明度：10%），其他设置如图 8-165 所示，绘制效果如图 8-166 所示。

图 8-165 “渐变工具”的参数设定

图 8-166 “屏幕底部高光”绘制

（6）新建图层，命名为“屏幕上部亮色”。使用工具箱中的（钢笔工具），勾画出运动监测仪屏幕上部亮色区域，使用“Ctrl+ 回车键”转换成选区，将前景色设置为 #0e0e0e。使用“Alt+Delet”组合键进行颜色填充。绘制效果如图 8-167 所示。

图 8-167 “屏幕上部亮色”填充效果

（7）配合使用“Alt”键选中“屏幕上部亮色”图层，使用工具箱中的（渐变工具），渐变工具条具体设置为 #ffffff（位置：0%，不透明度：100%）、#535763（位置：20%，不透明度：100%）、#07080b（位置：100%，不透明度：100%），其他设置如图 8-168 所示，绘制效果如图 8-169 所示。

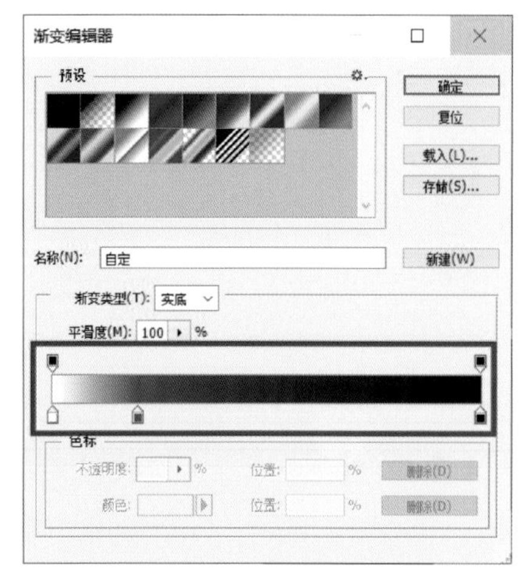

图 8-168 “渐变填充”的设定

图 8-169 “屏幕上部亮色”图层绘制

（8）选中“屏幕上部亮色”图层，执行“滤镜”——“模糊”——“高斯模糊”菜单命令，具体设置如图 8-170 所示，绘制效果如图 8-171 所示。

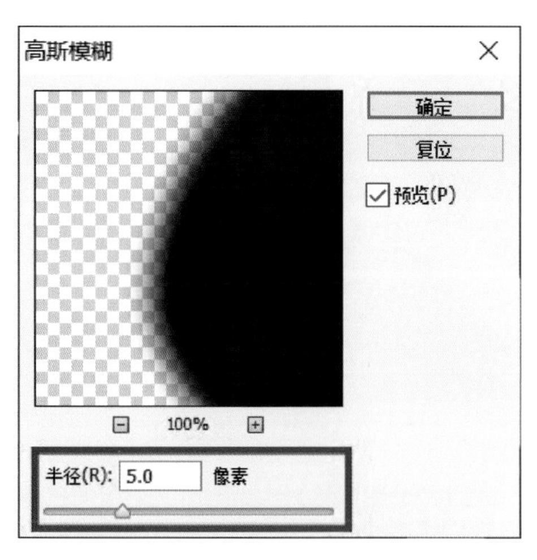

图 8-170 “高斯模糊”参数设定 1

图 8-171 “屏幕上部亮色”图层绘制效果

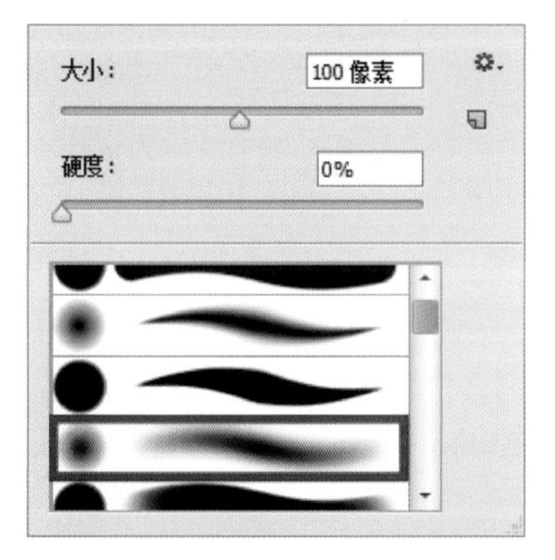

图 8-172 “橡皮擦”的参数设定

（9）配合“Alt”键选中“屏幕底部高光”图层，使用（橡皮擦工具）适当擦去上边缘颜色，橡皮擦具体设置如图 8-172、图 8-173 所示，效果如图 8-174 所示。执行“滤镜”——“模糊”——“高斯模糊”菜单命令，具体设置如图 8-175 所示，绘制效果如图 8-176 所示。

图 8-173 “橡皮擦”的参数设定

图 8-174 “屏幕底部高光”图层绘制

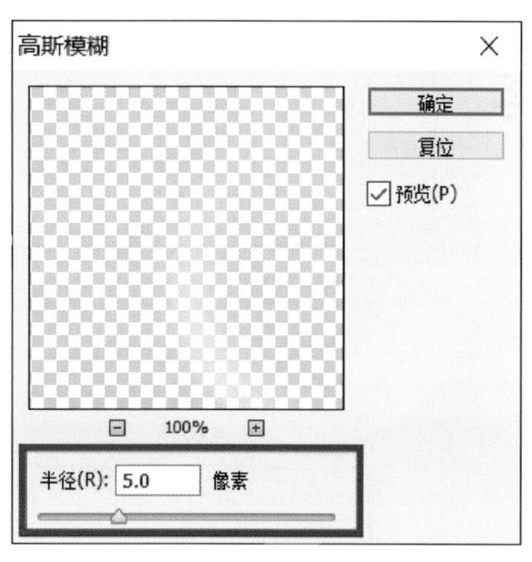

图 8-175 “高斯模糊”参数设定 2

图 8-176 “屏幕底部高光”图层绘制效果

（10）新建图层，命名为“按键上部”。使用工具箱中（钢笔工具），勾画出运动监测仪按键上部区域，使用“Ctrl+Enter”组合键转换成选区，如图 8-177 所示。使用颜色数值为 #000000、#ffffff、#535e65 的（画笔工具）进行按键的绘制，绘制效果如图 8-178 所示。按键底部的绘制方法和上述步骤一致，绘制效果如图 8-179 所示。

图 8-177 “按键上部”区域的勾画

图 8-178 “按键上部”图层绘制

图 8-179 “按键底部”图层绘制

（11）新建图层，命名为“监测仪主体细节”。使用工具箱中的（钢笔工具），勾画出运动监测仪主体细节区域，使用“Ctrl+Enter”组合键转换成选区。使用颜色数值为 #75767a、#848589、#505155 的（画笔工具）进行按键的绘制，绘制效果如图 8-180 所示。

（12）配合“Alt”键选中“监测仪底层”图层。使用颜色数值为 #a7a7a7、#1b1b1b 的（画笔工具）进行“监测仪底层”图层的绘制，绘制效果如图 8-181 所示。

图 8-180　“监测仪主体细节”图层绘制

图 8-181　“监测仪底层”图层绘制

（13）配合使用（椭圆工具）、（矩形工具）、（钢笔工具）绘制出按键上的标志，标志颜色数值为 #ffffff，如图 8-182、图 8-183 所示，执行工具栏中“编辑”——“变换”——“透视”菜单命令将绘制出的标志调节到合适位置。效果如图 8-184 所示。

图 8-182　标志绘制 1

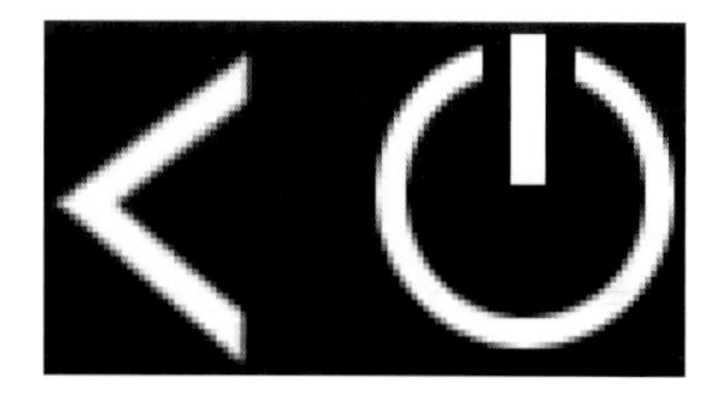

图 8-183　标志绘制 2

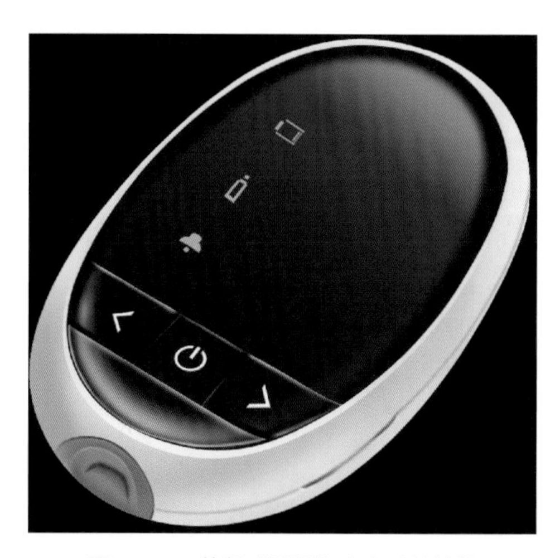

图 8-184　执行“透视”命令后的效果

图 8-185　字体图层插入后的效果

（14）使用工具箱中的 T（文字工具），在字体面板中选择 Microsoft YaHei UI、LED 字体，以上字体可以从网上下载安装。“CareSens”字体颜色数值为 #ffffff，其余字体颜色数值为 #f9b18b，在绘制好的屏幕上输入相应文字。同时生成“127”“CarSens”“ID DODE”“35.52.07.30”四个文字图层。将四个文字图层栅格化后执行“编辑”——“变换”——“透视”菜单命令，调整大小效果如图 8-185 所示。

（15）配合使用“Alt”键选中“127”图层，使用工具栏中的（渐变工具），颜色数值设置为 #f2b594（位置：0%、不透明度：100%），#ef8d82（位置：0%、不透明度:100%）进行填充，具体设置如图 8-186 所示。配合使用“Alt”键选中“36.52.07.30”图层，使用工具箱中的（渐变工具），颜色数值设置为 #f2b594（位置：0%、不透明度：100%）、#e18274（位置:0%、不透明度:100%）进行填充，具体设置如图 8-187 所示，绘制效果如图 8-188 所示。

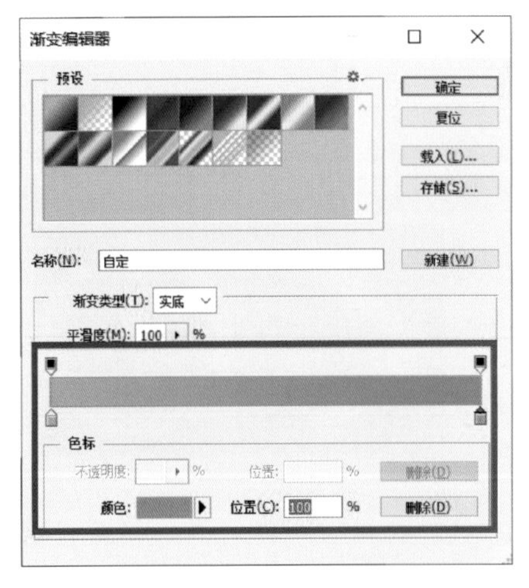

图 8-186　渐变填充相关设置 1

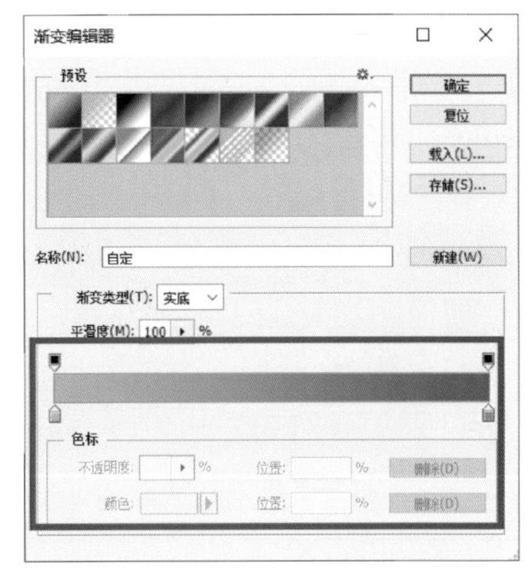

图 8-187　渐变填充相关设置 2

图 8-188　运动监测仪最终绘制效果

8.4.3 发光效果表达

随着交互方式的不断丰富，光元素在产品中的应用也逐渐增多。对于光的表现，根据产品自身特性的不同，绘制方法也不同。不管是明亮的光束，还是柔和的散射光，都有一些基本的绘制方法。例如通过光投射到其他物体表面的光晕变化来表达不同光的效果。为了优化光源的视觉效果，最好把它放置在黑暗的背景中，以方便表现光散射的效果，如图 8-189 所示。

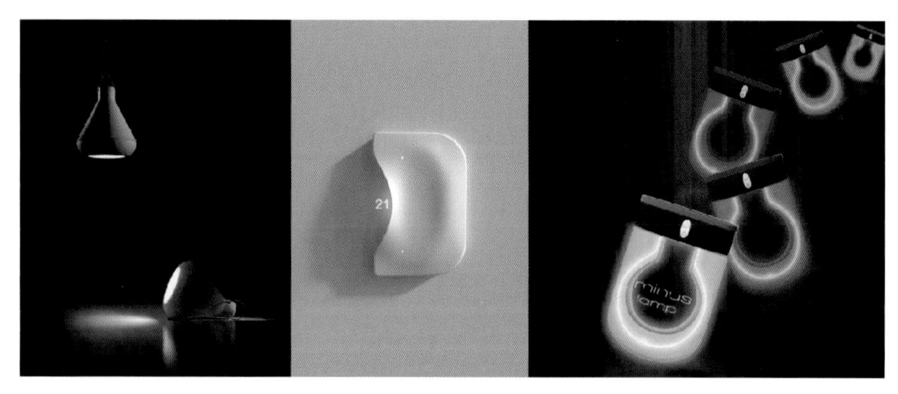

图 8-189　光散射的表现方式

如果灯光没有照射到任何物体的表面而仅仅存在于空中，可以在光照射的方向画一条模糊的光柱来表示光的轨迹。当然，真实情况并非如此，这仅仅是绘画中一种巧妙表现光线的方法，如图 8-190 所示。

图 8-190　光束效果

在产品设计计算机快速表达中发光效果可以通过多种方法实现，例如可以使用 SAI 水彩笔等工具逐层晕染，也可以使用 Photoshop 中“滤镜”——“渲染”——“光照效果”菜单命令，图层样式中的“内发光”和“外发光”选项,图层模式中的“滤色”模式,并配合通道使用“滤镜”——“模糊”——“径向模糊”菜单命令等多种方法。在表现发光物体的质感效果时应注意光线的衰减变化，以及发光体本身的明暗变化。此章以黄色玻璃灯为例讲解 SAI 的灯光绘制，如图 8-191 所示。

（1）该方案使用 SAI2 软件绘制。打开 SAI2，执行“文件”——“新建”菜单命令，在弹出的“新建画布”对话框中将其命名为“黄色灯光”，分辨率选择 300pixles/inch，宽度和长度设置如图 8-192 所示。

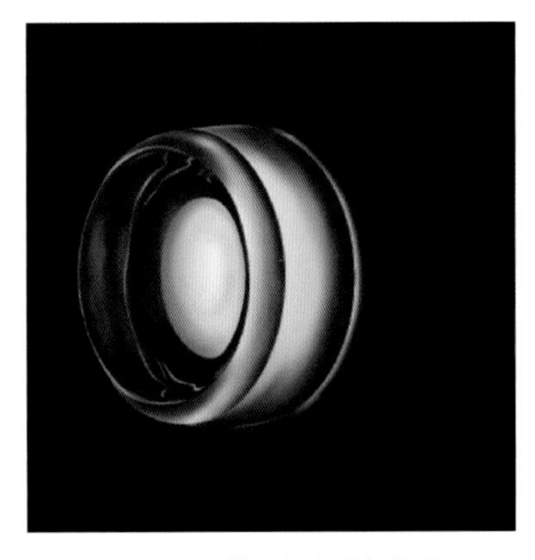

图 8-191　黄色灯光绘制效果

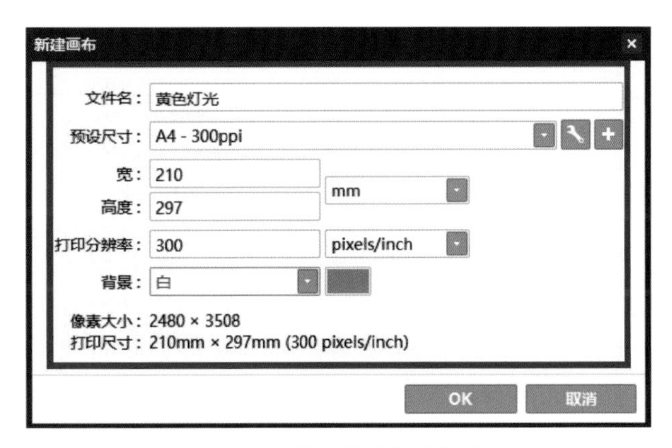

图 8-192　“新建画布”对话框

（2）绘制线稿。新建图层，命名为“线稿”。在“线稿”图层上新建钢笔图层，使用直径为 2.6 的（曲线）工具绘制线稿，颜色数值为 #421401，设置如图 8-193 所示，绘制效果如图 8-194 所示。

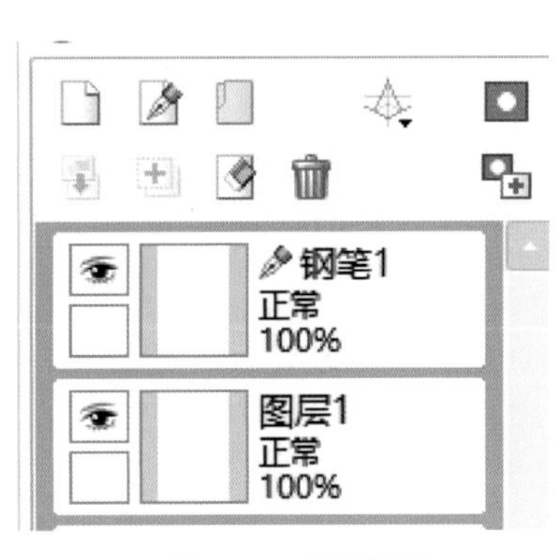

图 8-193　图层设置

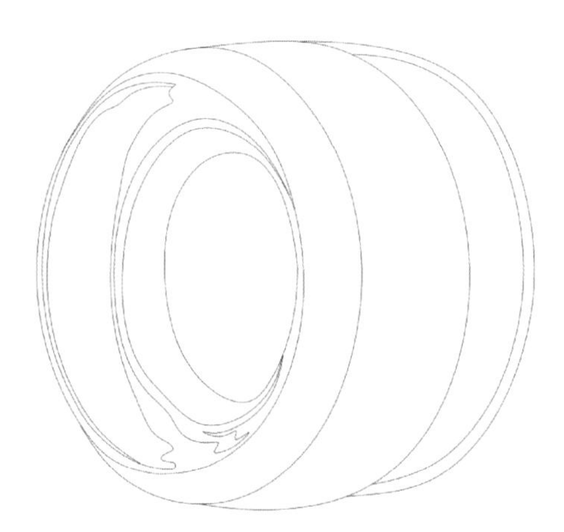

图 8-194　黄色灯光线稿绘制效果

（3）对“钢笔 1”图层使用（向下转写工具），将其转写到“线稿”图层，删除“钢笔 1”图层，并将“线稿”图层设置为“指定为选区样本”，如图 8-195 所示。

图 8-195　“指定为选区样本”设置

（4）分层着色绘制黄色灯光。新建 3 个图层，分别命名为“发光”“浅色阴影”“深色阴影”，使用（油漆桶工具），通过不同的颜色填充将黄色灯光的整体色彩关系表达出来，“发光图层”填充颜色数值为 #feee92，“浅色阴影”

填充颜色数值为 #5b1f02，“深色阴影”填充颜色数值为 #0e0602，并将三个图层设置为“保护不透明度”，各图层颜色填充效果如图 8-196 ～图 8-198 所示。

图 8-196 “发光”图层颜色填充效果

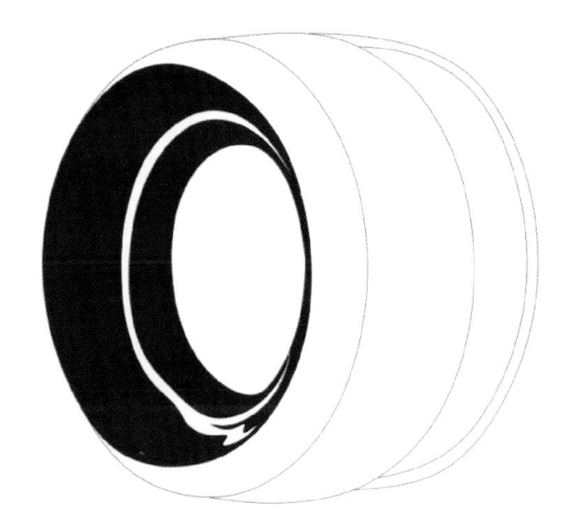

图 8-197 “浅色阴影”图层颜色填充效果

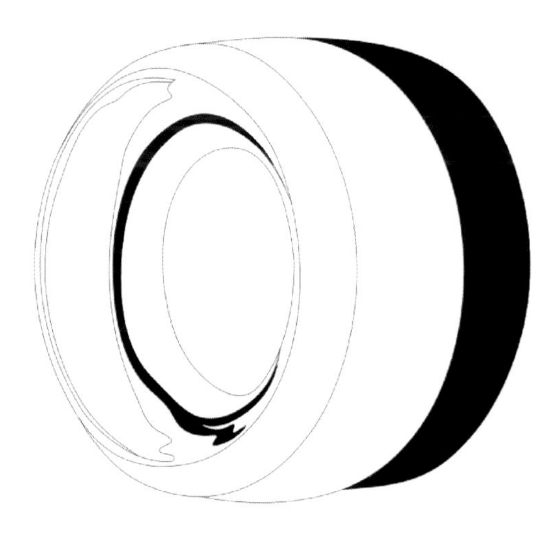

图 8-198 “深色阴影”图层颜色填充效果

图 8-199 “发光图层”明暗变化绘制

（5）绘制“发光”图层明暗变化。使用颜色数值为 #5b1f02（深棕色）、#fff2b1（浅白黄色）、#fff2b1（黄色光源）的喷枪（喷枪工具），在“发光”图层绘制出明暗变化，使用水彩笔（水彩笔工具）让其明暗变化更自然。绘制效果如图 8-199 所示。

（6）绘制“浅色阴影”图层部分。使用颜色数值为 #5b1f02（深棕色）、#fff2B1（浅白黄色）、#ffe14d（黄色）、#331a16（黑棕色）的 喷枪（喷枪工具），在“浅色阴影”图层绘制出明暗变化，使用 水彩笔（水彩笔）工具让其明暗变化更自然。绘制效果如图 8-200 所示。

图 8-200 “浅色阴影”图层绘制

（7）绘制“深色阴影”图层部分。使用 喷枪（喷枪工具）绘制出大致明暗分布，绘制方法与上述方法相同,注意明暗对比。利用“水彩笔”工具进行调和，效果如图 8-201 所示。

图 8-201 “深色阴影”图层绘制

（8）执行“文件”——“另存为”菜单命令，在弹出的“另存画布”对话框中，将其另存为 psd 文件格式,使用 Photoshop 软件打开该文件进行“背景”绘制。新建“背景 1”图层置于最底层。使用 ◌（椭圆选框工具）绘制一个椭圆选区，如图 8-202 所示。将前景色设为 #100603，使用“Alt+Delete”组合键对选区进行填充，填充效果如图 8-203 所示。

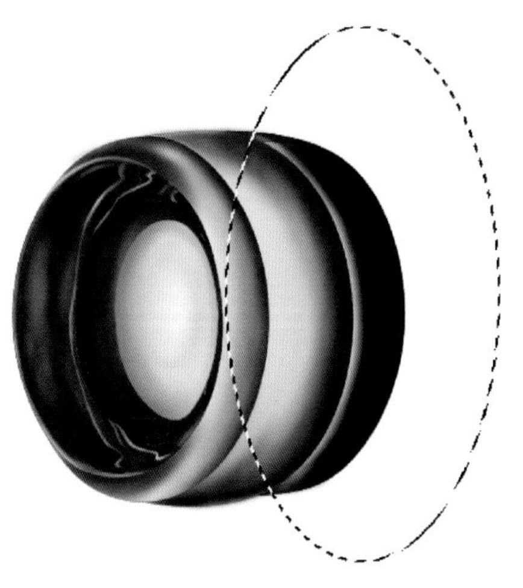

图 8-202 “背景 1”图层阴影选区绘制

图 8-203 “背景 1”图层阴影部分的颜色填充

图 8-204　“背景 1”图层的阴影绘制

（9）选中“背景 1”图层，执行“滤镜”——“模糊”——“高斯模糊”菜单命令，半径设置为“50 像素”。效果如图 8-204 所示。使用“Ctrl+J”组合键复制该图层并命名为“背景 2”。选中“背景 2”图层使用“Ctrl+T”组合键适当放大图层大小，如图 8-205 所示。使用“Ctrl”键选中“背景 2”图层，使用“Delete”键删除选区内颜色，再使用颜色数值为 #320d01 的颜色进行填充，填充效果如图 8-206 所示。

图 8-205　“背景 2”图层高亮区域的绘制

图 8-206　“背景 2”图层高亮区域的颜色填充

（10）新建图层，命名为“大背景”，将该图层置于最底层，将前景色设置为 #060402。使用“Alt+Delete”组合键进行颜色填充。黄色灯光最终绘制效果如图 8-207 所示。

图 8-207　黄色灯光最终绘制效果

8.4.4 结构细节表达

数位绘制中的结构细节对于产品整体效果的表现非常重要。例如产品结构缝隙并非单纯的一条线就可以表现到位，因为结构线两侧相对接的部件一般都会有一个很小的斜面，斜面的特征涉及材料特性、加工工艺等，因此在绘制结构细节时不可随意忽略。由于结构细节的远近主次不同，在绘制的时候要考虑到它的虚实变化。在数位绘制过程中，为产品加上一些必要的结构细节不仅可以增强视觉效果，使产品看上去更加真实，还便于观者加深对产品结构的理解并示意其操作方法等。本章以无线充电器为例，使用 Photoshop 中的钢笔工具、图层样式等来完成制作，如图 8-208 所示。

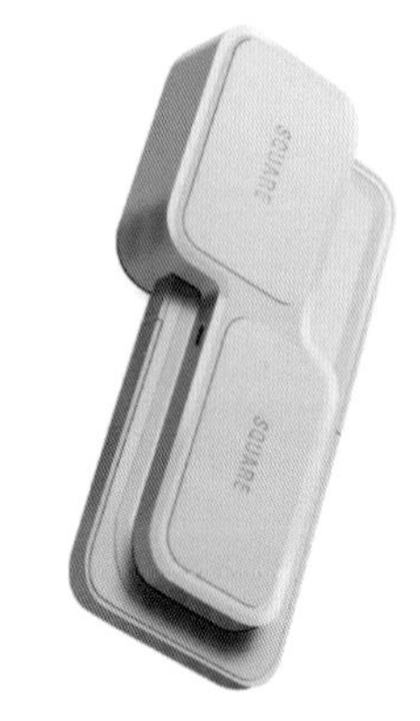

图 8-208　无线充电器结构绘制效果

（1）该案例使用 Photoshop 软件绘制。打开 Photoshop 软件，执行“文件”——“新建”菜单命令，在弹出的新建文件对话框中将其命名为“无线充电器”，分辨率选择 300pixles/inch，宽度和长度设置如图 8-209 所示。

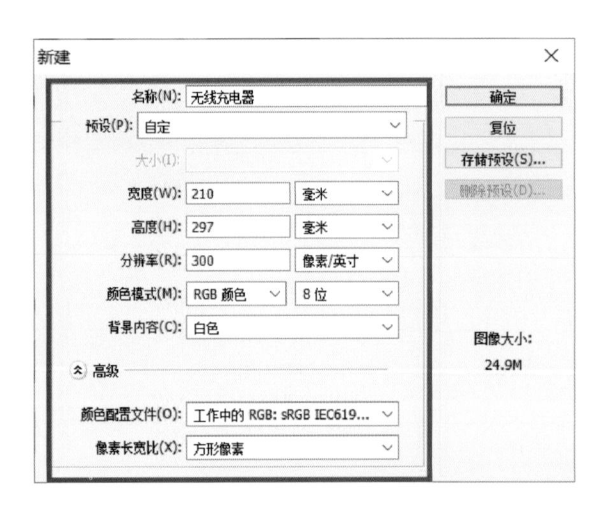

图 8-209　新建文件对话框

（2）绘制无线充电器上部黄色接触垫。新建“接触垫”组，使用工具箱中的（钢笔工具），绘制出上部接触垫的形状，在控制栏中选择“形状工具”，其余设置如图 8-210 所示，生成“上部接触垫”图层，填充颜色数值为 #ffe384，效果如图 8-211 所示。

图 8-210　选择“形状”工具

图 8-211　“上部接触”垫图层颜色填充效果

（3）右击“上部接触垫”图层，选择栅格化图层选项。按住“Ctrl”键并同时单击“上部接触垫”图层，建立选区。使用工具箱中的 （画笔工具），画笔颜色数值为 #ffd74e，画笔参数设置如图 8-212，绘制出渐变效果，如图 8-213 所示。

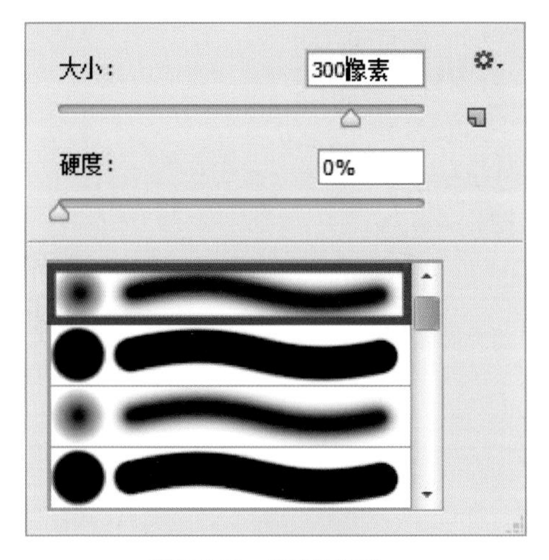

图 8-212　画笔的设置

图 8-213　上部接触垫渐变效果绘制

（4）双击“上部接触垫”图层，设置 （图层样式）中的“斜面和浮雕”，参数设置与绘制效果如图 8-214、图 8-215 所示。

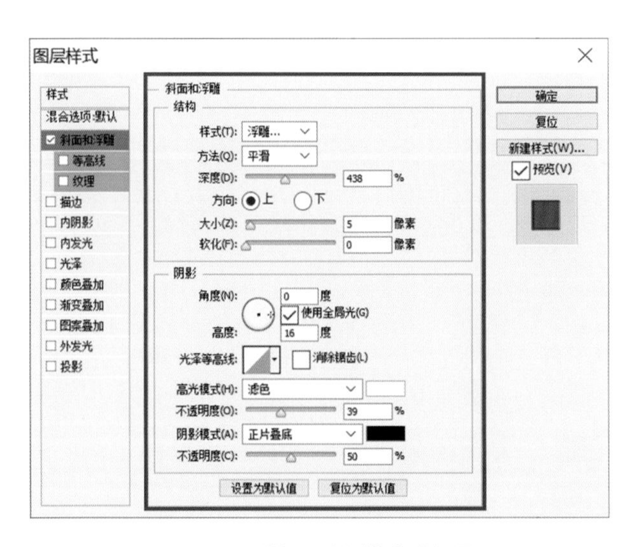

图 8-214　“斜面和浮雕”相关设置 1

图 8-215　“上部接触垫”图层绘制

（5）使用工具箱中的 （钢笔工具），绘制出下部接触垫的形状，新建“下部接触垫”形状图层，颜色填充为 #fed74a，如图 8-216 所示。右击“下部接触垫”图层。按住“Ctrl”键单击“下部接触垫”图层，建立选区。使用工具箱中的 （画笔工具），颜色设置为 #fbc62f，画笔参数设置如图 8-217 所示，绘制出渐变效果，如图 8-218 所示。

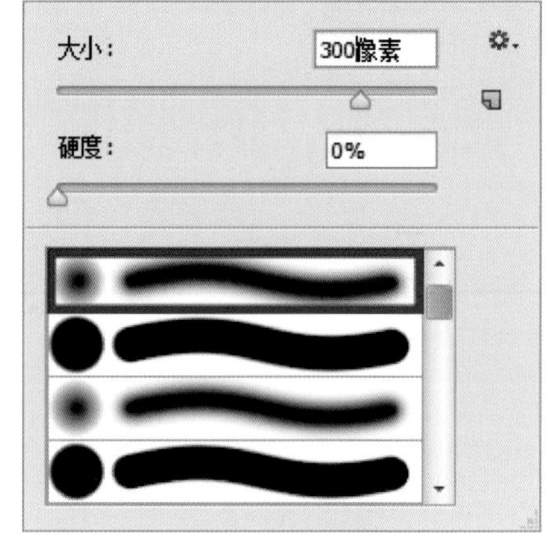

图 8-216　下部接触垫颜色填充效果　　图 8-217　画笔的设置　　图 8-218　下部接触垫绘制 1

（6）双击“下部接触垫”图层，设置 fx（图层样式）中的“斜面和浮雕”，参数设置与绘制效果如图 8-219、图 8-220 所示。

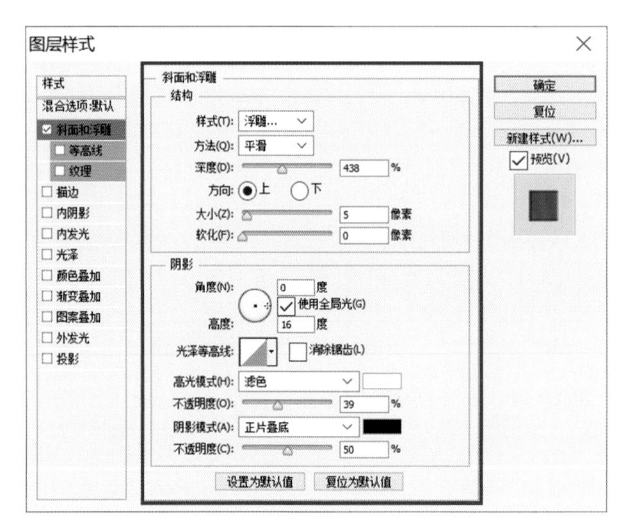

图 8-219　“斜面和浮雕”相关设置 2

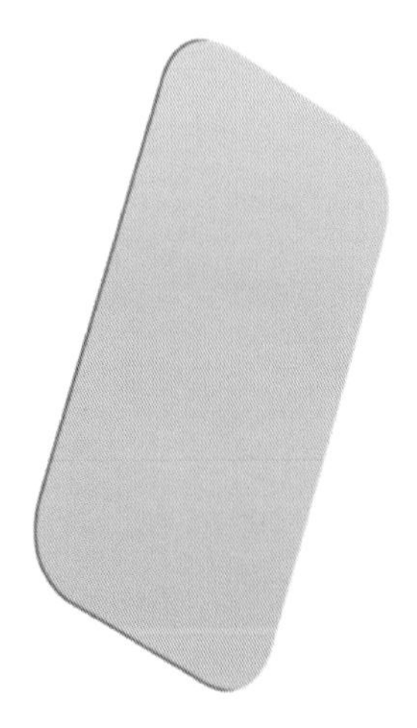

图 8-220　下部接触垫绘制 2

（7）使用工具箱中的（钢笔工具），绘制出机体上部的形状，生成“机体上部”形状图层，填充颜色数值为 #ffe146，如图 8-221 所示。设置 fx（图层样式）中的“斜面和浮雕”，阴影模式颜色数值为 #ddb700，参数设置与绘制效果如图 8-222、图 8-223 所示。

（8）按住“Ctrl”键单击“机体上部”图层，建立选区。使用工具箱中的（画笔工具），颜色设置如图 8-224 所示，参数设置如图 8-225 所示，绘制出渐变效果，如图 8-226 所示。

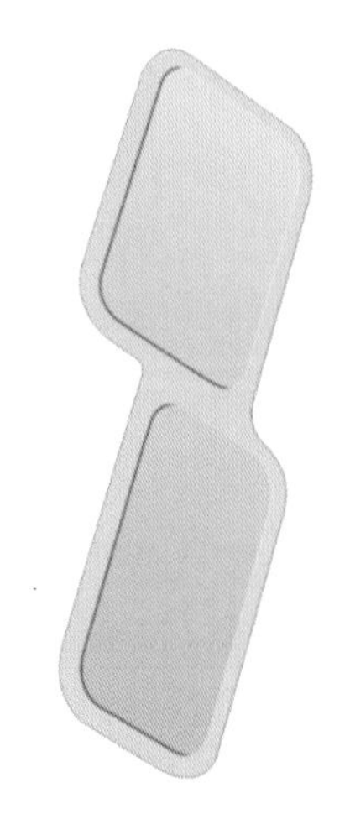

图 8-221　机体上部颜色填充效果

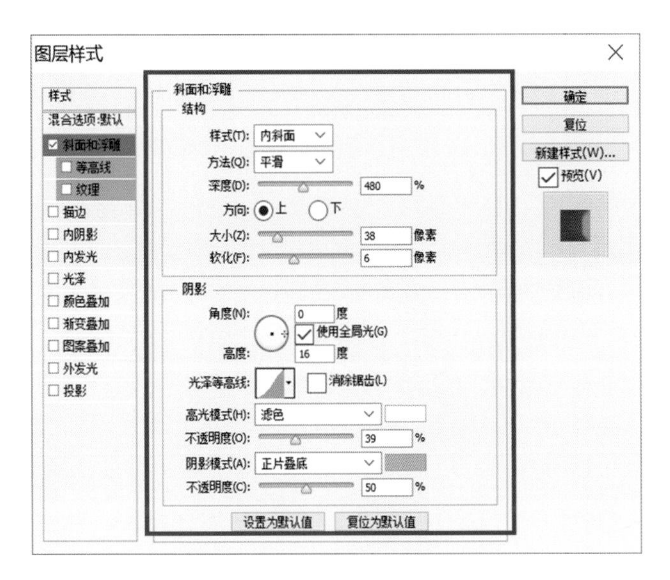

图 8-222 “斜面和浮雕”相关设置 3

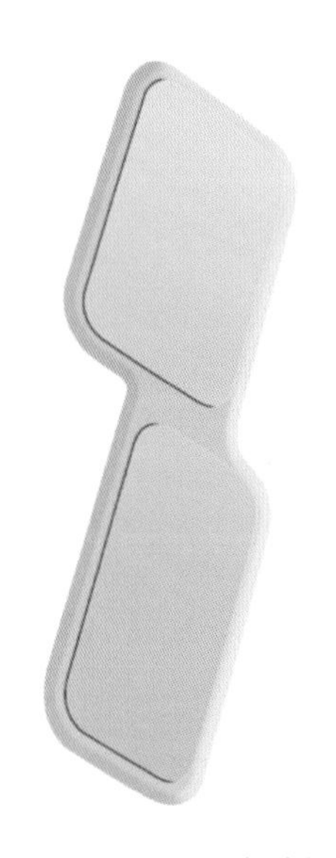

图 8-223 机体上部绘制 1

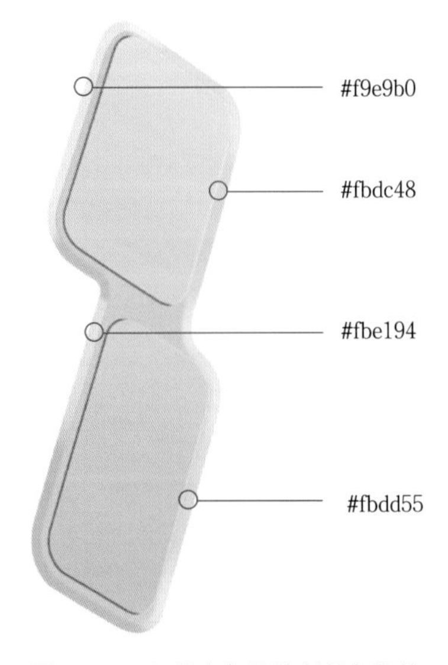

图 8-224 机体上部的绘制颜色数值

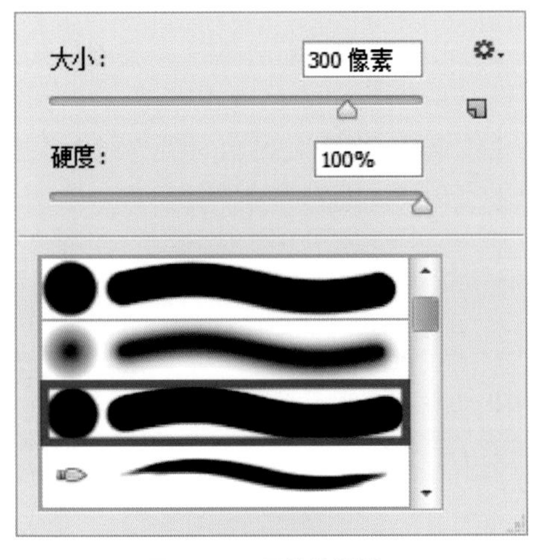

图 8-225 画笔的设置

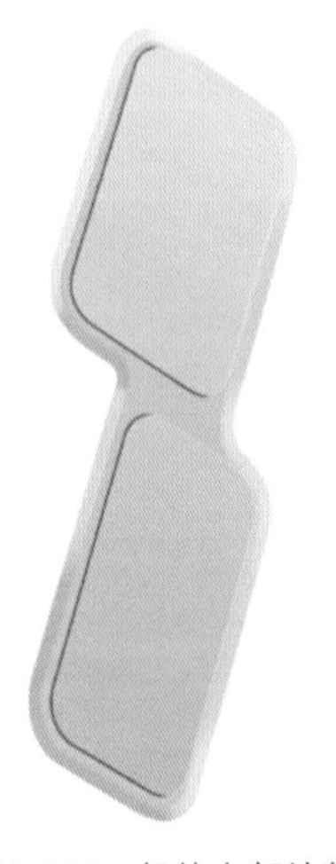

图 8-226 机体上部绘制 2

（9）使用工具箱中的（钢笔工具），绘制出机体侧面的形状，生成“机体侧面”形状图层，填充颜色数值为 #b18938，如图 8-227 所示。选择“机箱侧面”图层，右击选择“栅格化图层”。按住“Ctrl”键单击“机体侧面”图层，建立选区。使用工具箱中的（画笔工具），颜色设置如图 8-228 所示，画笔参数设置如图 8-229 所示，绘制出渐变效果，如图 8-230 所示。

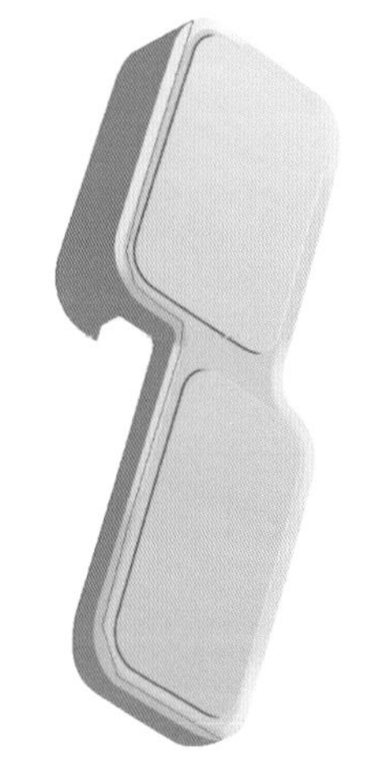

图 8-227　机体侧面颜色填充效果

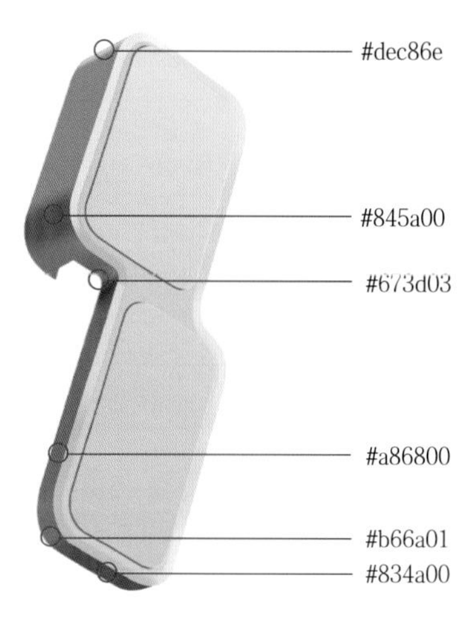

图 8-228　机体侧面的绘制颜色数值

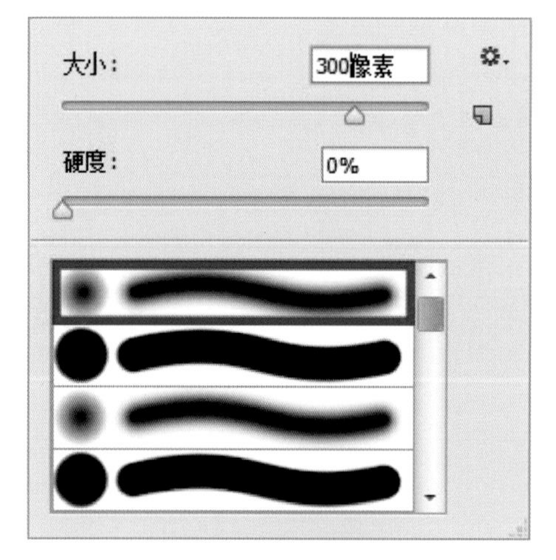

图 8-229　画笔的设置

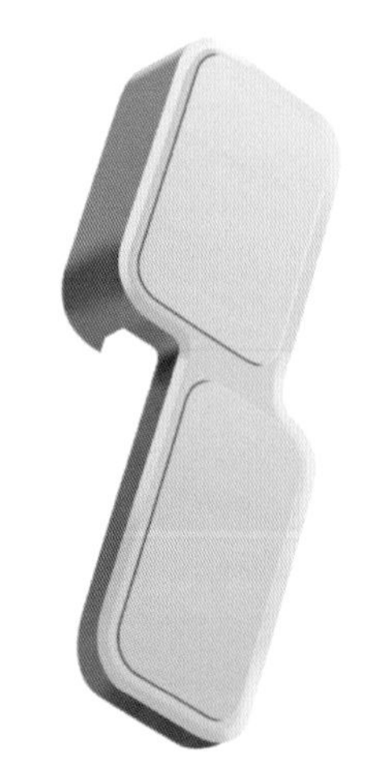

图 8-230　机体侧面绘制

（10）复制“机体侧面”图层，重命名为“机体侧面缝隙”，双击“机体侧面缝隙”图层，设置（图层样式）中的“颜色叠加”，颜色数值为 #000000，如图 8-231 所示。并向下、向左分别移动两个像素。效果如图 8-232 所示。

（11）使用工具箱中的（钢笔工具），绘制出充电口的形状，生成“充电口”形状图层，填充为 #cd8e1f，如图 8-233 所示。双击“充电口”图层，设置（图层样式）中的“阴影”，具体参数设置如图 8-234 所示。

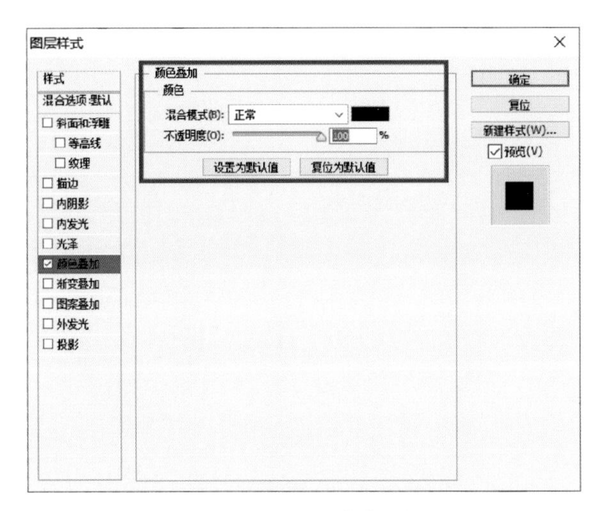

图 8-231　“颜色叠加”相关设置 1

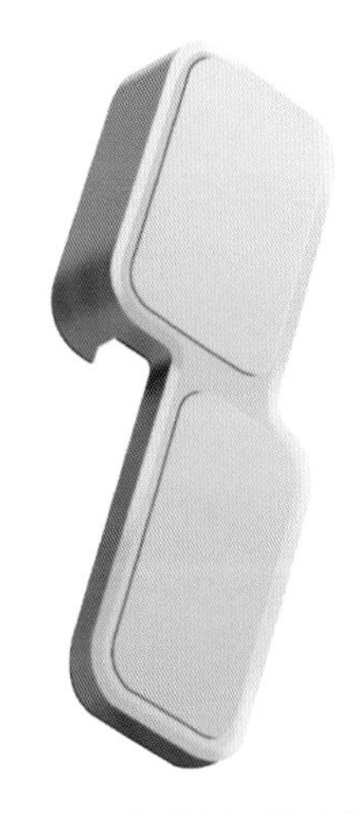

图 8-232　机体侧面缝隙绘制

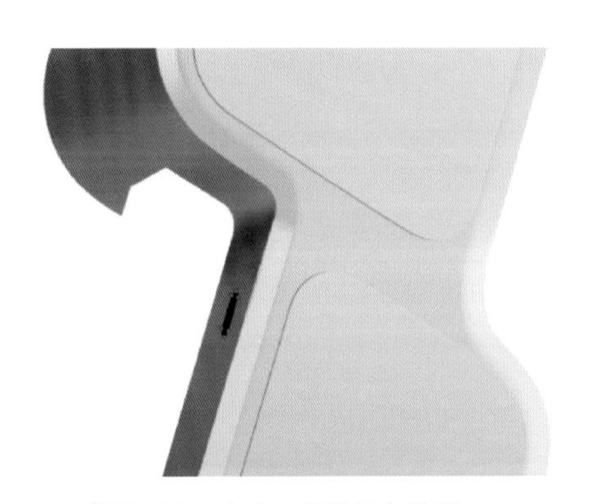

图 8-233　充电口颜色填充效果

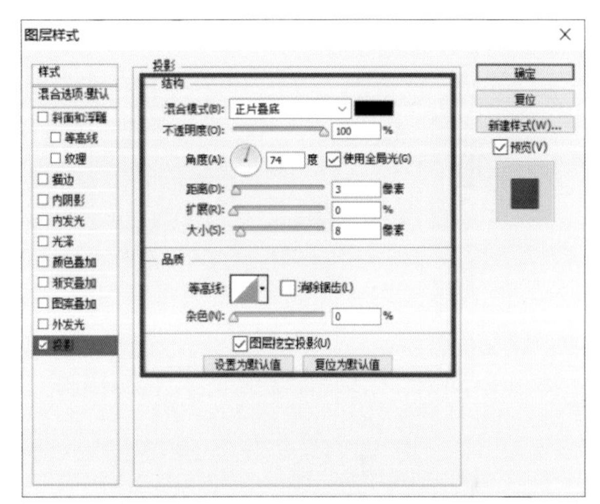

图 8-234　“投影”相关设置

（12）复制“充电口”图层，重命名为“充电口边缘”。双击“充电口边缘”图层，设置 *fx*（图层样式）中的“斜面和浮雕”，具体参数设置如图 8-235 所示。效果如图 8-236 所示。

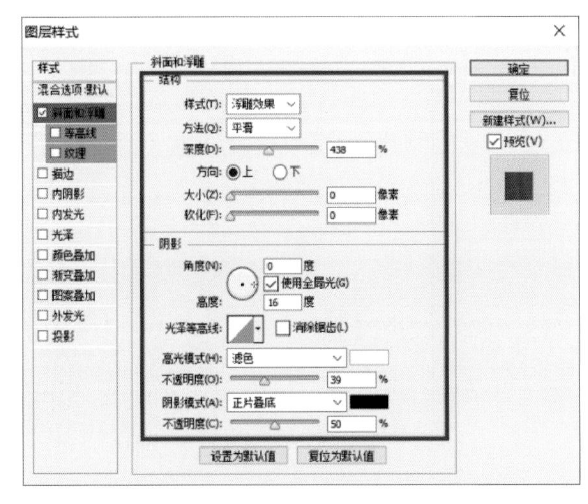

图 8-235　“斜面和浮雕”相关设置 4

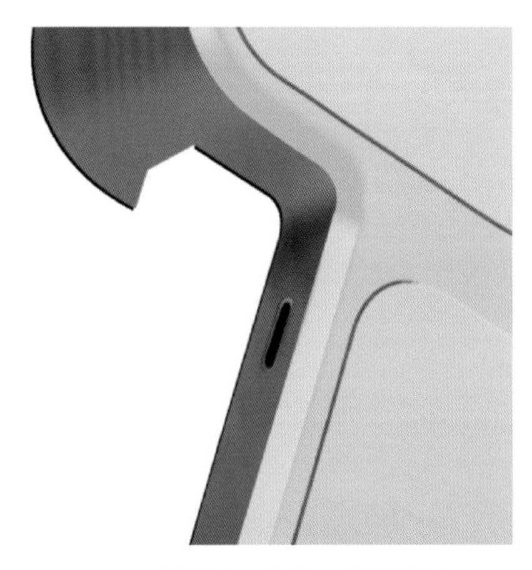

图 8-236　充电口边缘绘制

（13）使用工具箱中的 （钢笔工具），绘制出底部顶盖的形状，生成“底部顶盖”形状图层，填充为 #ffe247，如图 8-237 所示。双击“底部顶盖”图层，设置 fx（图层样式）中的“斜面和浮雕”，阴影模式颜色数值为 #ddb700，参数设置如图 8-238 所示，效果如图 8-239 所示。

（14）复制“底部顶盖”图层，重命名为“底部顶盖上结构缝隙”双击“底部顶盖上结构缝隙”图层，设置 fx（图层样式）中的“颜色叠加”，颜色数值为 #c9a400，具体设置如图 8-240 所示。将该图层向上移动两个像素，效果如图 8-241 所示。

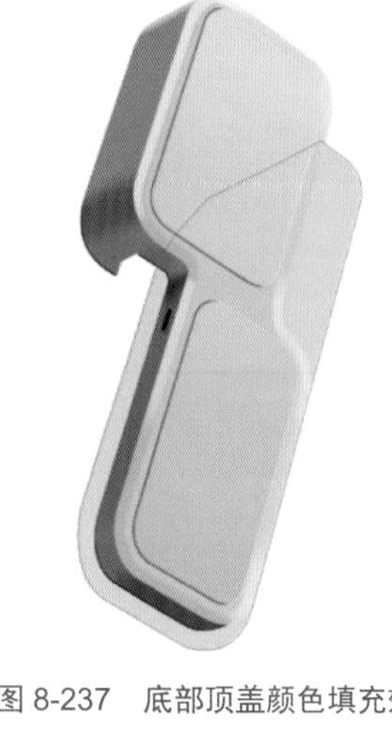

图 8-237　底部顶盖颜色填充效果

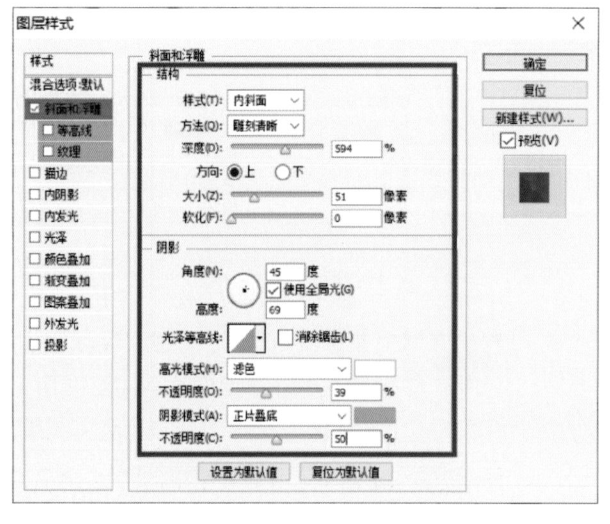

图 8-238　“斜面和浮雕”相关设置 5

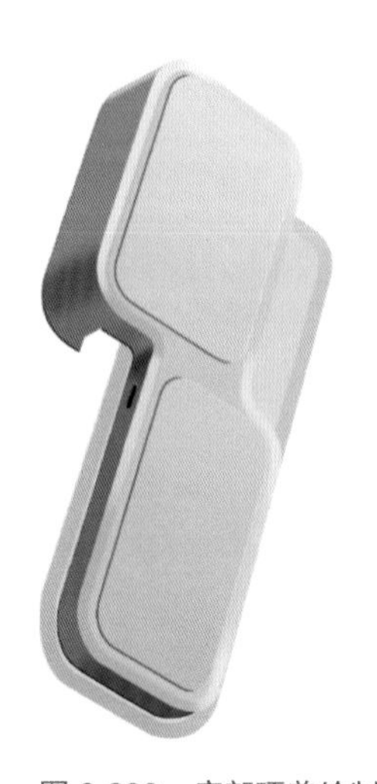

图 8-239　底部顶盖绘制

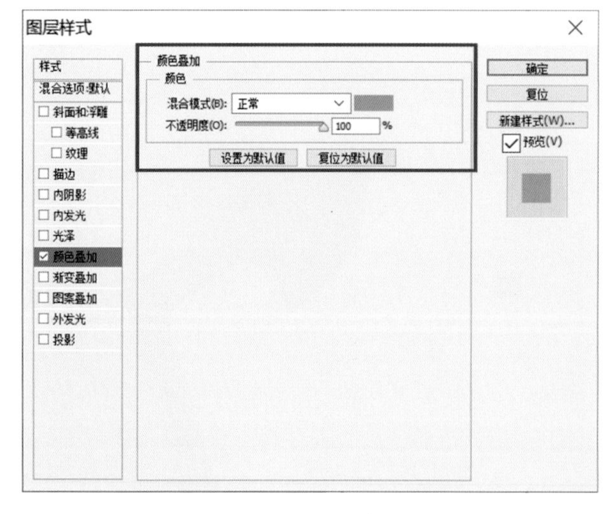

图 8-240　“颜色叠加”相关设置 2

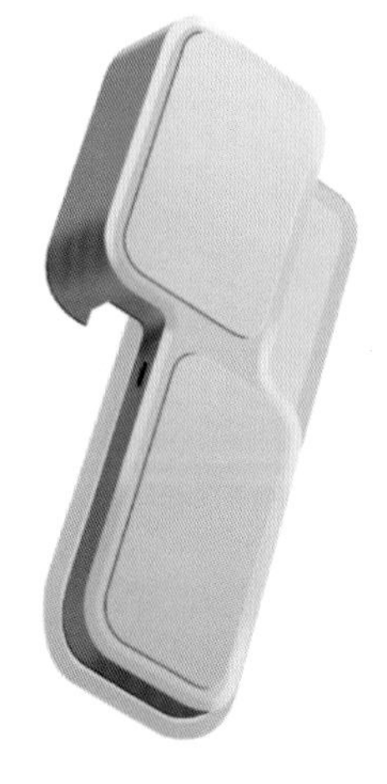

图 8-241　底部顶盖上结构缝隙绘制

（15）复制“底部顶盖”图层，重命名为“底部顶盖下结构缝隙”，双击“底部顶盖下结构缝隙”图层，添加 fx（图层样式），选择“颜色叠加”选项，颜色为 #714000，如图 8-242 所示，并向上移动两个像素，效果如图 8-243 所示。

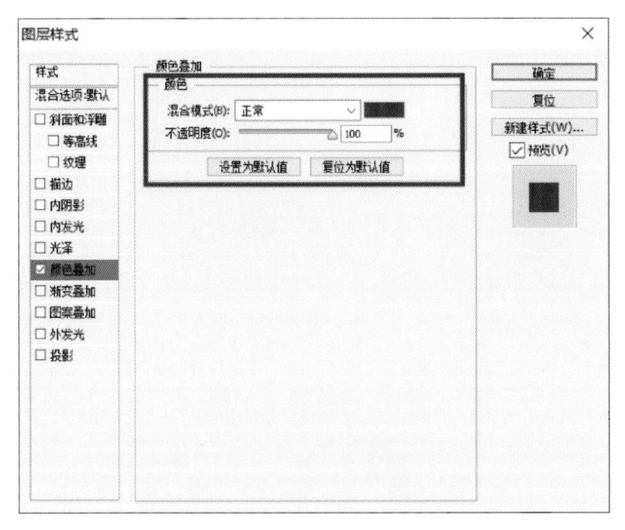

图 8-242 “颜色叠加”相关设置 3

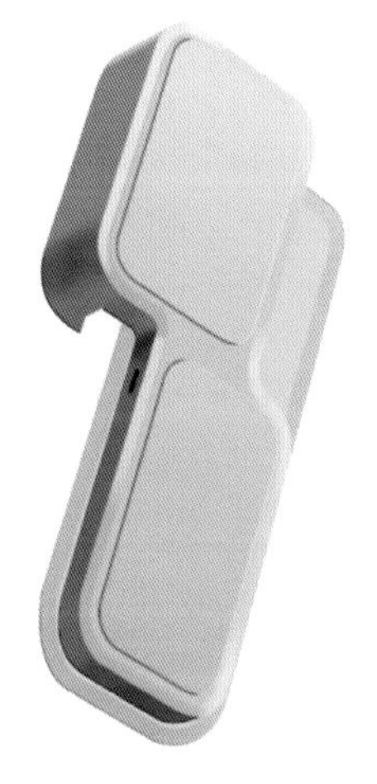

图 8-243 底部顶盖下结构缝隙绘制

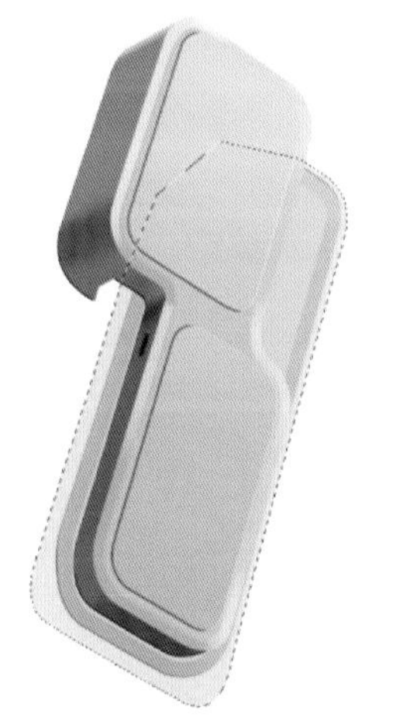

图 8-244 底部顶盖外边颜色填充效果

（16）使用工具箱中的（钢笔工具），绘制出底部顶盖外边的形状，生成“底部顶盖外边”形状图层，填充为 #fff152，如图 8-244 所示。栅格化图层后，按住“Ctrl”键单击“底部顶盖外边”图层，建立选区。使用工具箱中的（画笔工具），颜色数值为 #f6c217，画笔参数设置如图 8-245 所示，绘制出渐变效果，如图 8-246 所示。

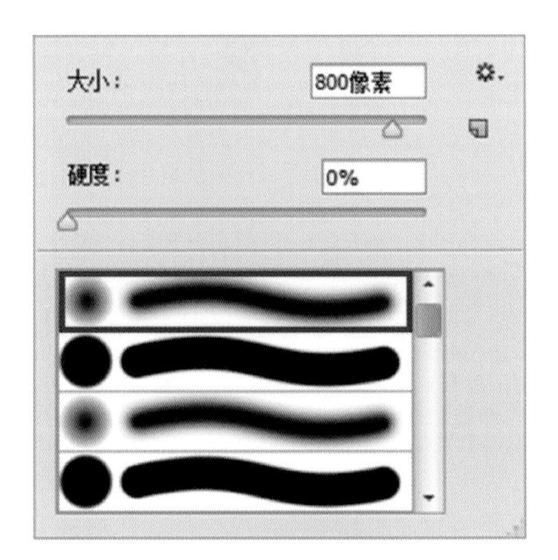

图 8-245 画笔的设置

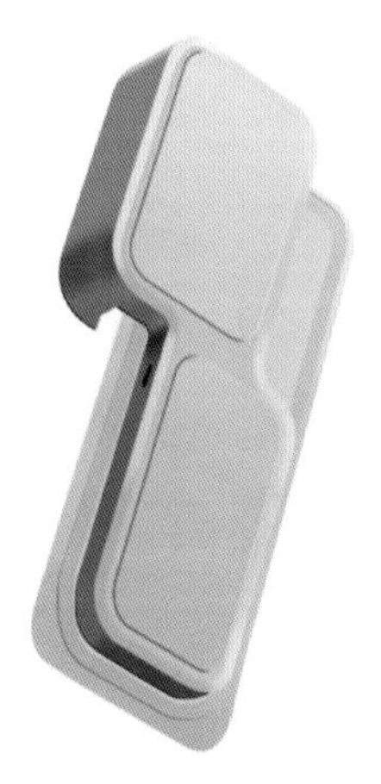

图 8-246 底部顶盖外边绘制

（17）用第 14 步、第 15 步的方法绘制出“底部顶盖外边上下结构缝隙”，如图 8-247 所示。

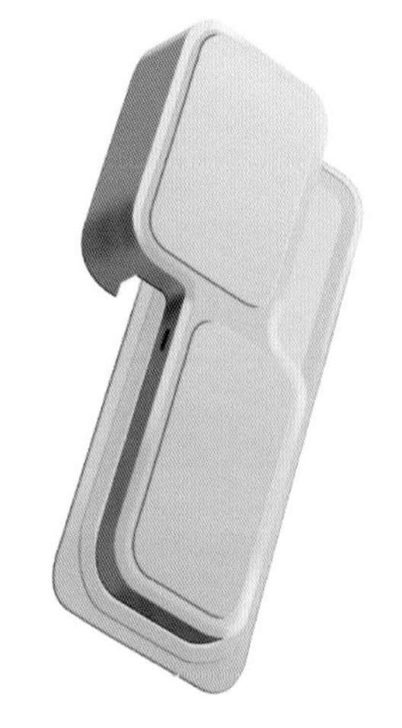

图 8-247 底部顶盖外边上下结构缝隙绘制

（18）使用工具箱中的（钢笔工具），绘制出底部顶盖外框的形状，生成“底部顶盖外框”形状图层，填充为 #ffcf22，如图 8-248 所示。栅格化图层后，按住“Ctrl”键单击“底部顶盖外框”图层，建立选区。使用工具箱中的（画笔工具），颜色设置如图 8-249 所示，画笔参数设置如图 8-250 所示，绘制出渐变效果，如图 8-251 所示。

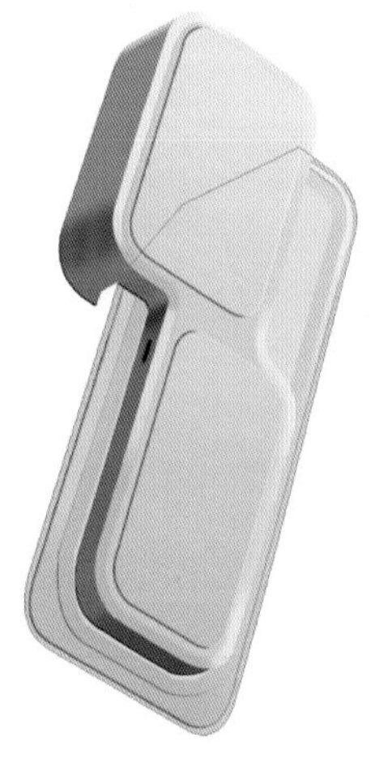

图 8-248 底部顶盖外框颜色填充效果

图 8-249 底部顶盖外框绘制颜色数值

图 8-250 画笔的设置

图 8-251 底部顶盖外框绘制

（19）使用工具箱中的（钢笔工具），绘制出底部侧面的形状，生成“底部侧面”形状图层，填充为#876001，如图 8-252 所示。栅格化图层后，按住“Ctrl”键单击“底部侧面”图层，建立选区。使用工具箱中的（画笔工具），颜色数值为 #a36e03，参数设置如图 8-253 所示，绘制出渐变效果如图 8-254 所示。

图 8-252　底部侧面颜色填充效果

（20）使用工具箱中的（钢笔工具），绘制出底部侧面上端的形状，生成“底部侧面上端”形状图层，填充颜色数值为 #7b5a11，如图 8-255 所示。栅格化图层后，按住“Ctrl”键单击“底部侧面上端”图层，建立选区。使用工具箱中的（画笔工具），参数设置如图 8-256 所示，绘制出渐变效果，如图 8-257 所示。

图 8-253　画笔的设置

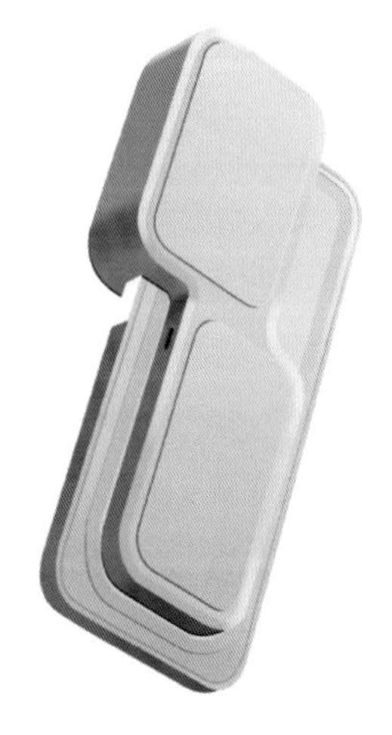

图 8-254　底部侧面绘制

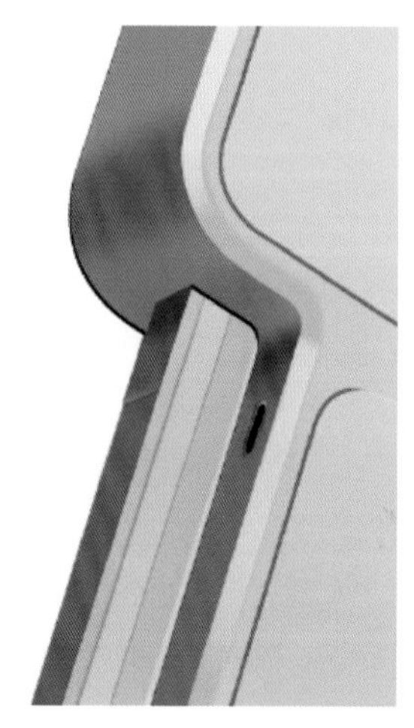

图 8-255　底部侧面上端颜色填充效果

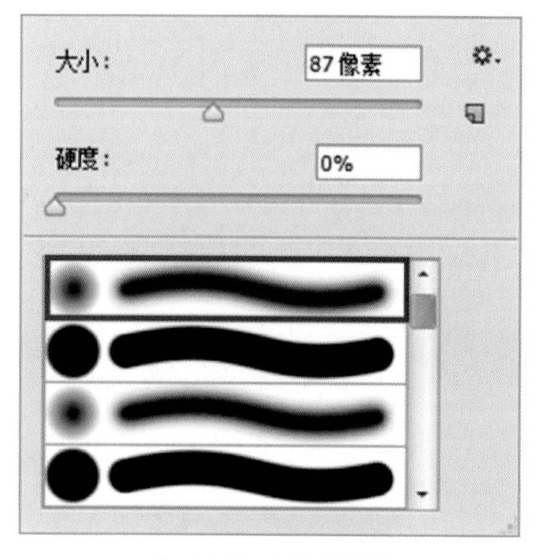

图 8-256　画笔的设置

（21）使用工具箱中的 （画笔工具）绘制机器边缝隙，如图 8-258 所示，画笔颜色数值为 #4a2d03，画笔参数设置如图 8-259 所示，绘制效果如图 8-260 所示。

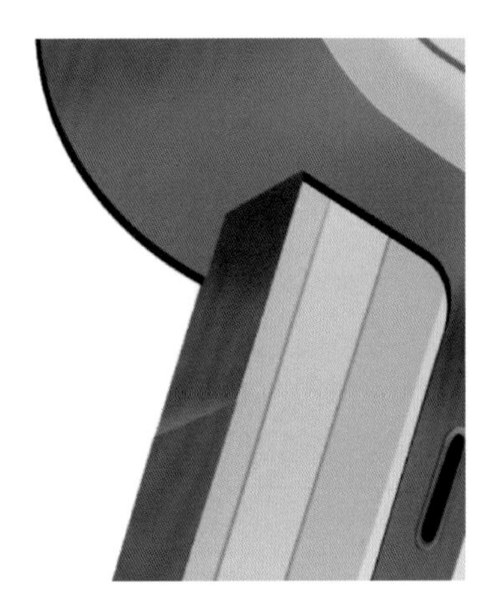
图 8-257　底部侧面上端绘制

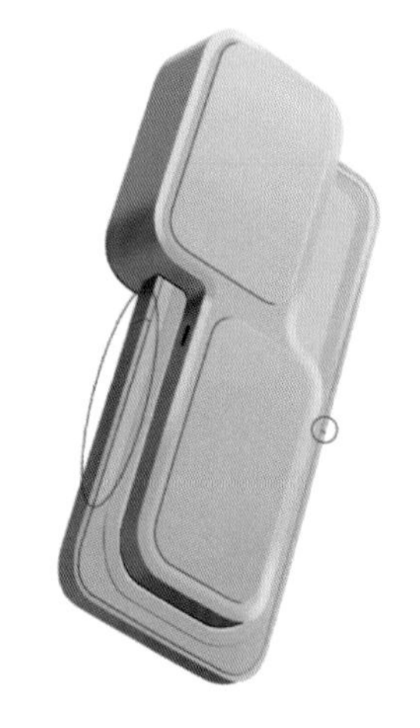
图 8-258　机器边缝隙绘制的区域

图 8-259　画笔的设置

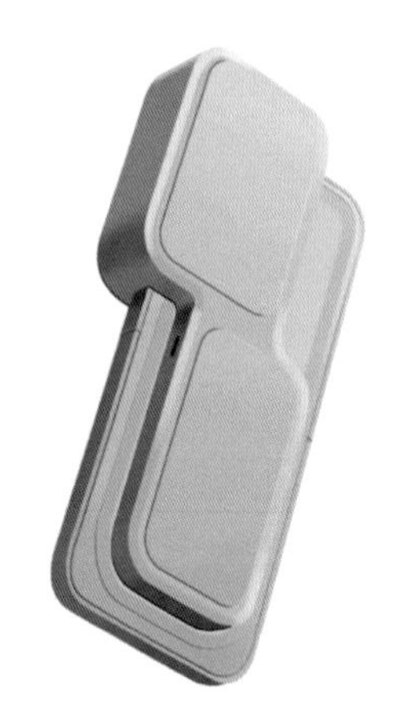
图 8-260　机器边缝隙的绘制

（22）使用工具箱中的 （钢笔工具），绘制出机体阴影的形状，生成“机体阴影”形状图层，填充颜色数值为 #412400，如图 8-261、图 8-262 所示。

图 8-261　机体阴影绘制 1

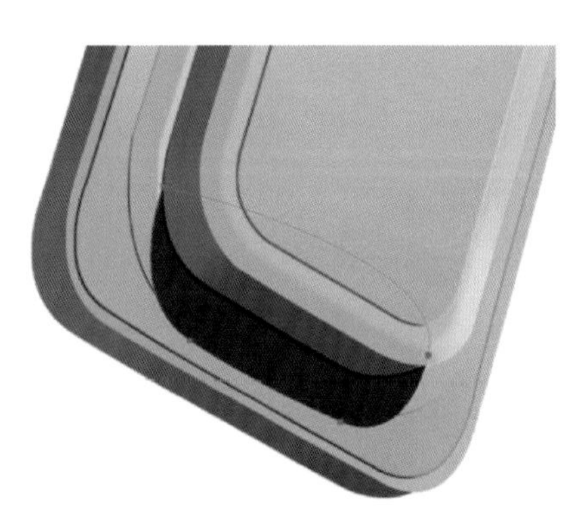
图 8-262　机体阴影绘制 2

（23）执行“滤镜”——“模糊”——“高斯模糊”菜单命令，高斯模糊半径为25，如图8-263所示，绘制效果如图8-264所示。

图8-263　“高斯模糊”指令的设置

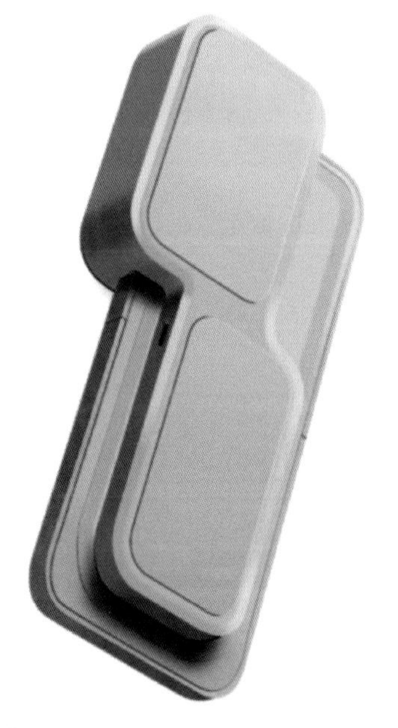

图8-264　机体阴影模糊处理后的效果

（24）使用工具箱中的 T（横排文字工具），在字体面板中选择合适字体，输入“SQUARE”字样，产生文字图层。调整文字图层大小及位置后栅格化此图层，添加 fx（图层样式），选择“斜面和浮雕”和“颜色叠加”选项，“斜面和浮雕”中的阴影模式颜色数值为#604b01，颜色叠加的混合模式颜色数值为#ffc500，复制该图层后将新复制图层的图层样式设置里的颜色叠加数值更改为#d1a100。参数设置如图8-265、图8-266所示。无线充电器最终效果如图8-267所示。

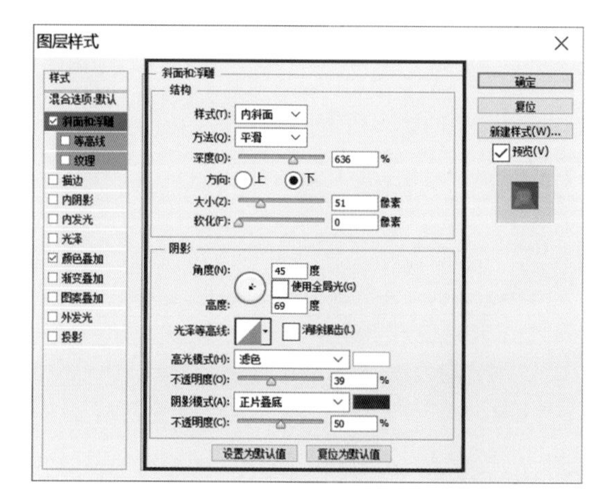

图8-265　“斜面和浮雕”相关设置6

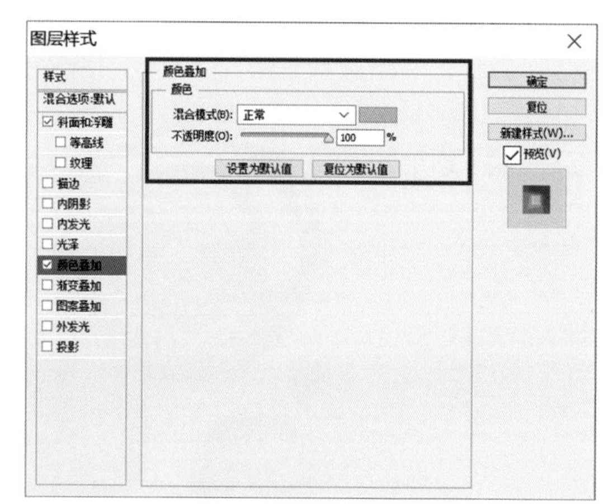

图8-266　“颜色叠加”相关设置4

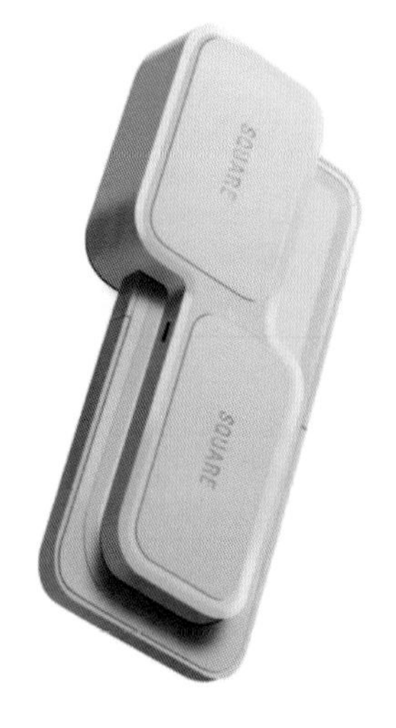

图 8-267　无线充电器最终绘制效果

8.5 配图及环境的绘制

产品数位绘制不单纯局限在产品本身，还包括描绘环境与产品的关系，即环境绘制。数位绘制中的环境绘制等同于产品手绘中的背景绘制。由于是借助计算机，所以其效果比手绘背景效果丰富很多，这也是使用计算机绘制的优势之一。

数位绘制的环境绘制是表达设计主题的一个重要方面，产品自身的尺度、比例等内容结合背景中的比较元素，可以帮助读者了解产品的体量和产品个性，对受众的心理体验产生不同影响。设计师可以通过对产品背景绘制的把握，传达不同情感体验，或含蓄或夸张。画面的整体效果可以直接作用于受众内心，让安全感、亲切感、自豪感等种种情感通过环境得以彰显，如图 8-268 所示。

图 8-268　整体效果

在环境绘制之前，要先考虑绘制产品的个性，再考虑用何种方式进行环境绘制。每件产品的存在都应考虑与周围环境的呼应，它的功能与审美也因空间的自然状态或人为的雕琢而变得更加灿烂，如图 8-269 所示。

图 8-269　环境绘制

课后作业

1. 使用 SAI2、Photoshop 软件绘制如图 8-270 所示发光产品效果。
2. 使用 Photoshop 软件绘制如图 8-271 所示产品按键效果。

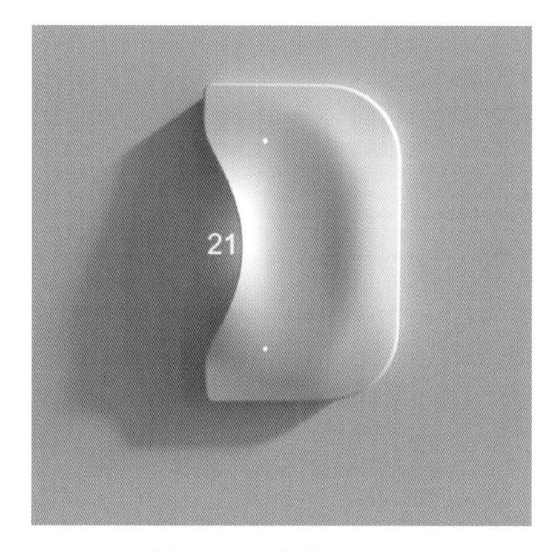

图 8-270　作业 1 图

图 8-271　作业 2 图

第9章 综合案例训练

本章重点

◎灯具绘制案例
◎高跟鞋绘制案例
◎皮鞋绘制案例
◎电钻绘制案例
◎工程车绘制案例
◎沙滩车绘制案例

学习目的

◎通过 6 个案例的学习，掌握 SAI、Photoshop 软件特点和操作技巧。

本章结合各类产品的外观特征和计算机快速表达的不同技巧，使用 Photoshop、SAI 两种软件对 6 个不同特点的产品进行绘制。通过案例说明、案例部件分解、案例制作三大部分进一步详解 Photoshop、SAI 在产品设计计算机快速表达中的强大应用能力和制作技巧。读者通过前面的分项制作和本章完整产品案例绘制的学习后，可以快速地掌握产品设计计算机快速表达的理念和软件使用要点，绘制出专业的产品表现效果。

9.1 灯具绘制案例

9.1.1 案例说明

本节主要学习使用 SAI2 和 Photoshop 共同绘制一款灯具（见图 9-1）。首先将灯具绘制分解为：灯具线稿绘制、灯具主体色和明暗关系绘制、灯具背景绘制三部分。该灯具的绘制主要涵盖强反光材质的表现绘制、光源效果的绘制等知识点，本节将对这些材质的表现方法进行详细讲解。

图 9-1 灯具绘制效果

9.1.2 产品绘制流程和部件分解

灯具绘制流程和部件分解表见表 9-1。

表 9-1 灯具绘制流程和部件分解表

序号	名称	绘制效果	所用工具和要点说明
（1）	灯具线稿绘制		使用工具箱中的曲线工具绘制灯具线稿

续表

序号	名称	绘制效果	所用工具和要点说明
（2）	灯具主体色和明暗关系绘制		①使用油漆桶工具填充灯具主体色； ②使用喷枪和水彩笔工具绘制灯具明暗效果
（3）	灯具的背景绘制		使用椭圆工具、高斯模糊等制作背景

9.1.3 案例绘制

9.1.3.1 灯具线稿绘制

（1）打开 SAI2，执行“文件”——“新建”菜单命令，在弹出的“新建画布”对话框中，将其命名为“灯具”，分辨率选择 300 pixles/inch，宽度和长度设置如图 9-2 所示。

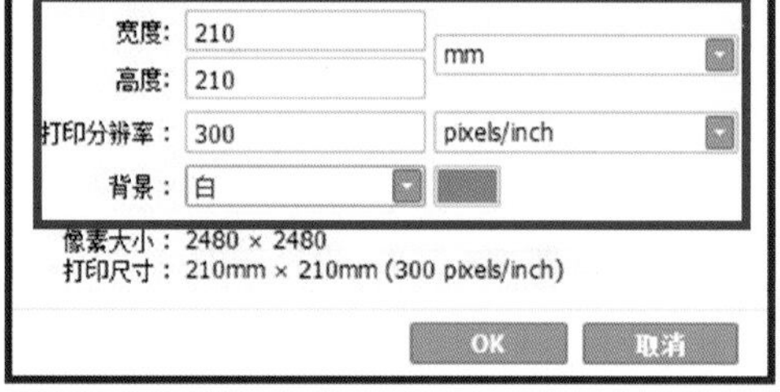

图 9-2 “新建画布”对话框

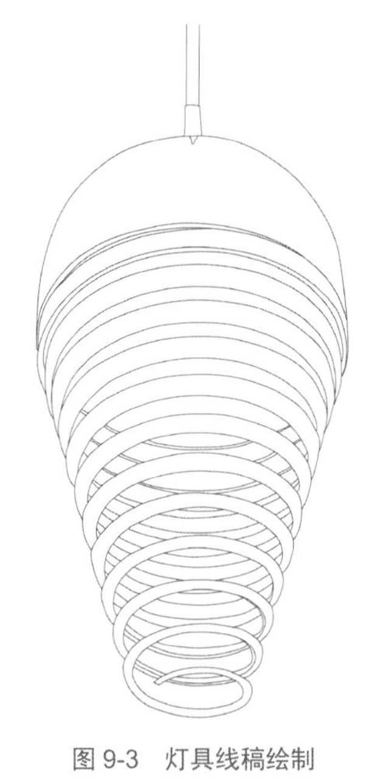

图 9-3　灯具线稿绘制

（2）新建“钢笔 1”图层，使用曲线（曲线工具）绘制线稿，绘制效果图如图 9-3 所示。

（3）在钢笔图层下新建“线稿”图层，并对“钢笔 1”图层使用向下转写工具，将其转写到“线稿”图层，并删除钢笔图层，如图 9-4 所示。

（4）将“线稿”图层设置为“指定为选区样本”，方便后期上色，如图 9-5 所示。

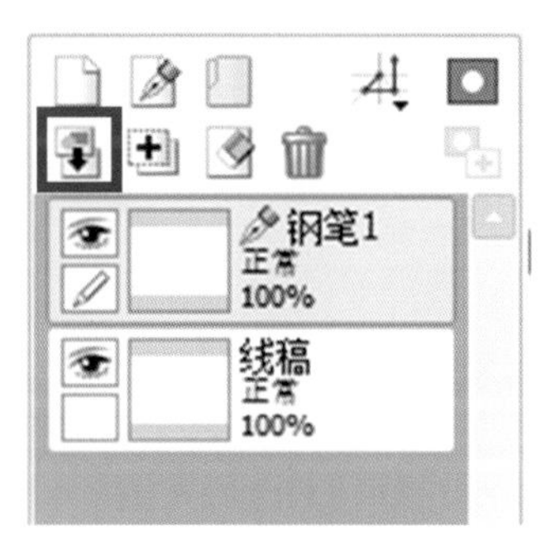

图 9-4　图层设置 1

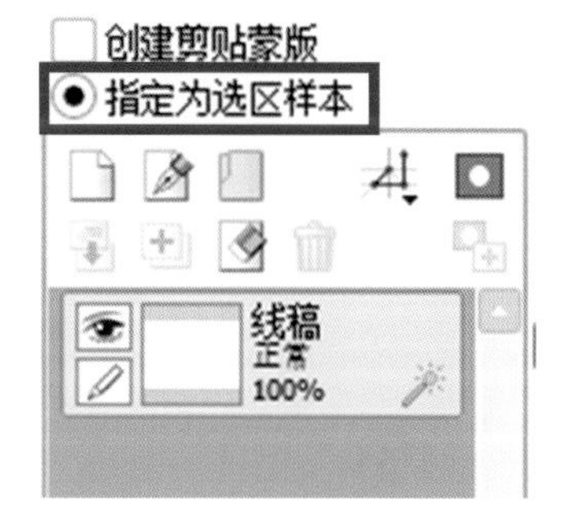

图 9-5　“指定为选区样本”设置

9.1.3.2　灯具的主体色和明暗关系的绘制

（1）新建三个图层，分别为“灰”“黑”“黄”，图层设置如图 9-6 所示。将灯具主要分色为灰、黑、黄三个部分，分别将每种颜色填充在三个图层内，灰、黑、黄的数值分别为 #312d2c、#000000、#feff65，绘制效果如图 9-7 所示。

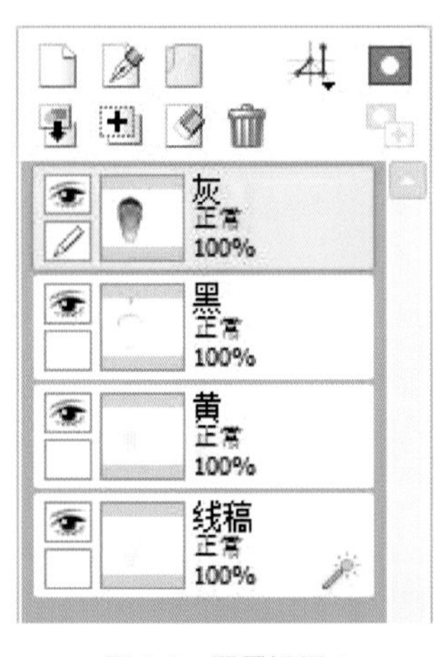

图 9-6　图层设置 2

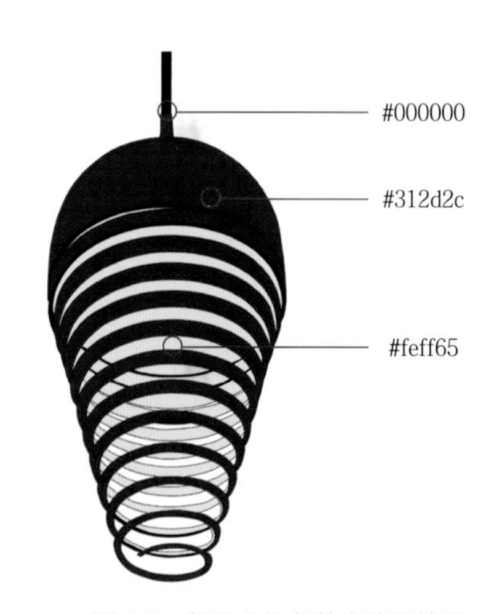

图 9-7　灯具主体色基本填充效果

（2）新建“灯体暗部”图层，将该图层选择“保护不透明度”，如图 9-8 所示。将“前景色”设置为黑色，具体数值为 #000000。使用喷枪（喷枪工具）画出灯体上的明暗色彩变化，并配合使用水彩笔（水彩笔工具）对此图层绘制内容进行过渡效果处理，绘制效果如图 9-9 所示。

（3）新建“灯体亮部”图层，将该图层选择“保护不透明度”，将“前景色”设置为白色，具体数值为 #ffffff。使用喷枪（喷枪工具）画出灯体上的明暗色彩变化，并配合使用水彩笔（水彩笔工具）对此图层绘制内容进行过渡效果处理，绘制效果如图 9-10 所示。

图 9-8 “保护不透明度”设置

图 9-9 灯具灯体暗部绘制

图 9-10 灯具灯体亮部绘制

（4）新建“光源暗部”图层，将该图层选择“保护不透明度”，将“前景色”设置为黑色，具体数值为 #000000。使用喷枪（喷枪工具）画出灯体上的明暗色彩变化，并配合使用水彩笔（水彩笔工具）对此图层绘制内容进行过渡效果处理，绘制效果如图 9-11 所示。

（5）新建“光源亮部”图层，将该图层选择“保护不透明度”，将“前景色”设置为白色，具体数值为 #ffffff。使用喷枪（喷枪工具）画出灯体上的明暗色彩变化，并配合使用水彩笔（水彩笔工具）对此图层绘制内容进行过渡效果处理，绘制效果如图 9-12 所示。

图 9-11 光源暗部绘制

图 9-12 光源亮部绘制

9.1.3.3 灯具背景的绘制

（1）执行“文件”——“另存为”菜单命令，在弹出的“另存画布”对话框中，将其另存为 psd 文件格式，并将其命名为“灯具 .psd”，如图 9-13 所示。

图 9-13　另存为 psd 文件设置

（2）使用 Photoshop 软件，打开“灯具 .psd”文件。新建“背景”图层，填充黑色。使用（椭圆工具），选择路径，建立椭圆图层，右击选择“建立选区”，使用“Delete+Shift”组合键填充白色。选择该图层，对该图层执行“滤镜”——“模糊”——“高斯模糊”菜单命令，具体设置如图 9-14 所示，绘制效果如图 9-15 所示。

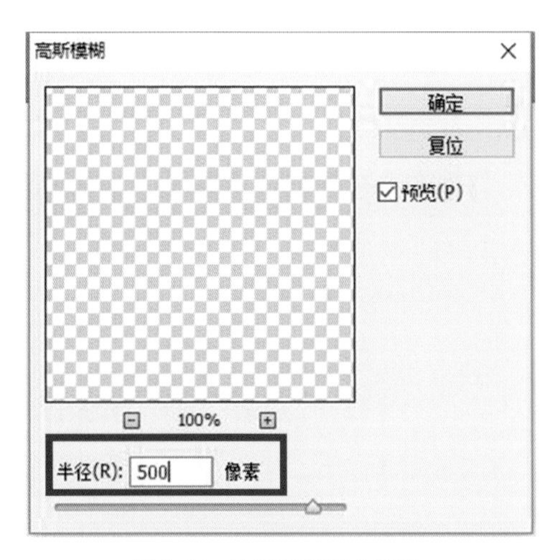

图 9-14　高斯模糊相关设置

图 9-15　灯具背景绘制

（3）新建“圆环”图层，使用（椭圆工具），选择路径，如图 9-16 所示，绘制椭圆，并生成“椭圆 1”图层；右击选择“建立选区”，使用“Delete+Shift”组合键填充黑色。对该图层执行“选择”——“变换选区”菜单命令，同时按住“Alt”键和“Shift”键将选区向内缩小到合适位置，如图 9-17 所示；单击“Delete”键删除选区，得到圆环图形。

图 9-16　椭圆路径选择

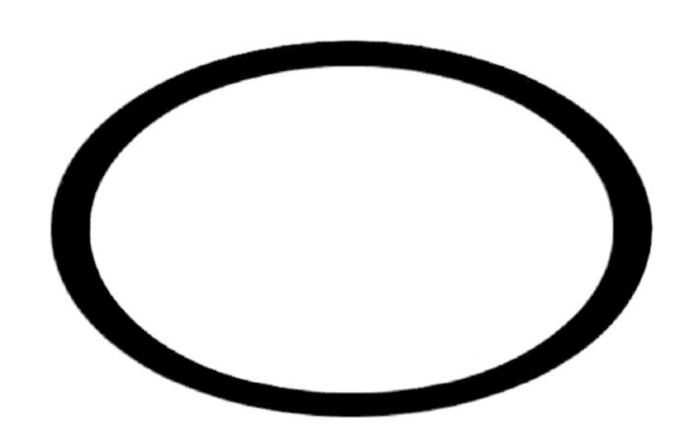

图 9-17　圆环绘制

（4）选择“圆环”图层，使用 ⬚（矩形选框工具），框起圆环上半部分，单击“Delete”键删除选区。将得到的图形复制多个图层后，分图层执行拉伸、垂直翻转等命令，并对其进行图层合并，得到“合并副本”图层，如图 9-18 所示效果。

图 9-18　合并副本效果

（5）选择“合并副本”图层，对该图层执行“滤镜”——“模糊”——“高斯模糊”菜单命令，生成“背景”图层。具体设置如图 9-19 所示，灯具最终绘制效果如图 9-20 所示。绘制难点详见视频 9-1 灯具案例分解视频。

视频 9-1 灯具案例分解视频

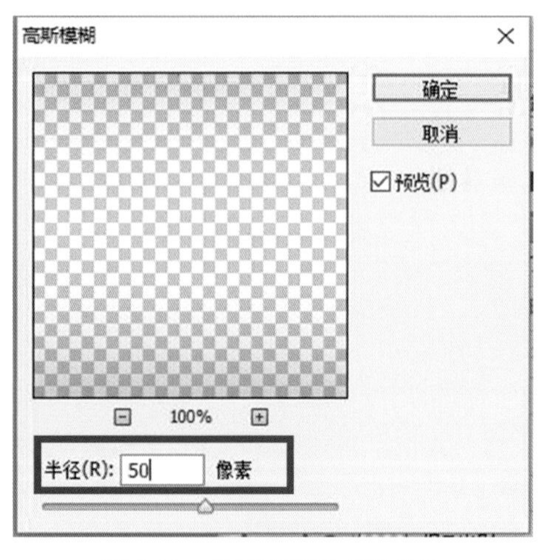

图 9-19　“高斯模糊”相关设置

图 9-20　灯具最终绘制效果

9.2 高跟鞋绘制案例

9.2.1 案例说明

本节主要学习使用 SAI2 绘制一款高跟鞋（见图 9-21）。首先将高跟鞋绘制分解为：高跟鞋线稿绘制、高跟鞋主体色和明暗关系绘制、高跟鞋装饰部分和投影绘制三部分。该高跟鞋的绘制主要涵盖布料材质的表现绘制等知识点，本节教程中将对这些材质的表现方法进行详细讲解。

图 9-21　高跟鞋绘制效果

9.2.2 产品绘制流程和部件分解

高跟鞋绘制流程和部件分解表见表 9-2。

表 9-2　高跟鞋绘制流程和部件分解表

序号	名　称	绘制效果	所用工具和要点说明
（1）	高跟鞋线稿绘制		使用工具箱中的曲线工具绘制高跟鞋线稿

续表

序号	名　称	绘制效果	所用工具和要点说明
（2）	高跟鞋主体色和明暗关系绘制		①使用油漆桶工具填充高跟鞋主体色； ②使用喷枪和水彩笔工具绘制高跟鞋明暗效果； ③使用铅笔工具画出鞋内侧布纹效果
（3）	高跟鞋装饰和投影绘制		①使用油漆桶工具和铅笔工具绘制高跟鞋的装饰部分； ②使用喷枪工具绘制高跟鞋投影

9.2.3 案例绘制

9.2.3.1 高跟鞋线稿绘制

（1）打开 SAI2，执行“文件”——“新建”菜单命令，在弹出的“新建画布”对话框中，将其命名为“高跟鞋”，分辨率选择 300 pixles/inch，宽度和长度设置如图 9-22 所示。

图 9-22　“新建画布”对话框

（2）新建“钢笔 1”图层，使用曲线（曲线工具）绘制线稿，绘制效果如图 9-23 所示。

图 9-23　高跟鞋线稿绘制

（3）在钢笔图层下新建“线稿”图层，并对“钢笔 1”图层使用向下转写工具，将其转写到“线稿”图层，并删除钢笔图层，如图 9-24 所示。

（4）将“线稿”图层设置为“指定为选区样本”，方便后期上色，如图 9-25 所示。

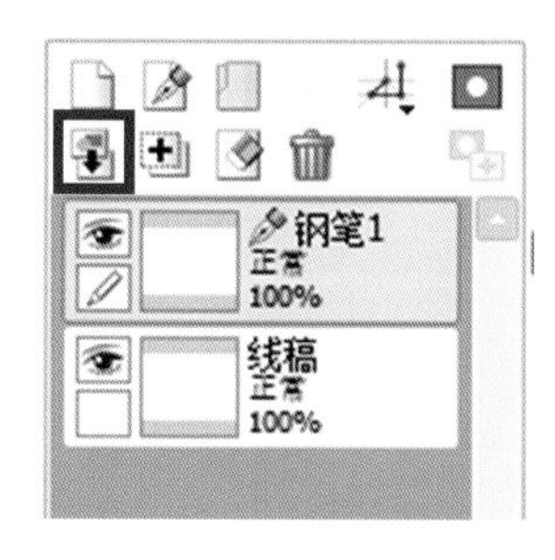

图 9-24　图层设置

图 9-25　“指定为选区样本”设置

9.2.3.2　高跟鞋主体色和明暗关系绘制

（1）将高跟鞋主体色分为红色、深灰两个部分。新建“红”“深灰”两个图层，图层设置如图 9-26 所示。“红”图层填充红色，具体数值为 #d41c24，“深灰”图层填充灰色，具体数值为 #040203，绘制效果如图 9-27 所示。

图 9-26　图层设置

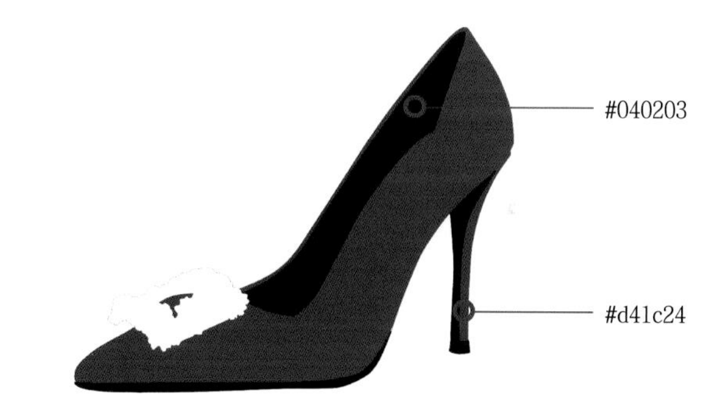

图 9-27　高跟鞋主体色基本填充效果

（2）将“红”图层选择“保护不透明度”，如图 9-28 所示。使用（喷枪工具）画出红色鞋体上的明暗色彩变化，绘制效果如图 9-29 所示。

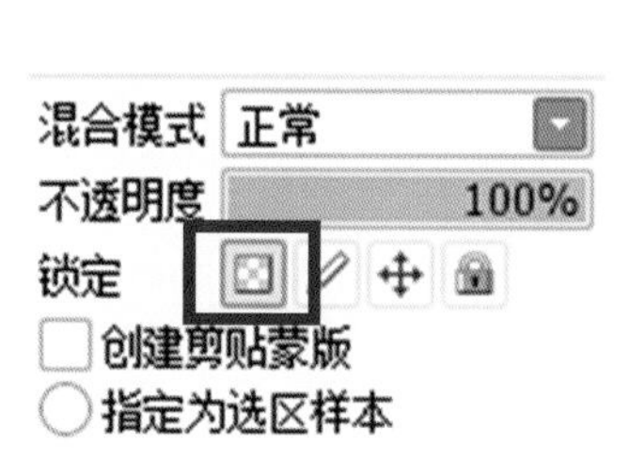

图 9-28　“保护不透明度”设置

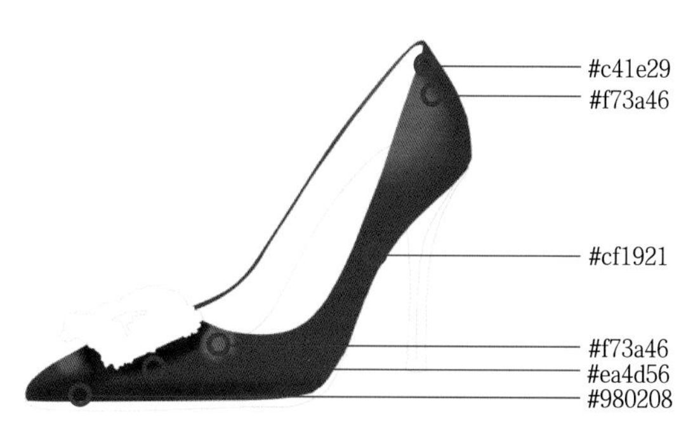

图 9-29　高跟鞋鞋体基本色明暗彩绘制

（3）选择“红”图层，使用水彩笔（水彩笔工具）对此图层明暗色彩变化绘制内容进行过渡效果处理，绘制效果如图 9-30 所示。

图 9-30　高跟鞋鞋体绘制

（4）新建“布纹”图层，使用铅笔（铅笔工具），画笔设置如图 9-31 所示。在高跟鞋内侧画出布纹效果，效果如图 9-32 所示。

图 9-31　铅笔画笔设置

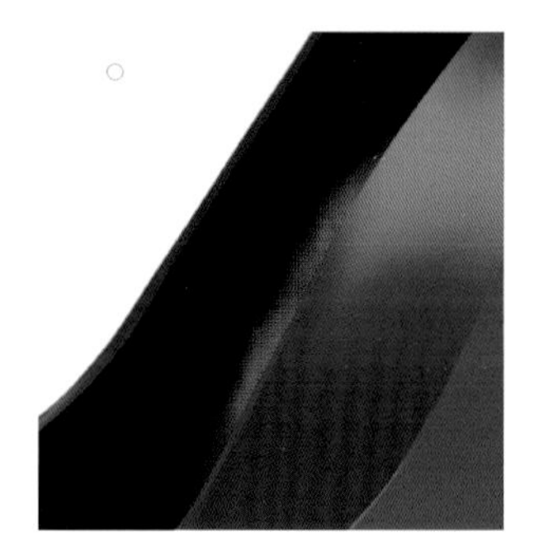
图 9-32　布纹绘制

9.2.3.3　高跟鞋装饰和投影绘制

（1）新建“装饰底色”图层，使用油漆桶（油漆桶工具）对其进行填充红色，具体数值为 #e6d7be，绘制效果如图 9-33 所示。

图 9-33　高跟鞋装饰底色绘制

（2）使用铅笔（铅笔工具）绘制出饰品大体色彩明暗的分布，如图 9-34 所示。

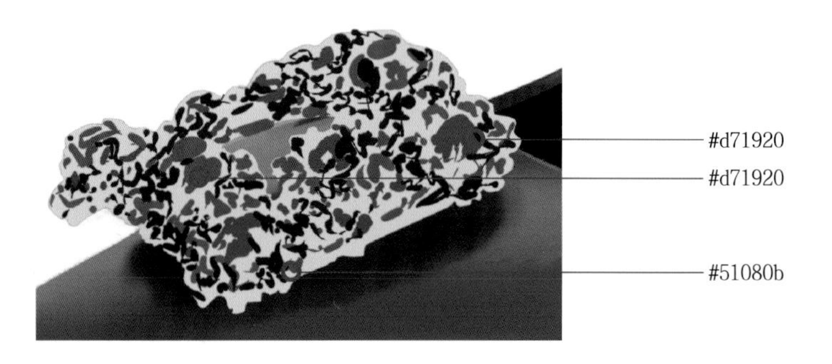

图 9-34　高跟鞋装饰大体颜色分布绘制

（3）使用铅笔（铅笔工具）逐一进行细化，如图 9-35、图 9-36 所示。绘制难点详见视频 9-2 高跟鞋案例分解视频。

视频 9-2 高跟鞋案例分解视频

图 9-35　高跟鞋装饰细化绘制

图 9-36　高跟鞋装饰最终效果

图 9-37　高跟鞋最终绘制效果

（4）将“前景色”设置为黑色，具体数值为 #000000，使用喷枪（喷枪工具），画出高跟鞋的投影，高跟鞋最终绘制效果如图，如图 9-37 所示。

9.3 皮鞋绘制案例

9.3.1　案例说明

本节主要学习使用 SAI2 和 Photoshop 绘制一款皮鞋（见图 9-38）。首先将皮鞋绘制分解为：皮鞋线稿绘制、皮鞋主体色和明暗关系绘制、皮鞋缝纫线和阴影绘制、皮鞋肌理的添加和投影绘制四部分。该皮鞋的绘制主要涵盖鳄鱼皮肌理的绘制及添加等知识点，本节将对这些材质的表现方法进行详细讲解。

图 9-38　皮鞋绘制效果

9.3.2　产品绘制流程和部件分解

皮鞋绘制流程和部件分解表见表 9-3。

表 9-3　皮鞋绘制流程和部件分解表

序号	名　　称	绘 制 效 果	所用工具和要点说明
（1）	皮鞋线稿绘制		使用 SAI2 的工具箱中的曲线工具绘制皮鞋线稿
（2）	皮鞋主体色和明暗关系绘制		①使用 SAI2 的油漆桶工具填充皮鞋主体色； ②使用 SAI2 的喷枪和水彩笔工具绘制皮鞋明暗效果
（3）	皮鞋缝纫线和阴影绘制		①使用 SAI2 的曲线工具和橡皮擦工具绘制皮鞋缝纫线； ②使用 SAI2 的喷枪工具绘制皮鞋阴影
（4）	皮鞋肌理添加和投影绘制		①使用 Photoshop 中滤镜功能制作肌理； ②使用 Photoshop 中画笔工具绘制投影

9.3.3 案例绘制

9.3.3.1 皮鞋线稿绘制

（1）打开 SAI2，执行“文件”——“新建”菜单命令，在弹出的“新建画布”对话框中，将其命名为“皮鞋”，分辨率选择 300 pixles/inch，宽度和长度设置如图 9-39 所示。

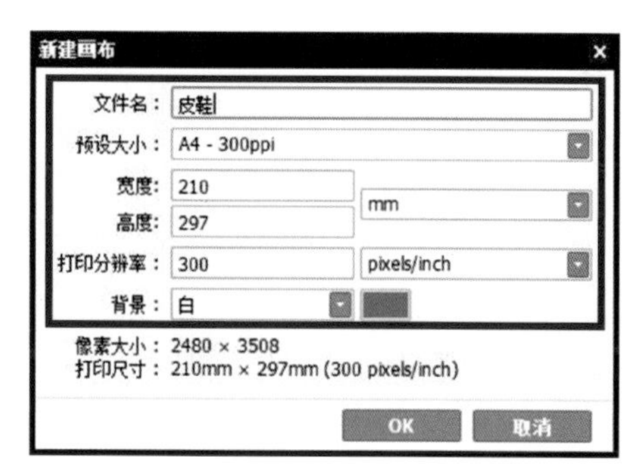

图 9-39 “新建画布”对话框

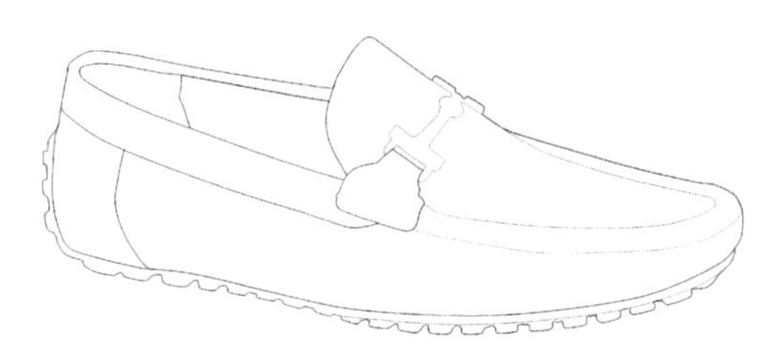

图 9-40 皮鞋线稿绘制

（2）新建“钢笔 1”图层，使用（曲线工具）绘制线稿，绘制效果图如图 9-40 所示。

（3）在钢笔图层下新建“线稿”图层，并对“钢笔 1”图层使用向下转写工具，将其转写到“线稿”图层，并删除钢笔图层，如图 9-41 所示。

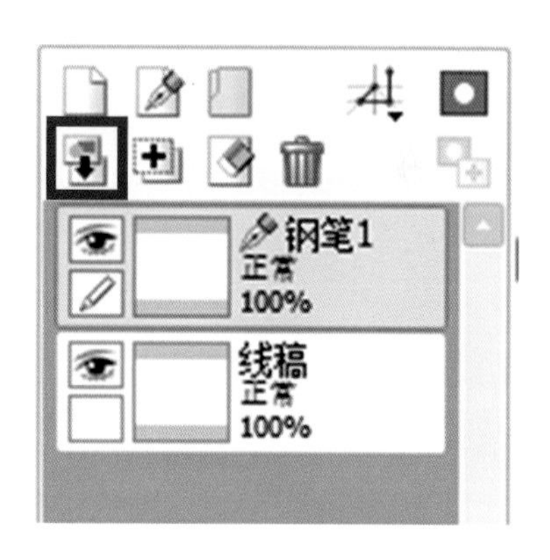

图 9-41 图层设置

（4）将“线稿”图层设置为“指定为选区样本”，方便后期上色，如图 9-42 所示。

图 9-42 “指定为选区样本”设置

9.3.3.2　皮鞋主体色和明暗关系绘制

（1）新建多个图层，使用油漆桶（油漆桶工具），对不同位置色块进行填色，绘制效果如图 9-43 所示。

图 9-43　皮鞋主体色基本填充效果

（2）新建“鞋侧面”图层，选择“保护不透明度”，如图 9-44 所示。将“前景色”设置为深蓝色，具体数值为 #19242d，使用喷枪（喷枪工具）画出蓝色鞋体上的暗部，将“前景色”设置为浅蓝色，具体数值为 #395877，使用喷枪（喷枪工具）画出蓝色鞋体上的亮部，并使用水彩笔（水彩笔工具）对此图层绘制内容进行过渡效果处理，绘制效果如图 9-45 所示。

图 9-44　“保护不透明度”设置

图 9-45　皮鞋侧面绘制

（3）新建“前边缘”图层，按照步骤（2）的方法，绘制出皮鞋的前边缘部分，将“前景色”设置为深蓝色，具体数值为 #19242d，绘制皮鞋前边缘部分的暗部，将“前景色”设置为浅蓝色，具体数值为 #395877，绘制皮鞋前边缘部分的亮部，绘制效果如图 9-46 所示。

图 9-46　皮鞋前边缘部分绘制

（4）新建“鞋面”图层，按照步骤（2）的方法，将“前景色”设置为蓝色，具体数值为 #15365c，绘制出皮鞋的鞋面部分，绘制效果如图 9-47 所示。

图 9-47　皮鞋鞋面部分绘制

图 9-48　皮鞋金属装饰部分绘制

（5）新建“金属装饰部分”图层，按照步骤（2）的方法，将“前景色”设置为灰色，具体数值为 #424c49，绘制出皮鞋的金属装饰部分，绘制效果如图 9-48 所示。

（6）新建“连接部分”图层，按照步骤（2）的方法，绘制出皮鞋连接部分，将“前景色”设置为深蓝色，具体数值为 #19242d，绘制皮鞋连接部分的暗部，将“前景色”设置为浅蓝色，具体数值为 #395877，绘制皮鞋连接部分的亮部，绘制效果如图 9-49 所示。

图 9-49　皮鞋连接部分绘制

图 9-50　皮鞋鞋底部分绘制

（7）新建“鞋底”图层，按照步骤（2）的方法，将“前景色”设置为灰色，具体数值为 #373936，绘制出皮鞋鞋底部分，绘制效果如图 9-50 所示。

（8）新建“鞋后跟”图层，按照步骤（2）的方法，绘制出皮鞋鞋后跟部分，将“前景色”设置为深蓝色，具体数值为 #19242d，绘制皮鞋鞋后跟部分的暗部。将“前景色”设置为浅蓝色，具体数值为 #395877，绘制皮鞋鞋后跟部分的亮部，绘制效果如图 9-51 所示。

图 9-51　皮鞋鞋后跟部分绘制

（9）在“鞋后跟”图层上方，新建钢笔图层，使用曲线（曲线工具）绘制出鞋边亮部相应的形状，颜色具体数值为 #7ab2d7，如图 9-52 所示。绘制完毕后将该钢笔图层内容向下转写到“鞋后跟”图层，图层设置如图 9-53 所示。

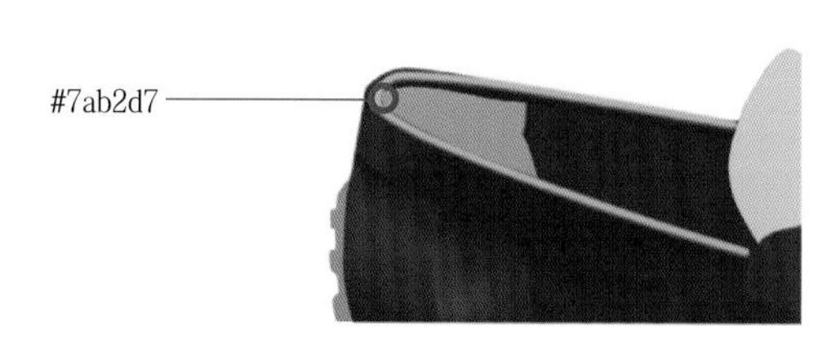

图 9-52　皮鞋鞋后跟亮部绘制

图 9-53　图层设置

（10）在“鞋后跟”图层使用水彩笔（水彩笔工具）对此图层绘制内容进行过渡效果处理，绘制效果如图 9-54 所示。

图 9-54　皮鞋鞋后跟绘制效果

9.3.3.3　皮鞋缝纫线和阴影绘制

（1）新建“钢笔 1”图层，使用曲线（曲线工具）绘制皮鞋缝纫线路径，绘制效果如图 9-55 所示。绘制完毕后在“钢笔 1”图层下新建“缝纫线”图层，并将“钢笔 1”图层内容向下转写，图层设置如图 9-56 所示。

图 9-55　皮鞋缝纫线路径绘制

图 9-56　图层设置

（2）选择“缝纫线”图层，使用橡皮擦（橡皮擦工具）绘制出缝纫线间隙效果，如图 9-57 所示。

图 9-57　皮鞋缝纫线间隙绘制

（3）新建“阴影”图层，将“前景色”设置为深蓝色，具体数值为 #2b4365，使用喷枪（喷枪工具）画出鞋面阴影，绘制效果如图 9-58 所示。

图 9-58　皮鞋阴影绘制

9.3.3.4　皮鞋肌理添加和投影绘制

（1）执行“文件”——“另存为”菜单命令，在弹出的“另存画布”对话框中，将其另存为 psd 文件格式，并将其命名为“皮鞋 .psd”，如图 9-59 所示。

图 9-59　另存为 psd 文件设置

（2）打开 Photoshop，在 Photoshop 中打开“皮鞋 .psd”文件。将“前景色”设置为白色，具体数值为 #ffffff，新建“鳄鱼纹理”图层，使用快捷键“Alt+Delete”组合键，将该图层填充为白色。

（3）选择“鳄鱼纹理”图层，设置“前景色”为深蓝色，具体数值为 #001c30。执行“滤镜”——“滤镜库”——“纹理”——“染色玻璃”菜单命令，具体数值设置如图 9-60 所示，绘制效果如图 9-61 所示。

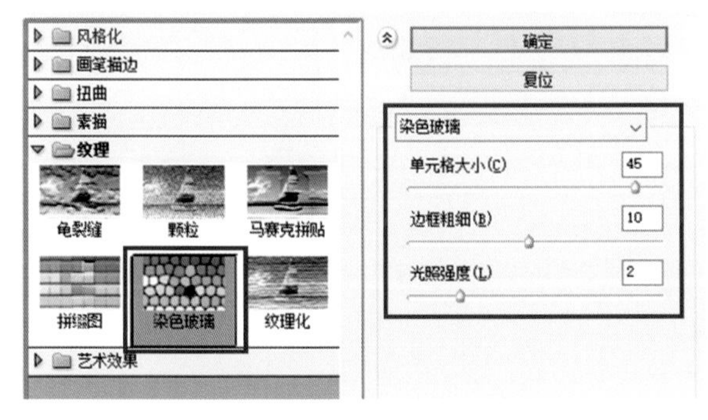

图 9-60　染色玻璃数值相关设置

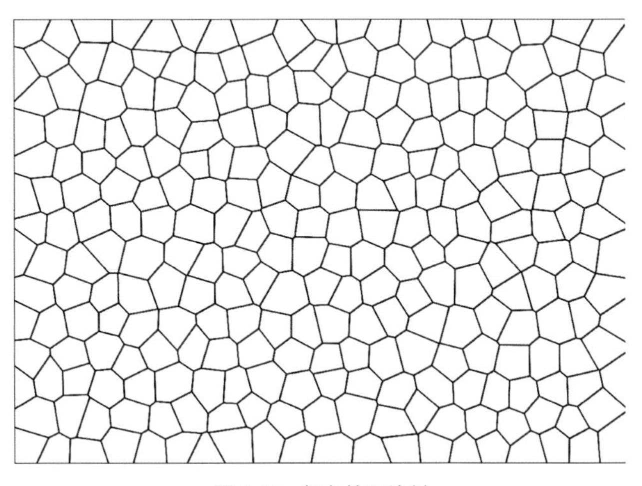

图 9-61　鳄鱼纹理绘制

（4）使用 （魔棒工具）选择一块白色区域，如图 9-62 所示；右击“选取相似”，效果如图 9-63 所示；然后单击“Delete”键删除选中区域，效果如图 9-64 所示。

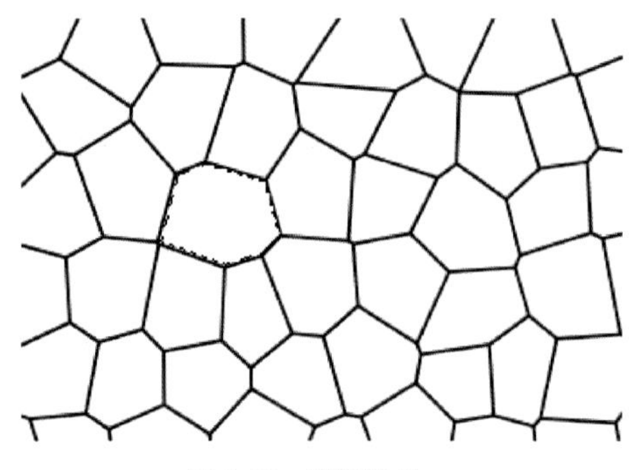

图 9-62　选取效果

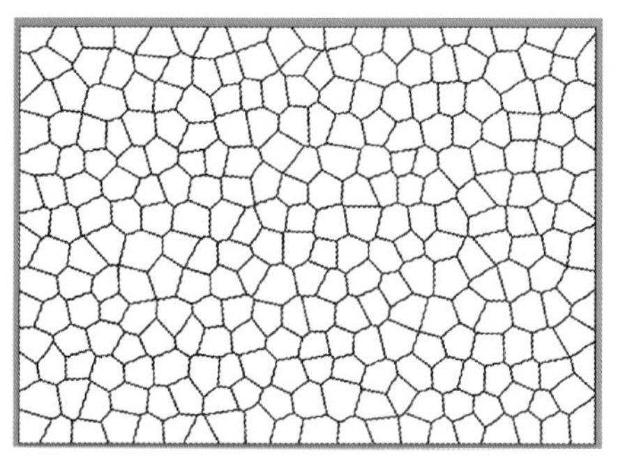

图 9-63　“选取相似”选项效果

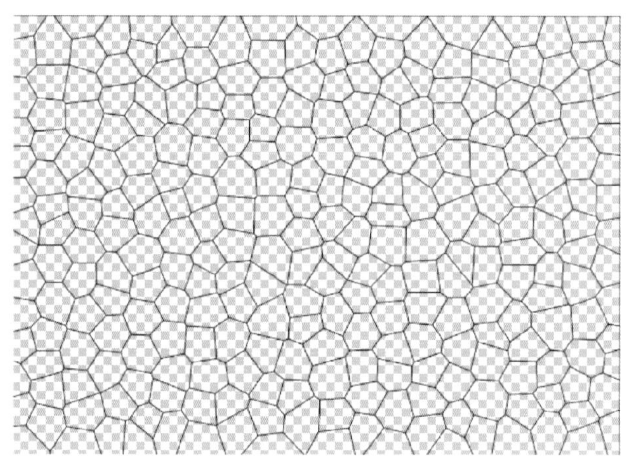

图 9-64　删除选取后效果

（5）选取“鳄鱼纹理”图层，使用 （图层样式工具），使用“外发光”和“斜面和浮雕”命令，具体参数如图 9-65、图 9-66 所示。

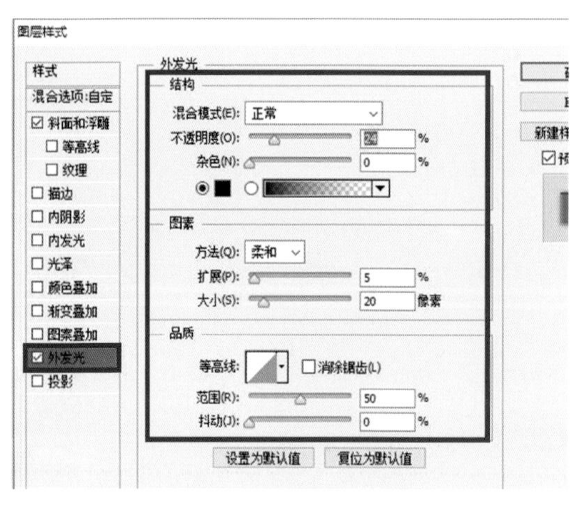

图 9-65　“外发光”相关设置

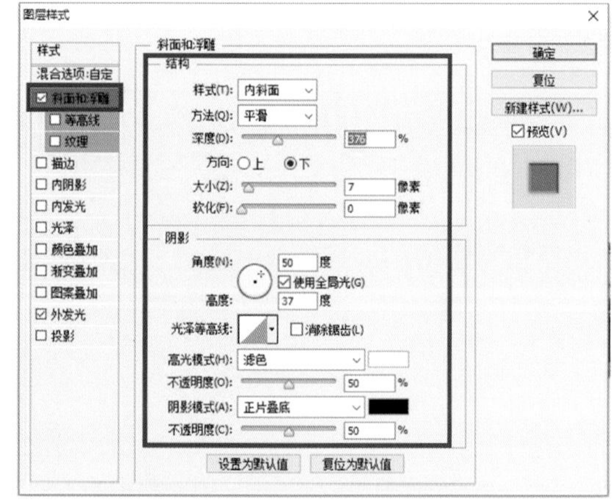

图 9-66　“斜面和浮雕”相关设置

（6）复制多个“鳄鱼纹理”图层，并将复制的纹理图层分别放置于“鞋侧面”“鞋面”“鞋后跟”

图 9-67　添加纹理效果

三个图层上方，右击“鳄鱼纹理”图层，单击“创建剪贴蒙版”，并调整大小方向；然后用橡皮擦（橡皮擦工具）将纹理绘制出明暗关系，绘制过程中根据具体情况适当调节橡皮擦“大小”及“硬度”，绘制效果如图 9-67 所示。绘制难点详见视频 9-3 皮鞋案例分解视频。

视频 9-3 皮鞋案例分解视频

（7）新建“投影”图层，将“前景色”设置为黑色，具体数值为 #000000，使用（画笔工具）绘制阴影，绘制过程中根据造型的明暗关系，适当调节画笔“大小”和“不透明度”，皮鞋绘制效果如图 9-68 所示。

图 9-68　皮鞋最终绘制效果

9.4 电钻绘制案例

9.4.1 案例说明

本节主要学习使用 Photoshop 绘制一款电钻（见图 9-69）。首先将电钻绘制分解为：电钻线稿及主体色、电钻灰色塑料部分、电钻橙色塑料和黑色塑料部分、电钻投影、倒影及背景等几部分。该电钻的绘制主要涵盖磨砂材质绘制、强反光材质表现等知识点，本节将对这些材质的表现方法进行详细讲解。

图 9-69　电钻绘制效果

9.4.2 产品绘制流程和部件分解

电钻绘制流程和部件分解表见表 9-4。

表 9-4 电钻绘制流程和部件分解表

序号	名 称	绘制效果	所用工具和要点说明
（1）	电钻线稿及主体色绘制		①使用工具箱中的钢笔工具绘制出电钻轮廓线并填充主体色； ②使用滤镜中的添加杂色功能绘制灰色塑料磨砂材质
（2）	电钻灰色塑料部分绘制		使用工具箱中的画笔工具绘制电钻灰色塑料部分
（3）	电钻橙色塑料和黑色塑料部分绘制		使用工具箱中的画笔工具绘制电钻橙色塑料和黑色塑料部分等
（4）	电钻投影、倒影及背景的绘制		①使用复制和高斯模糊功能制作倒影； ②使用矩形工具和高斯模糊功能制作背景； ③使用椭圆工具和高斯模糊功能制作投影

9.4.3 案例绘制

9.4.3.1 电钻线稿及主体色的绘制

（1）打开 Photoshop，执行“文件”——“新建”菜单命令，在弹出的“新建”对话框中，将其命名为“电钻”，分辨率选择 300pixles/inch，宽度和长度设置如图 9-70 所示。

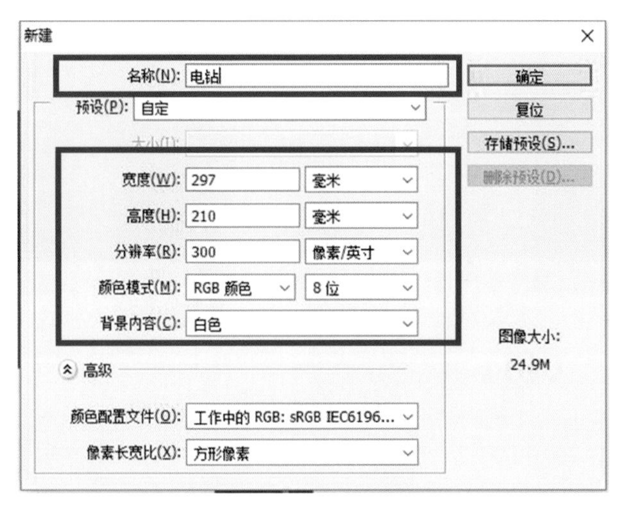

图 9-70　新建文件对话框

（2）新建图层，命名为“线稿”，设置“前景色”为黑色，具体数值为 #000000。为方便使用“描边路径”，首先选择（画笔工具），将画笔“大小”设置为 1 像素，“硬度”设置为 100%。使用工具箱中的（钢笔工具）绘制出电钻的整体轮廓。路径绘制完毕后，右击绘制的路径，在弹出的下拉菜单中选择“描边路径”命令，绘制效果如图 9-71 所示。

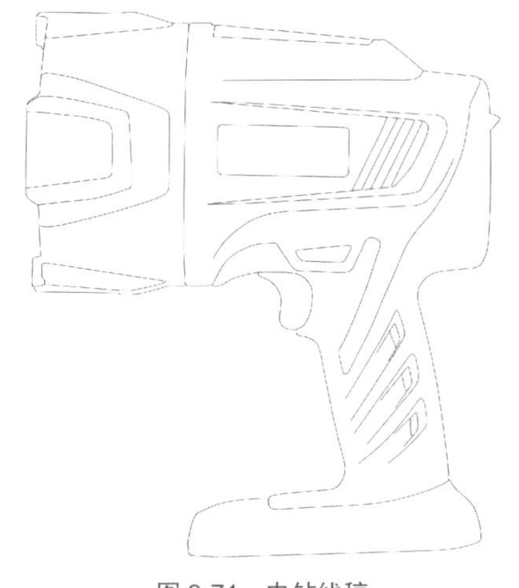

图 9-71　电钻线稿

（3）根据电钻主体设计色彩搭配，将电钻主体色分为灰色、深灰色、浅灰色、橙色和黑色五个部分。新建五个图层，并分别将其命名为“灰”“深灰”“浅灰”“橙”“黑”。使用（魔棒工具）选择绘制区域，分别将五种颜色填充在五个图层内，灰、深灰、浅灰、橙、黑的数值分别为 #575757、#404040、#aaaaaa、#ff7101、#000000，填充效果如图 9-72 所示。

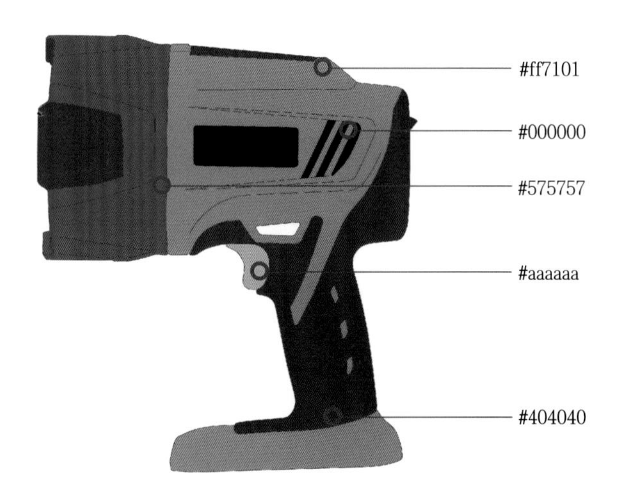

图 9-72　电钻主体色绘制

（4）为了模拟电钻灰色塑料的磨砂材质漫反射效果，选择“灰”“深灰”“浅灰”三个图层，执行“滤镜”——“杂色”——“添加杂色”菜单命令，具体数值设置及绘制效果如图 9-73、图 9-74 所示。

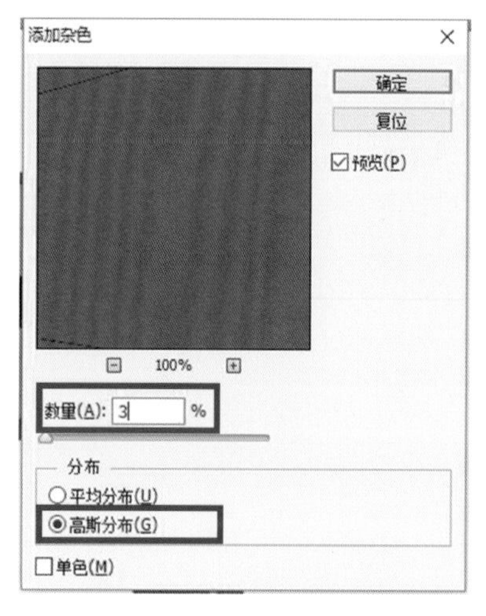

图 9-73　添加杂色相关设置

图 9-74　添加杂色效果

9.4.3.2　电钻灰色塑料部分绘制

（1）新建“机头暗部”图层，将“前景色”设置为黑色，具体数值为 #000000，使用工具箱中的（画笔工具）绘制电钻机头暗部区域。在绘制过程中根据暗部位置的不同，适当调节画笔的“不透明度”和“流量”相关数值，以保证暗部效果处理自然，绘制效果如图 9-75 所示。

图 9-75　电钻机头暗部绘制

（2）新建“机头亮部”图层，将“前景色”设置为白色，具体数值为 #ffffff，使用工具箱中的（画笔工具）绘制电钻机头亮部区域。在绘制过程中根据亮部位置的不同，适当调节画笔的“不透明度”和“流量”相关数值，电钻机头部分的立体感塑造完成，绘制效果如图 9-76 所示。

图 9-76　电钻机头亮部绘制

（3）新建“上部分灰色塑料”图层，将“前景色”设置为白色，具体数值为 #ffffff，使用工具箱中的（画笔工具），绘制上部分灰色塑料明暗关系，绘制效果如图 9-77 所示。

图 9-77　电钻上部分灰色塑料绘制

（4）新建“把手暗部”图层，将“前景色”设置为黑色，具体数值为 #000000，使用工具箱中的（画笔工具）绘制电钻机头暗部区域，绘制效果如图 9-78 所示。

图 9-78　电钻把手暗部绘制

（5）新建“把手亮部”图层，将“前景色”设置为白色，具体数值为 #ffffff，使用工具箱中的（画笔工具），绘制电钻把手的亮部，绘制效果如图 9-79 所示。

图 9-79　电钻把手亮部绘制

（6）新建“按键和按钮”图层，将“前景色”设置为白色，具体数值为 #ffffff，使用工具箱中的（画笔工具），绘制按键和按钮的亮部；将“前景色”设置为黑色，具体数值为 #000000，使用工具箱中的（画笔工具），绘制按键和按钮的暗部。绘制效果如图 9-80 所示。

图 9-80　按键和按钮绘制

9.4.3.3　电钻橙色塑料和黑色塑料部分绘制

（1）新建“底座”图层，将“前景色”设置为白色，具体数值为 #ffffff，使用工具箱中的（画笔工具），绘制底座的亮部；将“前景色”设置为黑色，具体数值为 #000000，使用工具箱中的（画笔工具），绘制底座的暗部。绘制效果如图 9-81 所示。

图 9-81　电钻底座绘制

（2）新建“电钻橙色机身暗部”图层，将“前景色”设置为黑色，具体数值为 #000000，使用工具箱中的（画笔工具），绘制电钻橙色机身暗部区域，绘制效果如图 9-82 所示。

图 9-82　电钻橙色机身暗部绘制

（3）新建“电钻橙色机身亮部”图层，将“前景色”设置为白色，具体数值为 #ffffff，使用工具箱中的（画笔工具），绘制电钻橙色机身亮部区域，绘制效果如图 9-83 所示。

图 9-83　电钻橙色机身亮部绘制

图 9-84　电钻黑色塑料部分绘制

（4）新建“黑色塑料”图层，使用工具箱中的 （画笔工具），塑造该区域的明暗立体效果。绘制效果如图 9-84 所示。

9.4.3.4　电钻投影、倒影及背景绘制

（1）将绘制完毕的所有图层选中复制并合并图层，生成“合并副本”图层。对该图层执行“编辑”——“变换”——“垂直翻转”菜单命令，整体调整一下明暗和对比。选择“合并副本”图层，使用“滤镜”——“模糊”——“高斯模糊”工具进行模糊处理，并调节图层“不透明度”为 70%。“高斯模糊”相关设置及绘制效果如图 9-85、图 9-86 所示。

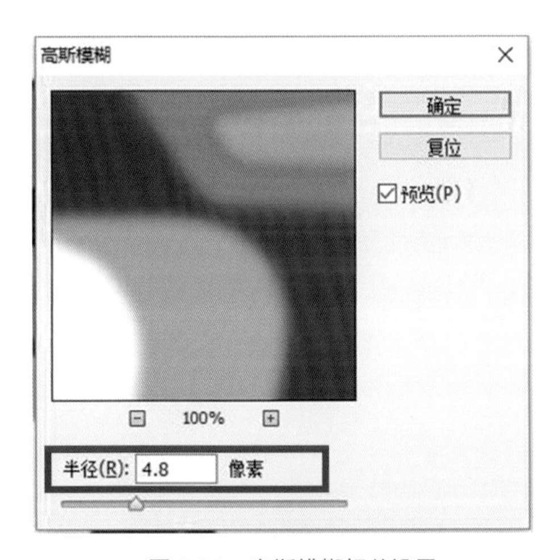

图 9-85　高斯模糊相关设置

图 9-86　倒影绘制效果

（2）新建“背景”图层，将“前景色”设置为灰色，具体数值为 #6e6e6e，使用工具箱中的 （矩形选框工具），填充颜色，如图 9-87 所示。用上述方法制作深灰色背景，颜色数值为 #232222，并使用“滤镜”——“模糊”——“高斯模糊”工具进行模糊处理，调整大小及位置，效果如图 9-88 所示。

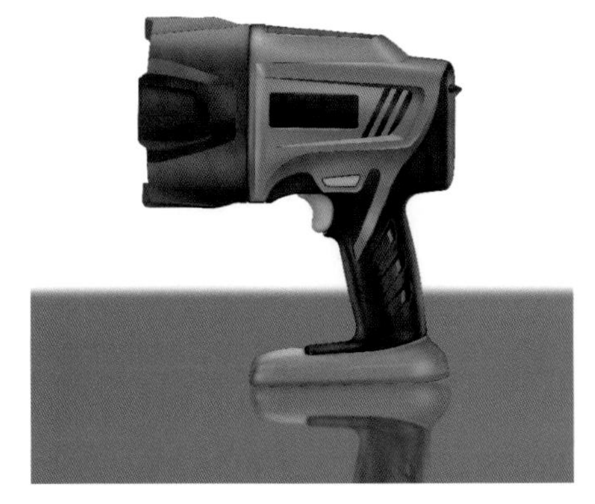

图 9-87　灰色背景绘制效果

图 9-88　背景绘制

（3）新建“背景橙色光”图层，使用 ⬭（椭圆工具），选择路径，如图 9-89 所示，生成椭圆路径图层；右击选择“建立选区”，填充橙色，具体数值为 #b8580b。使用“滤镜”——“模糊”——“高斯模糊”工具进行模糊处理，并适当调节图层“不透明度”。“高斯模糊”相关设置及绘制效果如图 9-90、图 9-91 所示。

图 9-89　椭圆路径选择

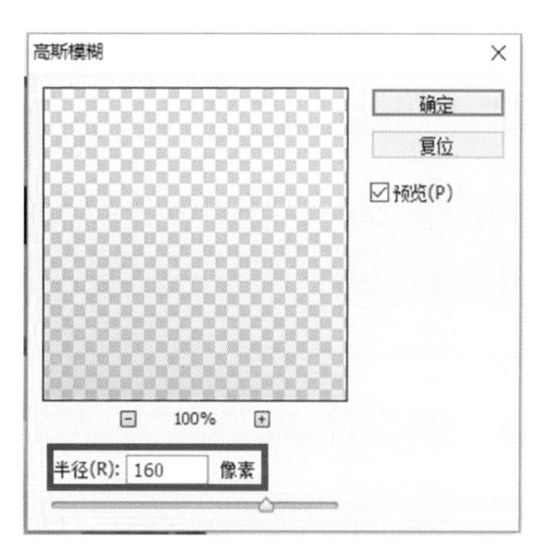

图 9-90　高斯模糊相关设置

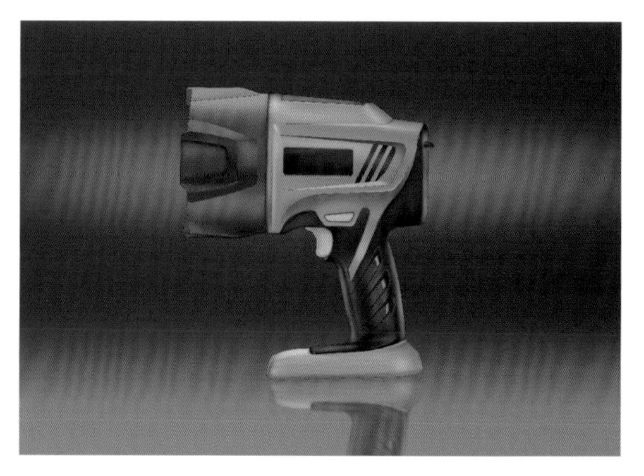

图 9-91　背景橙色光绘制

（4）新建“投影”图层，使用 ⬭（椭圆工具），选择路径，生成椭圆路径图层；右击选择“建立选区”，填充黑色，具体数值为 #000000。使用“滤镜”——“模糊”——“高斯模糊”工具进行模糊处理，并适当调节图层“不透明度”。电钻最终绘制效果如图 9-92 所示。

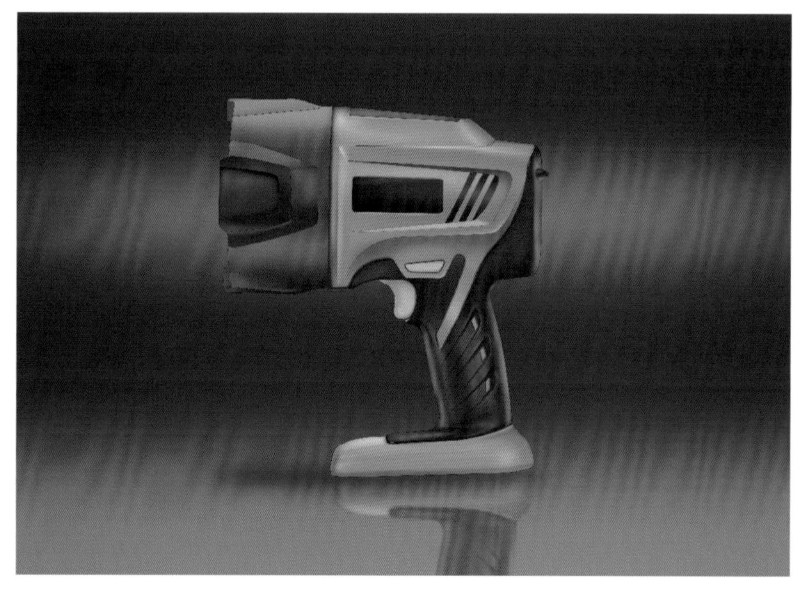

图 9-92　电钻最终绘制效果

9.5 工程车绘制案例

9.5.1 案例说明

本节主要学习使用 SAI2 绘制一款工程车（见图 9-93）。首先将工程车绘制分解为：工程车线稿绘制、工程车主体色和明暗关系绘制、工程车背景绘制三部分。该工程车的绘制主要涵盖强反光材质的表现绘制等知识点，本节将对这些材质的表现方法进行详细讲解。

图 9-93　工程车绘制效果

9.5.2 产品绘制流程和部件分解

工程车绘制流程和部件分解表见表 9-5。

表 9-5　工程车绘制流程和部件分解表

序号	名　　称	绘 制 效 果	所用工具和要点说明
（1）	工程车线稿绘制		使用工具箱中的曲线工具绘制工程车的线稿

续表

序号	名　称	绘制效果	所用工具和要点说明
（2）	工程车主体色和明暗关系绘制		①使用油漆桶工具填充工程车主体色； ②使用喷枪和水彩笔工具绘制工程车的明暗效果
（3）	工程车背景绘制		使用椭圆工具、高斯模糊等制作背景

9.5.3 案例绘制

9.5.3.1 工程车线稿绘制

（1）打开 SAI2，执行“文件”——“新建”菜单命令，在弹出的“新建画布”对话框中，将其命名为“工程车”，分辨率选择 300pixles/inch，宽度和长度设置如图 9-94 所示。

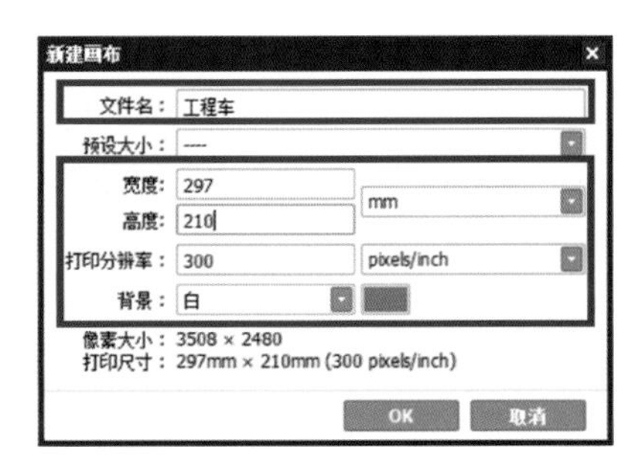

图 9-94　“新建画布”对话框

（2）新建“钢笔 1”图层，使用（曲线工具）绘制线稿，绘制效果图如图 9-95 所示。

图 9-95　工程车线稿绘制

（3）在钢笔图层下新建“线稿”图层，并对“钢笔 1”图层使用向下转写工具，将其转写到“线稿”图层，并删除钢笔图层，如图 9-96 所示。

（4）将“线稿”图层设置为“指定为选区样本”，方便后期上色，如图 9-97 所示。

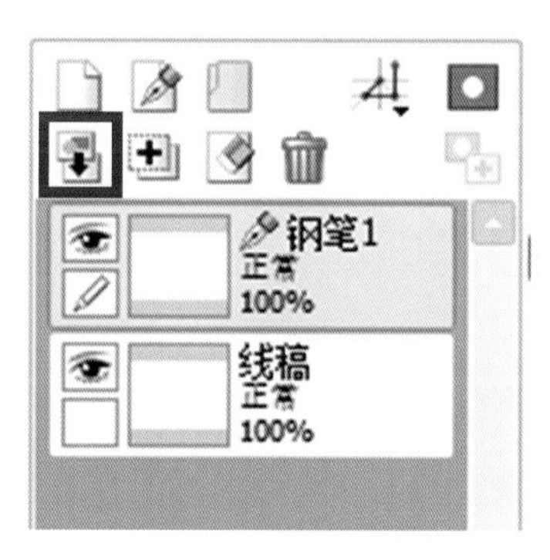

图 9-96　图层设置

图 9-97　“指定为选区样本”设置

9.5.3.2　工程车主体色和明暗关系绘制

（1）新建六个图层，分别为“白色”“橙色”“黑色”“浅灰”“中灰”“深灰”，图层设置如图 9-98 所示。将工程车主要分色为白色、橙色、黑色、浅灰、中灰、深灰六个部分，分别将每种颜色填充在六个图层内，白色、橙色、黑色、浅灰、中灰、深灰的数值分别为 #ffffff、#ff5201、#000000、#dbe2ea、#3a4851、#202a2f，绘制效果如图 9-99 所示。

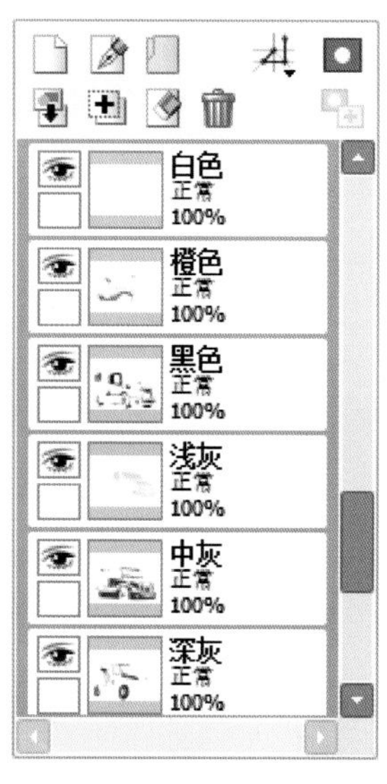

图 9-98　图层设置

图 9-99　工程车主体色基本填充效果

（2）新建“车轮暗部”图层，将该图层选择“保护不透明度”，如图 9-100 所示。将“前景色”设置为黑色，具体数值为 #000000。使用喷枪（喷枪工具）画出车轮的明暗色彩变化，并配合使用水彩笔（水彩笔工具）对此图层绘制内容进行过渡效果处理，绘制效果如图 9-101 所示。

图 9-100　“保护不透明度”设置

图 9-101　车轮暗部绘制

（3）新建“车轮亮部”图层，将该图层选择“保护不透明度”，将“前景色”设置为白色，具体数值为 #ffffff。使用喷枪（喷枪工具）画出车轮的明暗色彩变化，并配合使用水彩笔（水彩笔工具）对此图层绘制内容进行过渡效果处理，绘制效果如图 9-102 所示。

图 9-102　车轮亮部绘制

（4）新建“底盘橙色暗部”图层，将该图层选择“保护不透明度”，将“前景色”设置为橙色，具体数值为 #ac3405。使用喷枪（喷枪工具）画出底盘橙色部分的明暗色彩变化，并配合使用水彩笔（水彩笔工具）对此图层绘制内容进行过渡效果处理，绘制效果如图 9-103 所示。

图 9-103　底盘橙色暗部绘制

（5）新建“底盘橙色亮部”图层，将该图层选择“保护不透明度”，将“前景色”设置为白色，具体数值为 #ffffff。使用喷枪（喷枪工具）画出底盘橙色部分明暗色彩变化，并配合使用水彩笔（水彩笔工具）对此图层绘制内容进行过渡效果处理，绘制效果如图 9-104 所示。

图 9-104　底盘橙色亮部绘制

（6）新建“底盘灰色暗部”图层，将该图层选择“保护不透明度”，将“前景色”设置为灰色，具体数值为 #1b2023。使用喷枪（喷枪工具）画出底盘灰色部分的明暗色彩变化，并配合使用水彩笔（水彩笔工具）对此图层绘制内容进行过渡效果处理，绘制效果如图 9-105 所示。

图 9-105　底盘灰色暗部绘制

（7）新建“底盘灰色亮部”图层，将该图层选择“保护不透明度”，将“前景色”设置为白色，具体数值为 #ffffff。使用喷枪（喷枪工具）画出底盘灰色部分的明暗色彩变化，并配合使用水彩笔（水彩笔工具）对此图层绘制内容进行过渡效果处理，绘制效果如图 9-106 所示。

图 9-106　底盘灰色亮部绘制

（8）新建“支架灰色暗部”图层，将该图层选择“保护不透明度”，将“前景色”设置为黑色，具体数值为 #000000。使用喷枪（喷枪工具）画出支架灰色部分的明暗色彩变化，并配合使用水彩笔（水彩笔工具）对此图层绘制内容进行过渡效果处理，绘制效果如图 9-107 所示。

图 9-107　支架灰色暗部绘制

（9）新建“支架橙色暗部”图层，将该图层选择“保护不透明度”，将“前景色”设置为橙色，具体数值为 #ac3405。使用喷枪（喷枪工具）画出支架橙色部分的明暗色彩变化，并配合使用水彩笔（水彩笔工具）对此图层绘制内容进行过渡效果处理，绘制效果如图 9-108 所示。

图 9-108　支架橙色暗部绘制

（10）新建“支架亮部”图层，将该图层选择“保护不透明度”，将“前景色”设置为白色，具体数值为 #ffffff。使用喷枪（喷枪工具）画出支架部分的明暗色彩变化，并配合使用水彩笔（水彩笔工具）对此图层绘制内容进行过渡效果处理，绘制效果如图 9-109 所示。

图 9-109　支架亮部绘制

（11）新建“车身橙色暗部”图层，将该图层选择“保护不透明度”，将“前景色”设置为橙色，具体数值为 #ac3405。使用喷枪（喷枪工具）画出车身橙色部分的明暗色彩变化，并配合使用水彩笔（水彩笔工具）对此图层绘制内容进行过渡效果处理，绘制效果如图 9-110 所示。

图 9-110　车身橙色暗部绘制

（12）新建“车身灰色暗部”图层，将该图层选择“保护不透明度”，将“前景色”设置为黑色，具体数值为 #000000。使用喷枪（喷枪工具）画出支架部分的明暗色彩变化，并配合使用水彩笔（水彩笔工具）对此图层绘制内容进行过渡效果处理，绘制效果如图 9-111 所示。

图 9-111　车身灰色暗部绘制

（13）新建“车身亮部”图层，将该图层选择“保护不透明度”，将“前景色”设置为白色，具体数值为 #ffffff。使用（喷枪工具）画出车身部分的明暗色彩变化，并配合使用（水彩笔工具）对此图层绘制内容进行过渡效果处理，绘制效果如图 9-112 所示。

图 9-112　车身亮部绘制

（14）新建“车头暗部”图层，将该图层选择“保护不透明度”，将“前景色”设置为深蓝色，具体数值为 #141e26。使用（喷枪工具）画出支架部分的明暗色彩变化，并配合使用（水彩笔工具）对此图层绘制内容进行过渡效果处理，绘制效果如图 9-113 所示。

图 9-113　车头暗部绘制

（15）新建“车头亮部”图层，将该图层选择“保护不透明度”，将“前景色”设置为白色，具体数值为 #ffffff。使用（喷枪工具）画出车身部分的明暗色彩变化，并配合使用（水彩笔工具）对此图层绘制内容进行过渡效果处理，绘制效果如图 9-114 所示。

图 9-114　车头亮部绘制

（16）新建“车灯暗部”图层，将该图层选择“保护不透明度”，将“前景色”设置为蓝色，具体数值为 #6e8691。使用（喷枪工具）画出支架部分的明暗色彩变化，并配合使用（水彩笔工具）对此图层绘制内容进行过渡效果处理，绘制效果如图 9-115 所示。

图 9-115　车灯暗部绘制

（17）新建“车灯亮部”图层，将该图层选择“保护不透明度”，将“前景色”设置为白色，具体数值为 #ffffff。使用（喷枪工具）画出车身部分的明暗色彩变化，并配合使用（水彩笔工具）对此图层绘制内容进行过渡效果处理，绘制效果如图 9-116 所示。绘制难点详见视频 9-4 工程车案例分解视频。

视频 9-4 工程车案例分解视频

图 9-116　车灯亮部绘制

（18）新建“车窗暗部”图层，将该图层选择“保护不透明度”，将“前景色”设置为蓝色，具体数值为 #4c6e8c。使用（喷枪工具）画出支架部分的明暗色彩变化，并配合使用（水彩笔工具）对此图层绘制内容进行过渡效果处理，绘制效果如图 9-117 所示。

图 9-117　车窗暗部绘制

（19）新建“车窗亮部”图层，将该图层选择“保护不透明度”，将“前景色”设置为白色，具体数值为 #ffffff。使用（喷枪工具）画出车身部分的明暗色彩变化，并配合使用（水彩笔工具）对此图层绘制内容进行过渡效果处理，绘制效果如图 9-118 所示。

图 9-118　车窗亮部绘制

9.5.3.3　工程车背景的绘制

（1）执行“文件”——“另存为”菜单命令，在弹出的“另存画布”对话框中，将其另存为 psd 文件格式，并将其命名为“工程车 .psd”，如图 9-119 所示。

图 9-119　另存为 psd 文件设置

（2）使用 Photoshop 软件，打开“工程车 .psd”文件。新建“背景”图层，使用（渐变工具）绘制背景，具体设置如图 9-120 所示，绘制效果如图 9-121 所示。

（3）新建“投影”图层，使用（椭圆工具），选择路径，生成椭圆路径图层；右击选择“建立选区”，填充黑色，具体数值为 #000000。使用“滤镜”——“模糊”——“高斯模糊”工具进行模糊处理，并适当调节图层“不透明度”，最终绘制效果如图 9-122 所示。

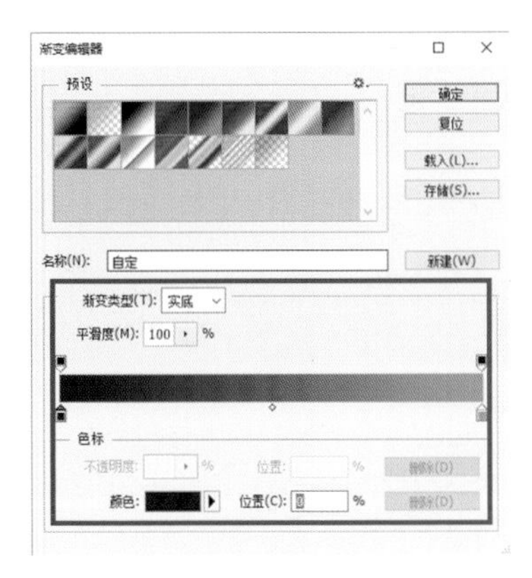

图 9-120　渐变工具相关设置

图 9-121　工程车背景绘制

图 9-122　工程车最终绘制效果

9.6 沙滩车绘制案例

9.6.1 案例说明

本案例主要学习使用 SAI 软件绘制沙滩车（见图 9-123）。首先将沙滩车的绘制分解为主体明暗关系绘制、背景绘制、肌理与背景调整等。该沙滩车主要学习整体铺设色调的表现方法与特效背景处理方法，下面对这些表现方法进行详细讲解。

图 9-123　沙滩车绘制效果

9.6.2　产品绘制流程和部件分解

沙滩车绘制流程和部件分解表见表 9-6。

表 9-6　沙滩车绘制流程和部件分解表

序号	名　　称	绘 制 效 果	所用工具和要点说明
(1)	起线稿并绘制沙滩车主体		①使用画笔绘制沙滩车的轮廓线； ②分别使用红色画笔、黑色画笔、灰色画笔绘制交通工具的明暗立体效果
(2)	绘制背景		使用图层设置绘制背景

续表

序号	名　称	绘制效果	所用工具和要点说明
（3）	肌理与背景调整		使用图层设置绘制肌理，并调整背景

9.6.3 案例绘制

9.6.3.1 沙滩车线稿及主体色绘制

（1）打开 SAI2 文件，执行“文件”——“新建”菜单命令，在弹出的“新建画布”对话框中，将其命名为“沙滩车”，分辨率为 300pixles/inch。新建“线稿”图层，用直径为 2 的“铅笔”绘出线稿，绘制效果如图 9-124 所示。

图 9-124　沙滩车线稿

（2）新建三个图层，分别为“深灰”“浅灰”“红”，效果如图 9-125 所示。将沙滩车主要分色为红色、深灰色、浅灰色三个部分，分别将每种颜色填充在三个图层内，红、深灰、浅灰的数值分别为 #d42522、#d42522、#d42522，绘制效果如图 9-126 所示。

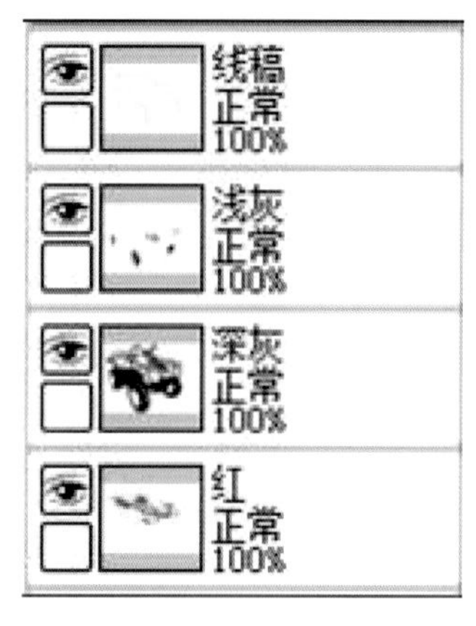

图 9-125　图层设置

图 9-126　主体基本填充效果

（3）将“红”图层勾选“保护不透明度”，画出红色车体上的明暗色彩变化，颜色选取与主体同色相的不同明度的红色，绘制效果如图 9-127 所示。

图 9-127　红色部分绘制效果

（4）在“深灰”图层上画出深灰色部分的色彩变化，绘制效果如图 9-128 所示。

图 9-128　深灰色部分绘制效果

（5）利用喷枪在“深灰”图层中画出车架、车座等色彩变化边界较为柔和的部分，绘制效果如图 9-129 所示，绘制时利用 （魔棒工具）来选择，首先将线稿图层设置为“指定选取来源”，再将 （魔棒工具）的抽取来源设置为“指定为选取来源的图层”，这样可以在对深灰色部分的图层进行编辑时，通过线稿图层来确定选区，设置如图 9-130 所示。

图 9-129　深灰色绘制效果

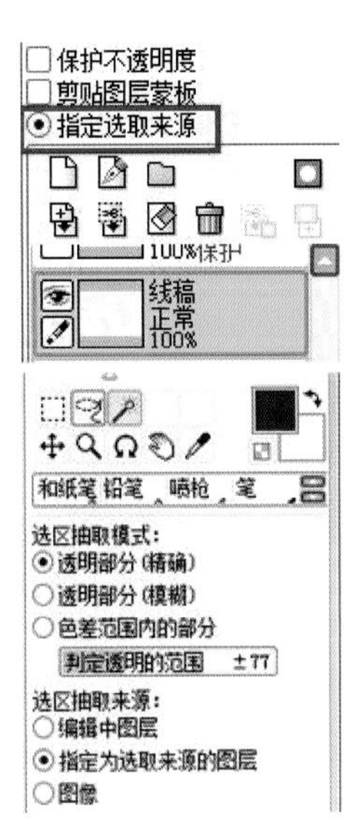

图 9-130　深灰色图层相关设置

（6）仿照上一步方法，绘制车轮与车灯部分，在“浅灰”图层上绘制车灯，堆叠几个黑色与浅灰色的色块，营造折射的感觉，就此沙滩车的主体部分完成，绘制效果如图 9-131 所示。

图 9-131　沙滩车主体部分绘制效果

9.6.3.2　沙滩车背景绘制

（1）打开“素材”文件夹中的沙滩车背景造型图、色彩纹理图、材质肌理图与喷溅的素材图，如图 9-132 所示。首先将色彩纹理素材图放入图像，置于图层的最底部，生成“色彩背景”图层，效果如图 9-133 所示。再将“形状背景 1”放在其上方，并调整好合适的位置，效果如图 9-134 所示。

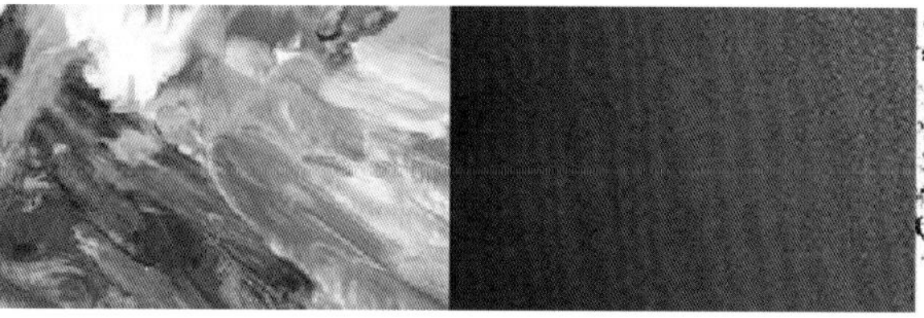

图 9-132　背景素材

图 9-133　色彩背景效果

图 9-134　“形状背景 1”绘制效果 1

（2）将“形状背景 1”图层的“混合模式”设置为滤色，设置如图 9-135 所示，这样就能在该造型的基础上显示出底部图层的色彩纹路，绘制效果如图 9-136 所示。

图 9-135　“形状背景 1”图层设置

图 9-136　“形状背景 1”绘制效果 2

9.6.3.3　肌理添加及整体效果调整

（1）将“材质肌理”图层放入线稿图层的下方，用（魔棒工具）选中沙滩车以外的区域，效果如图 9-137 所示，单击图层面板中的清除键，如图 9-138 所示，留下汽车造型的肌理图层，处理效果如图 9-139 所示。

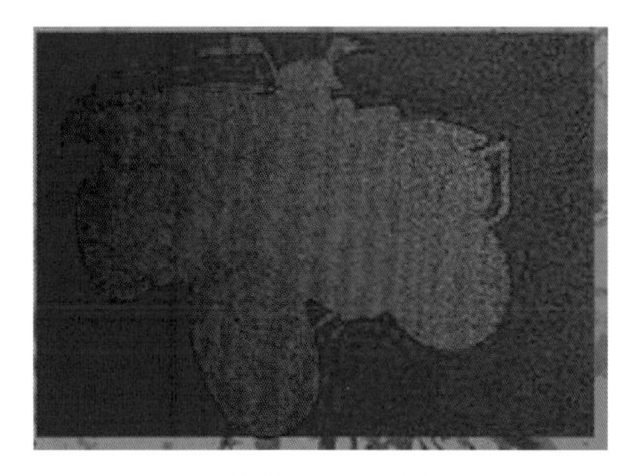

图 9-137　肌理范围

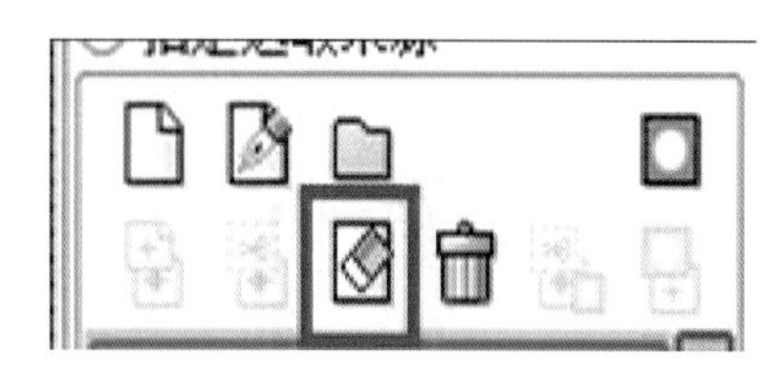

图 9-138　清除键

图 9-139　肌理添加初步效果

（2）将“材质肌理”图层的“混合模式”改为覆盖，设置如图 9-140 所示，材质效果就附在了车体上，效果如图 9-141 所示。

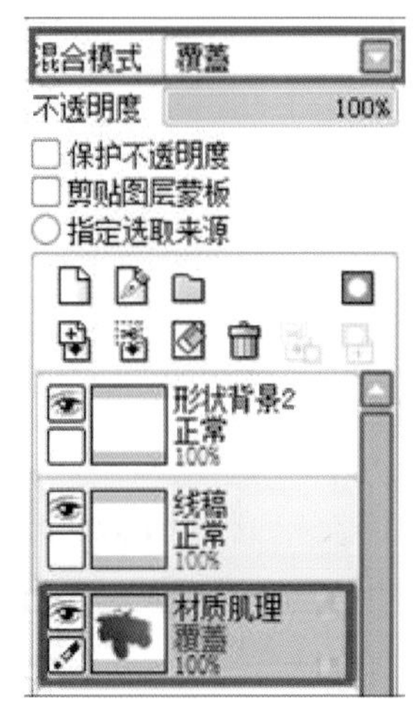

图 9-140　“材质肌理”图层设置

图 9-141　材质肌理绘制效果

（3）将“形状背景 2”图层放置最上部，选中空白部分，效果如图 9-142 所示，并清除。在滤镜中将其明度调为最高，设置如图 9-143 所示。调整位置后，沙滩车最终绘制效果如图 9-144 所示。

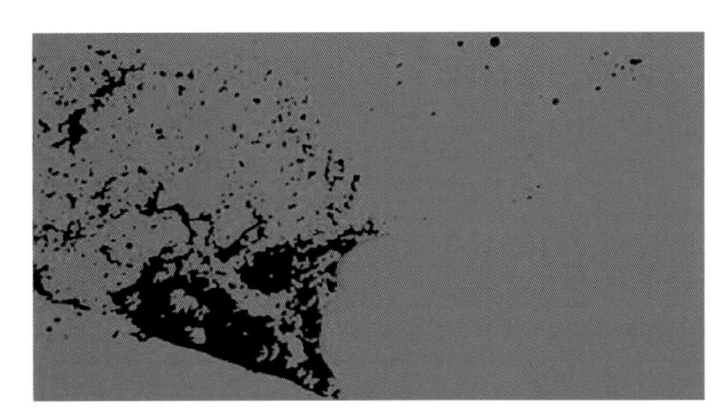

图 9-142　形状背景 2

图 9-143　滤镜相关设置

图 9-144　沙滩车最终绘制效果

课后作业

1. 使用 SAI2、Photoshop 软件绘制如图 9-145 所示同一款产品的不同方案，总结方案变化的方法。

2. 使用 Photoshop 软件绘制如图 9-146 所示产品，注意背景的绘制和搭配。

图 9-145　作业 1 图

图 9-146　作业 2 图

第10章

优秀作品赏析

本章重点

◎观摩学习各种风格的数位绘制作品

学习目的

◎通过学习和临摹国内外优秀数位绘制产品案例，提升自身审美水平和画面表现力。

通过前面章节的学习，我们已经了解了产品设计计算机快速表达绘制的一般流程和方法，同时对 Photoshop 和 SAI 软件的常见命令、工具以及数位板配合使用的技巧也有了一定的了解和掌握。在绘制过程中，我们感受到了数位板和二维绘图软件为产品设计快速表达提供的无限可能性。在对绘制软件的常见命令和工具认真学习之余，一张完美的产品效果图的产生还依赖于设计师自身对客观事物的观察能力和日常经验的积累。因此我们在绘制学习中要多留意、观察和揣摩不同的产品及现有效果图的特点和绘制方法，帮助我们在以后的设计创作中厚积薄发。本章为读者提供了一些国内外的优秀数位绘制产品案例（见图 10-1 ～图 10-96），希望对大家的学习和临摹有所帮助。

10.1 家电类产品赏析

图 10-1

图 10-2

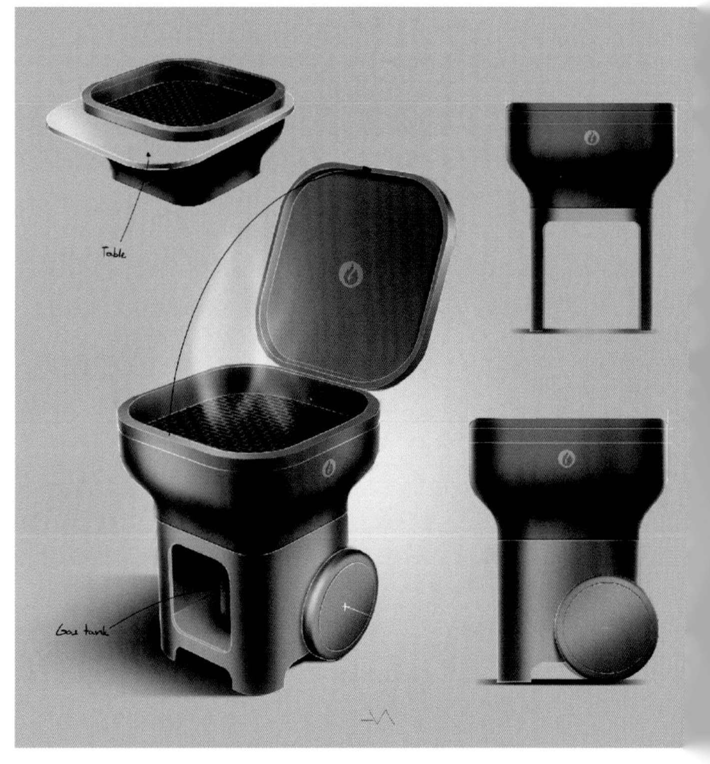

图 10-3

图 10-4

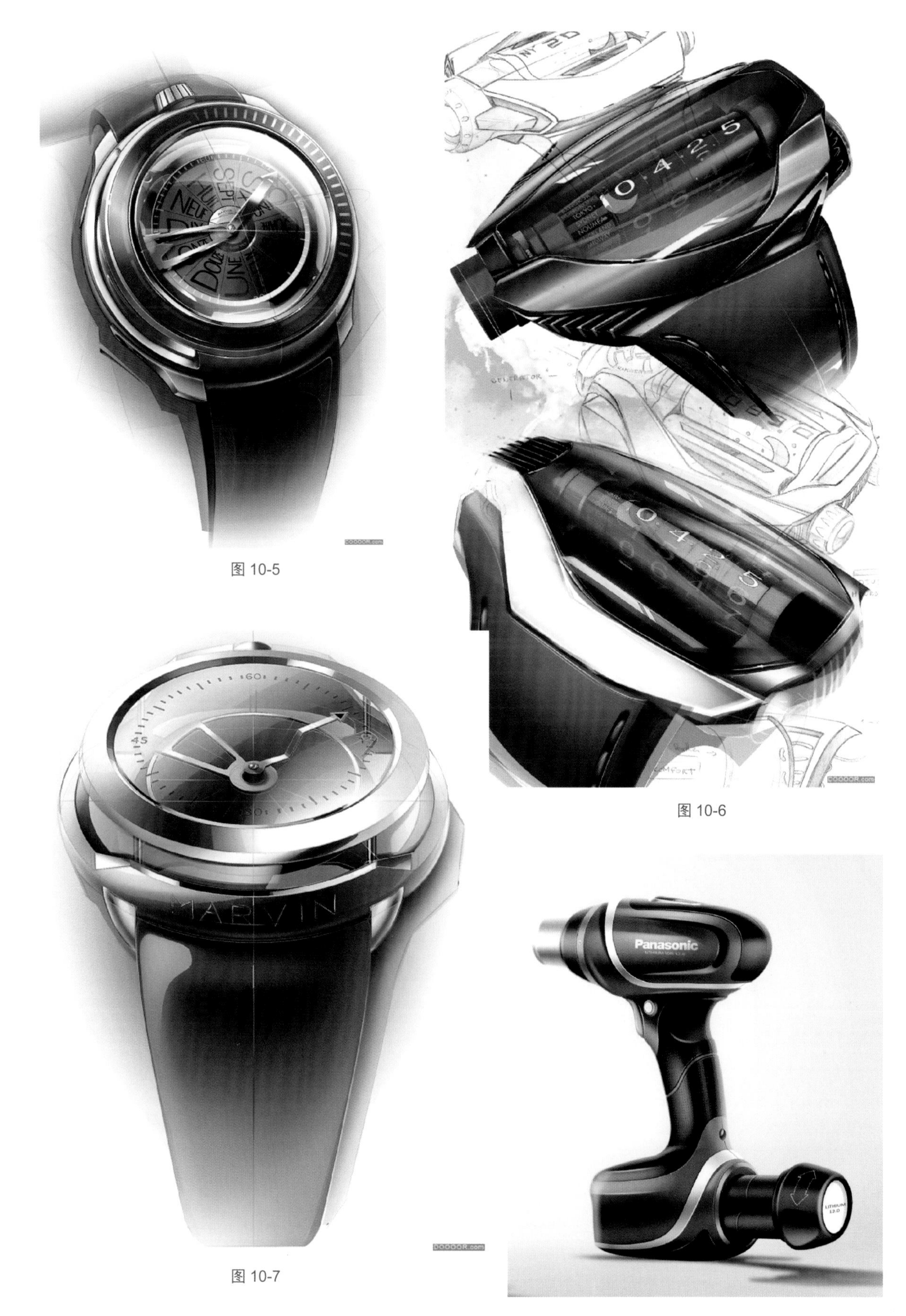

图 10-5

图 10-6

图 10-7

图 10-8

图 10-9

图 10-10

图 10-11

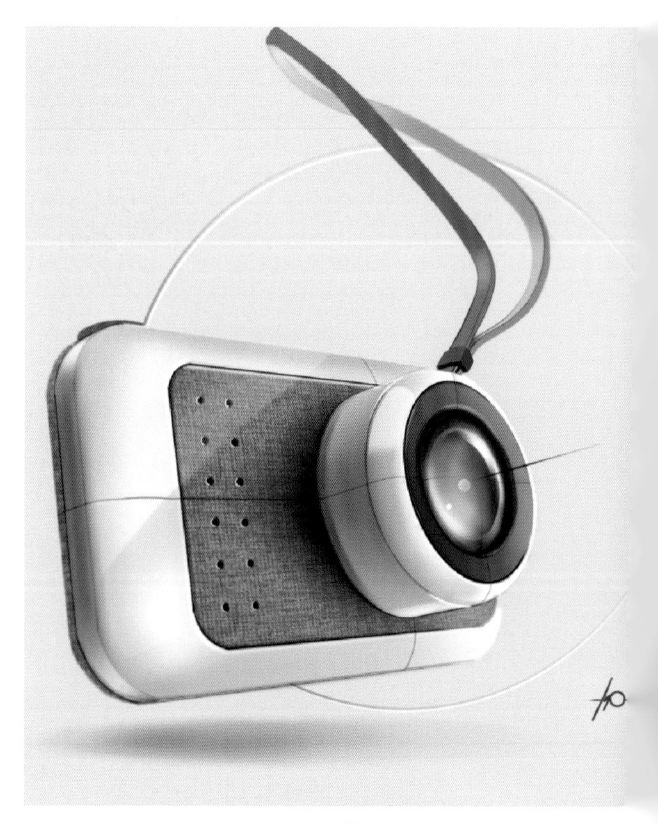

图 10-12

图 10-13

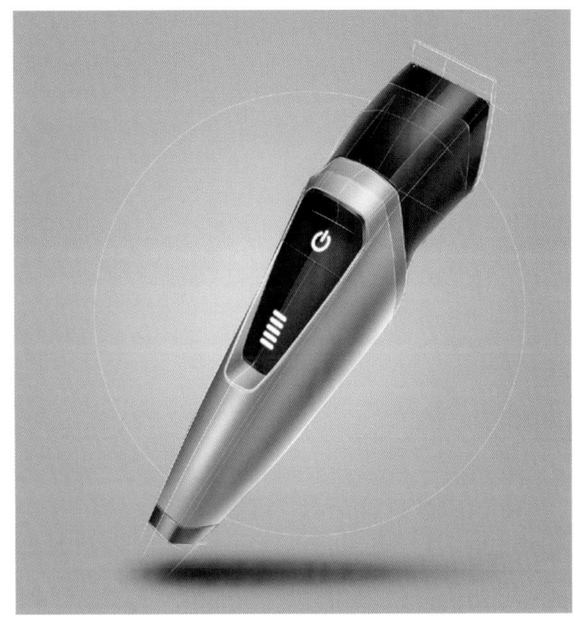

图 10-14

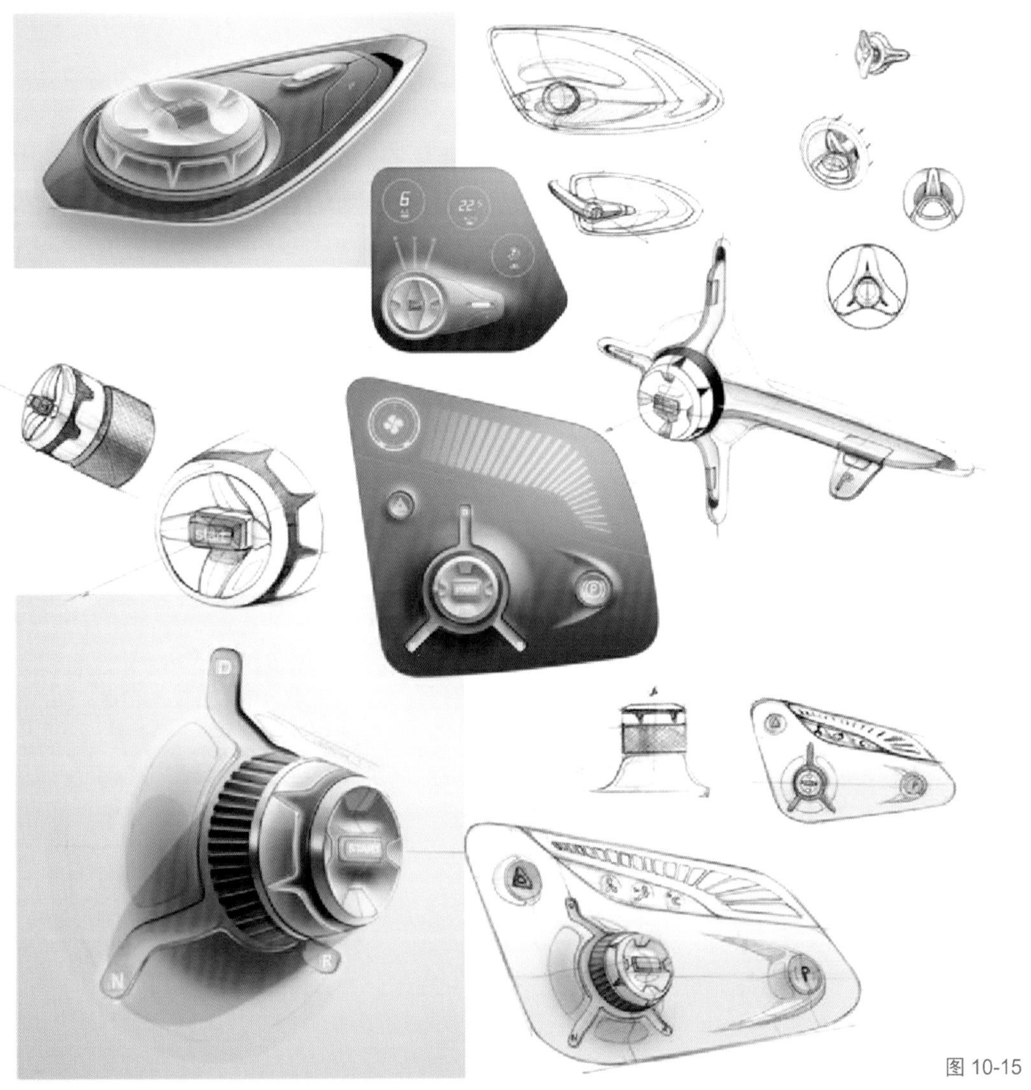

图 10-15

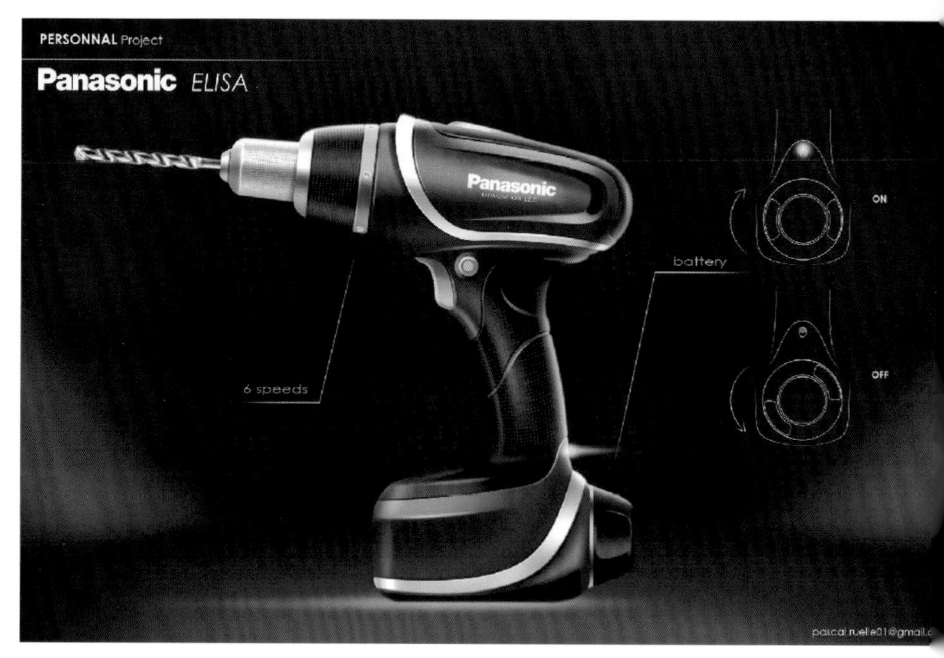

图 10-16

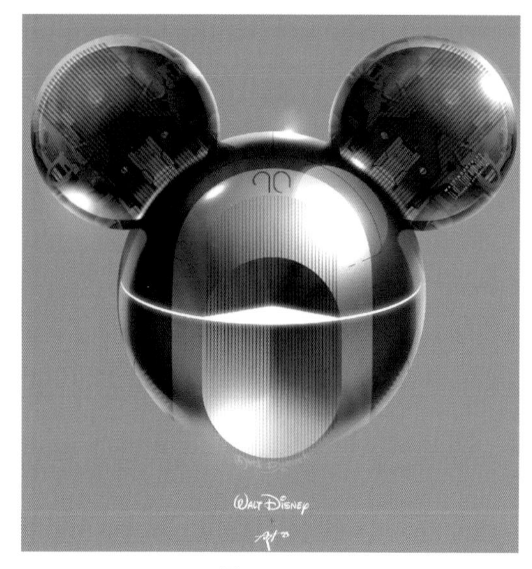

图 10-17

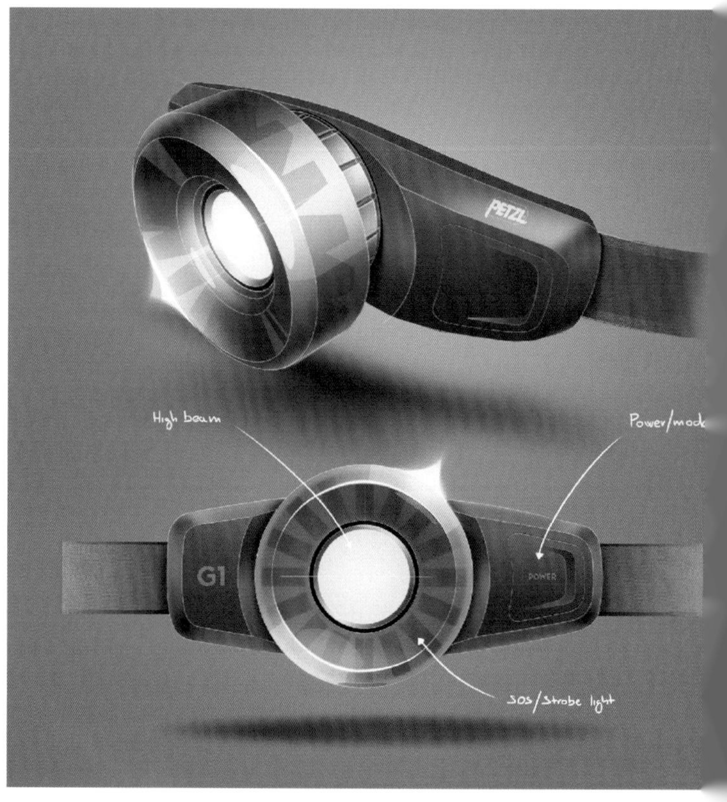

图 10-18

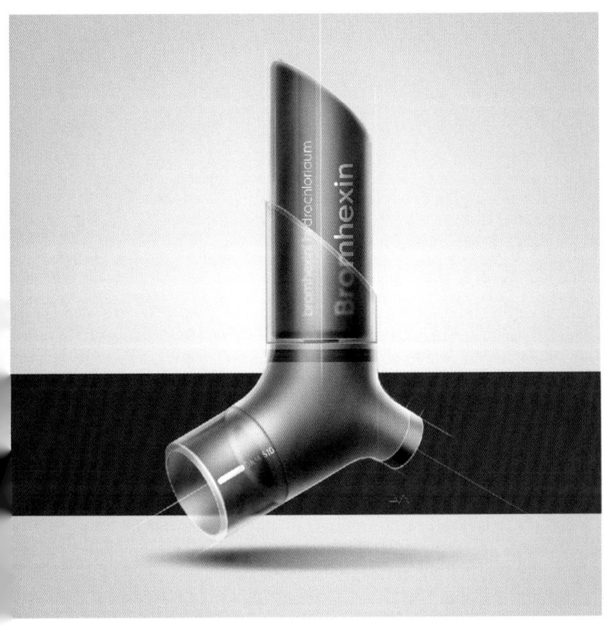

图 10-19

图 10-20

10.2 交通工具赏析

图 10-21

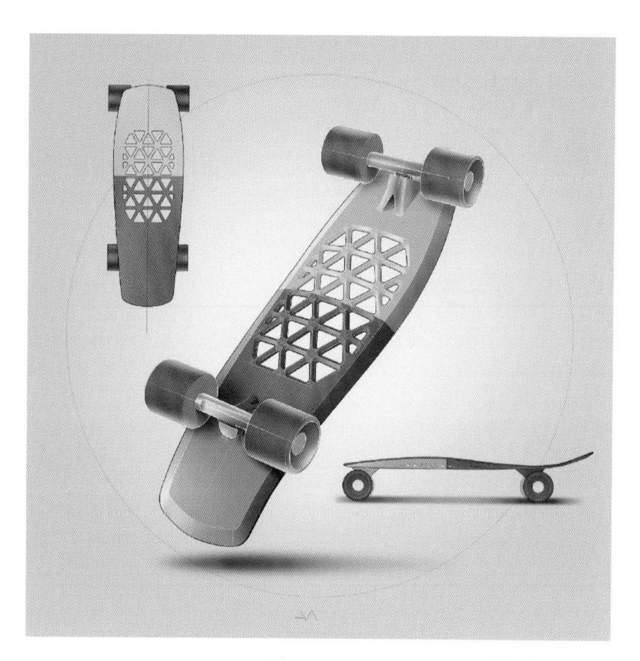

图 10-22

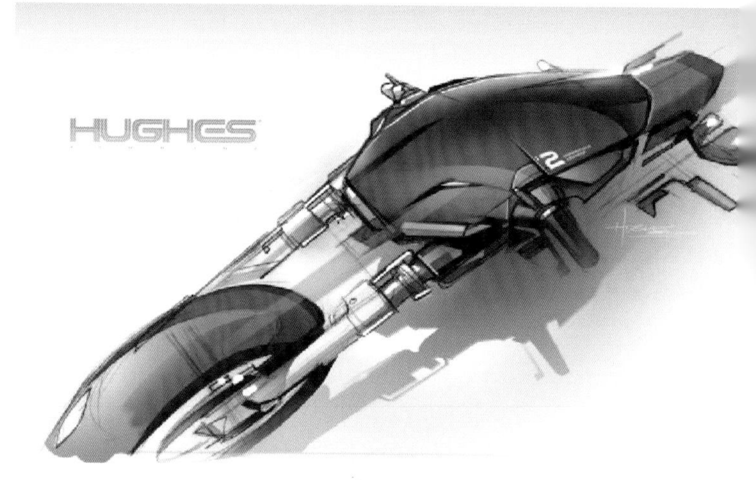

图 10-23

图 10-24

图 10-25

图 10-26

图 10-27

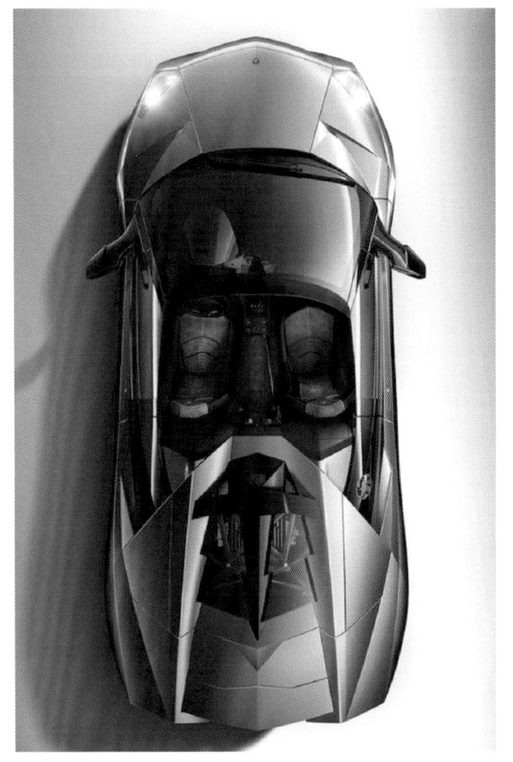

图 10-28

图 10-29

图 10-30

图 10-31

图 10-32

图 10-33

图 10-34

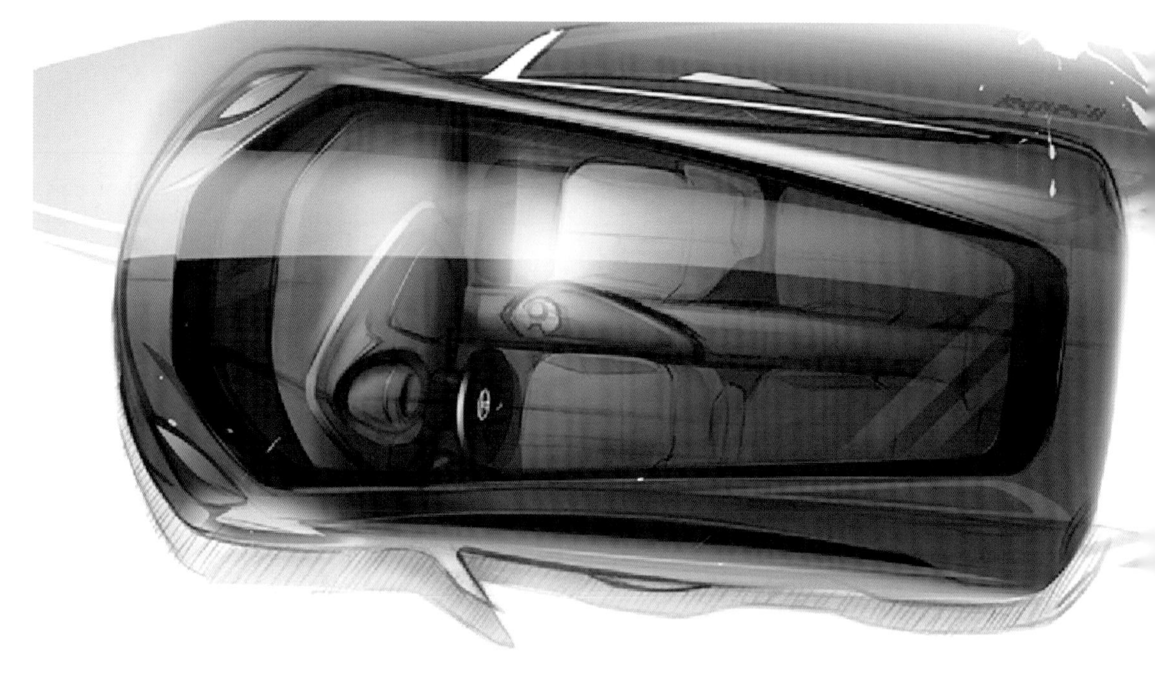

图 10-35

图 10-36

图 10-37

图 10-38

图 10-39

图 10-40

图 10-41

图 10-42

图 10-43

图 10-44

图 10-45

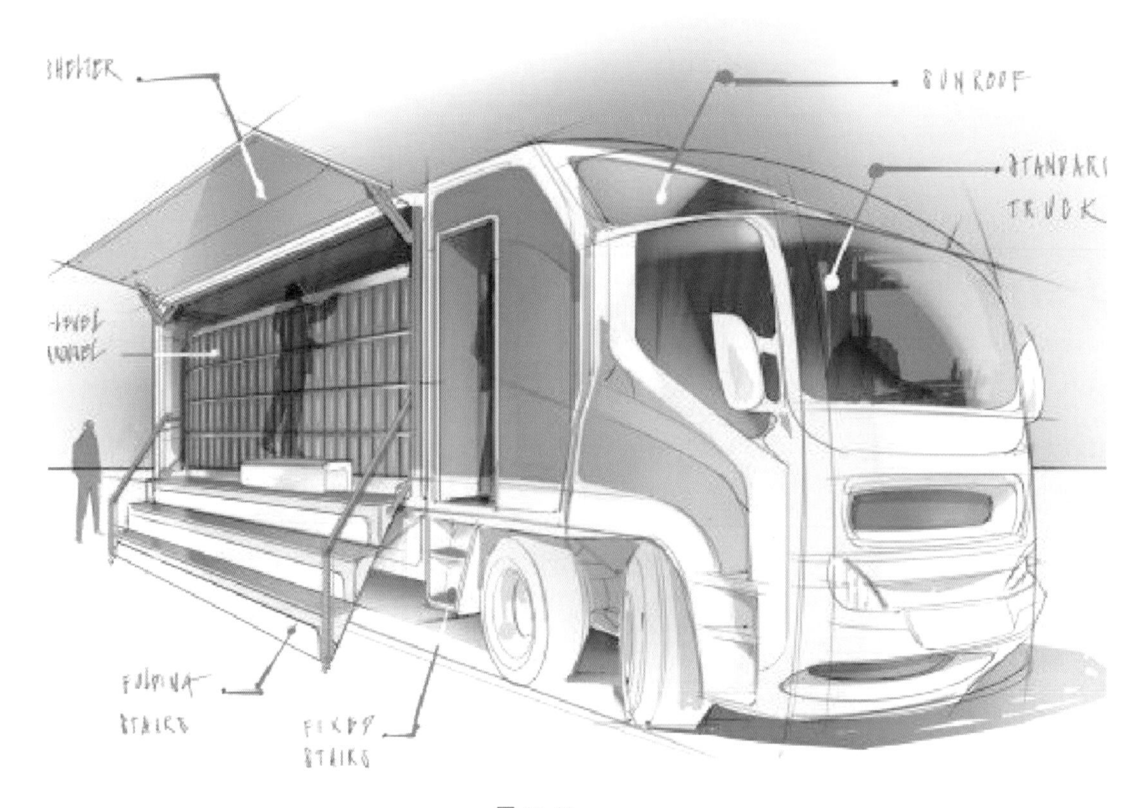

图 10-46

图 10-47

图 10-48

图 10-49

图 10-50

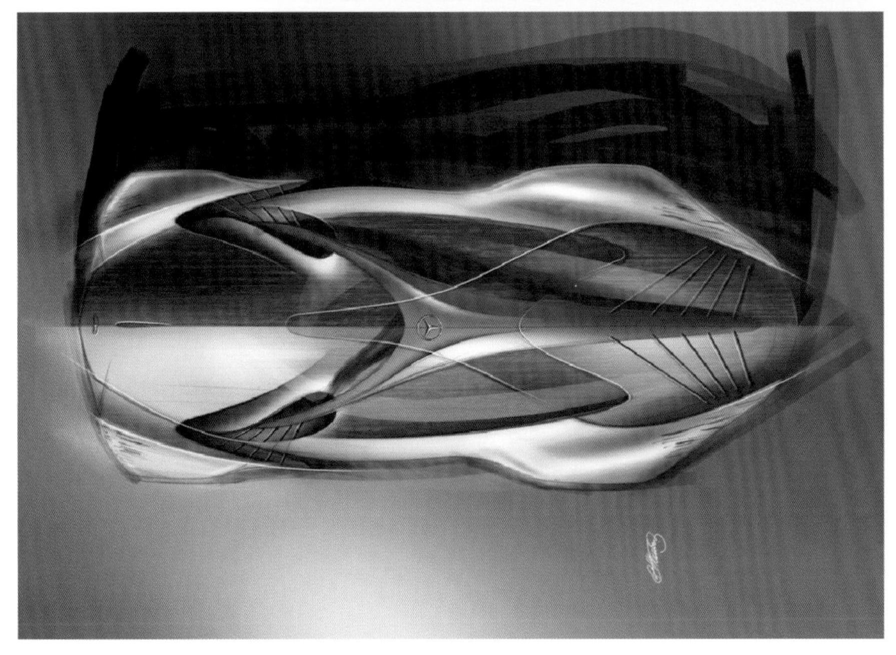

图 10-51

图 10-52

图 10-53

图 10-54

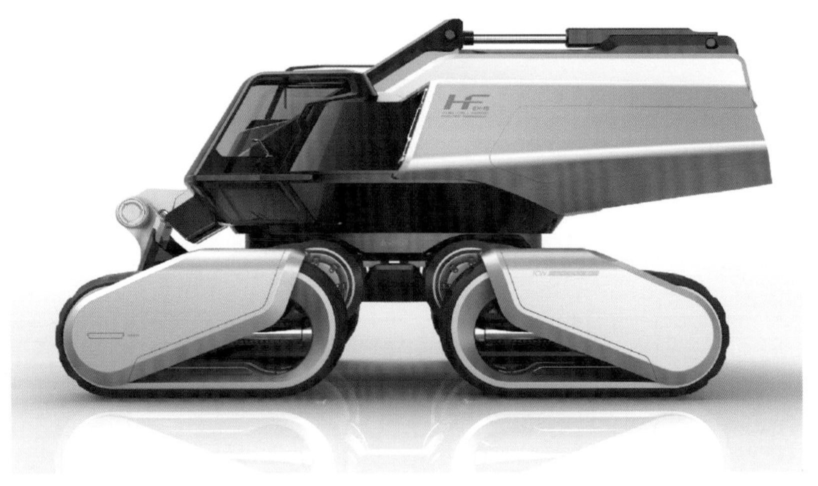

图 10-55

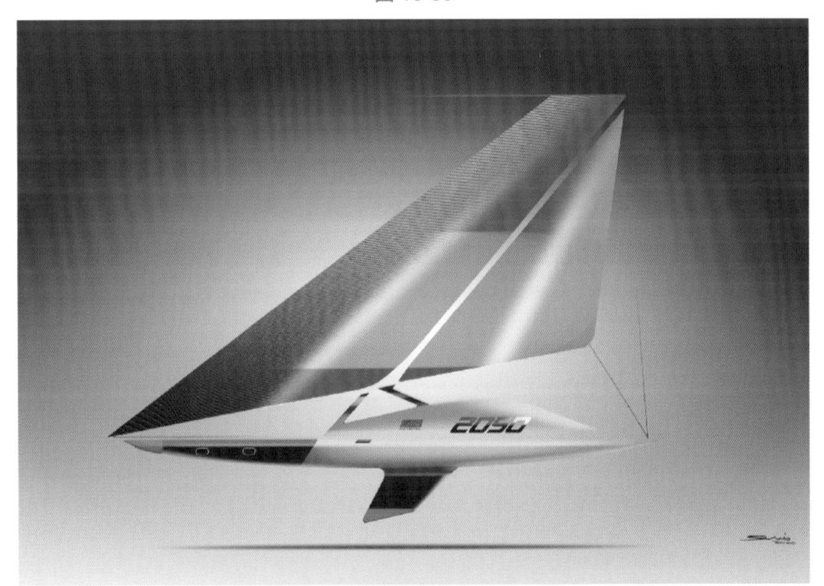

图 10-56

图 10-57

图 10-58

图 10-59

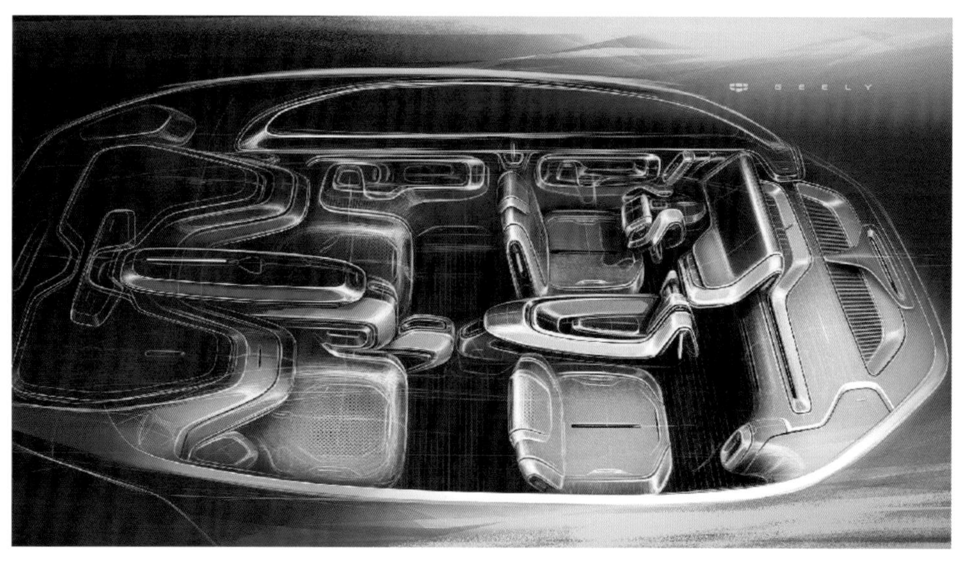

图 10-60

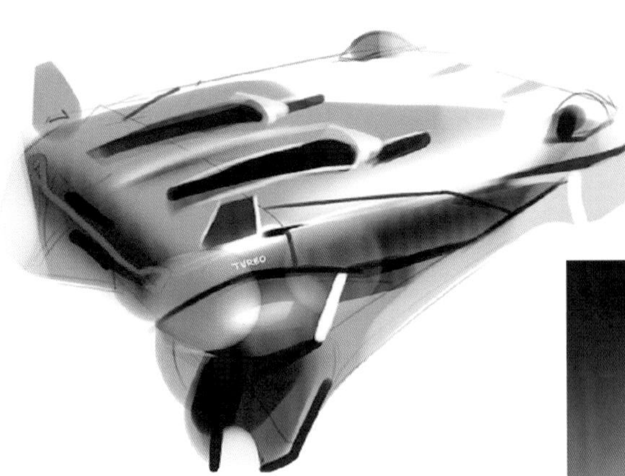

图 10-61

图 10-62

图 10-63

图 10-64

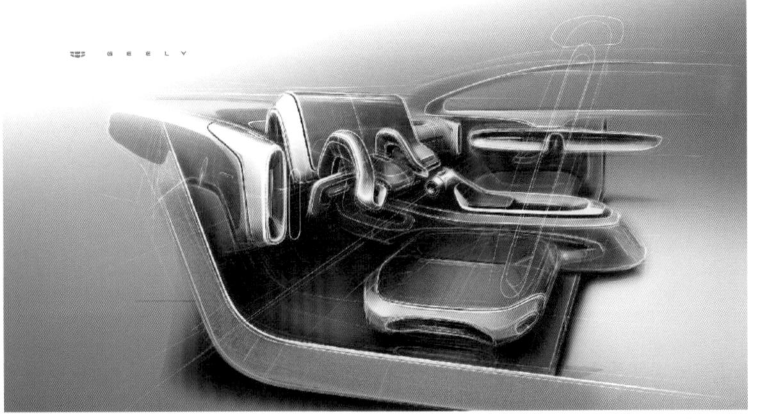

图 10-65

图 10-66

图 10-67

图 10-68

图 10-69

图 10-70

图 10-71

图 10-72

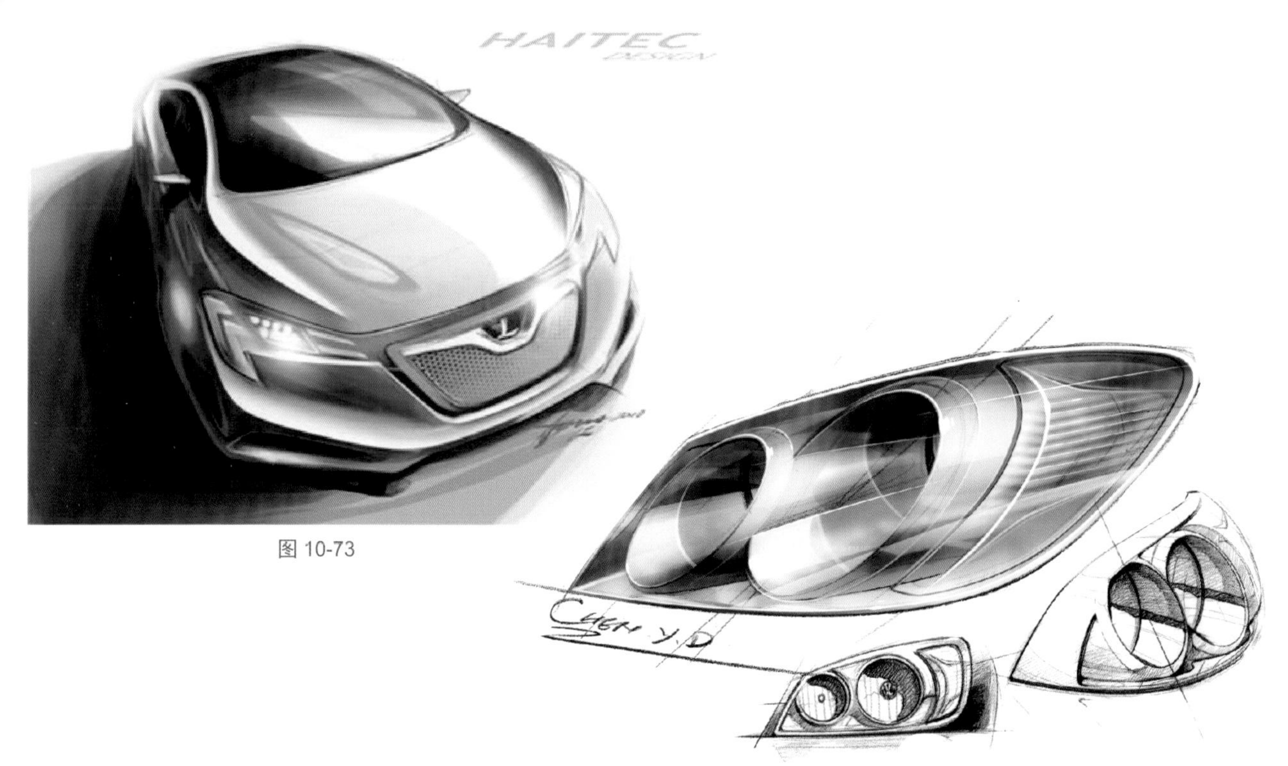

图 10-73

图 10-74

图 10-75

图 10-76

图 10-77

图 10-78

图 10-79

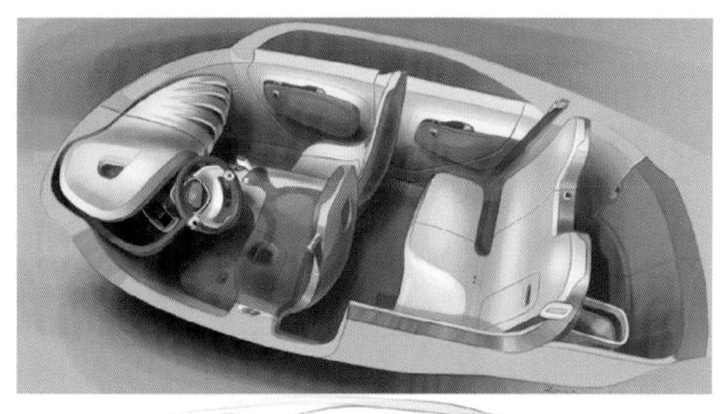

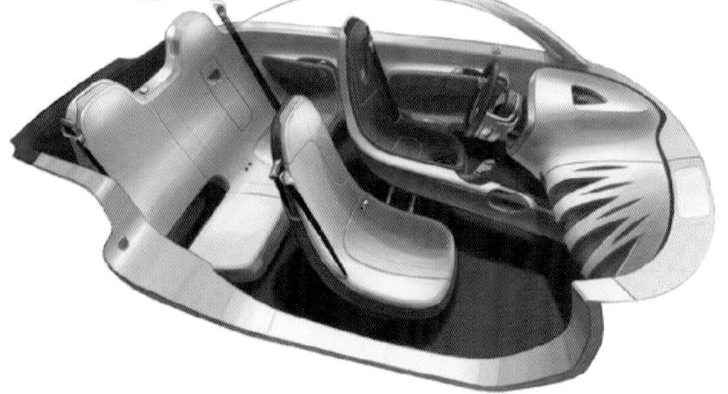

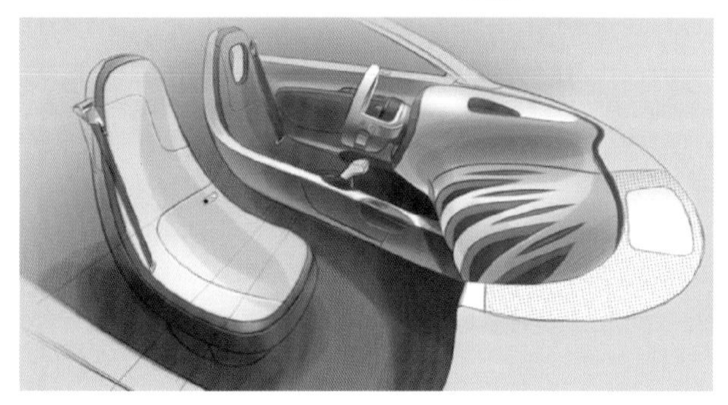

图 10-80

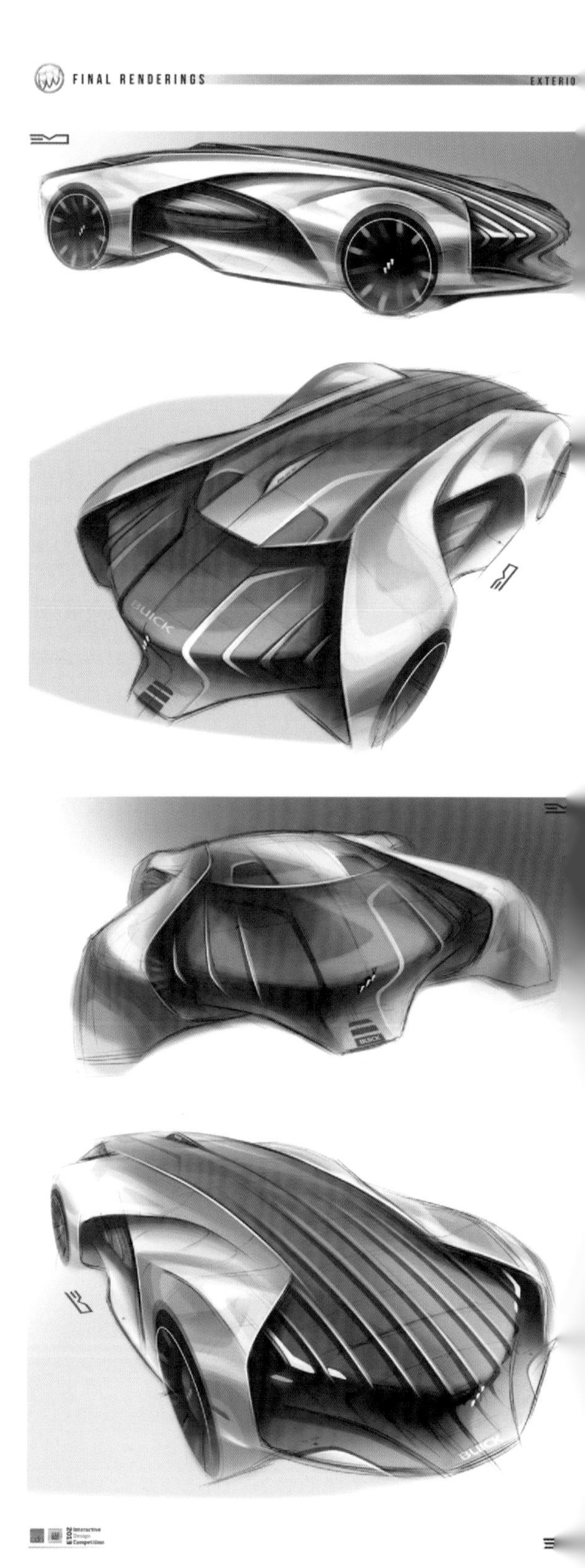
FINAL RENDERINGS
EXTERIO
BUICK
Interactive Design Competition

图 10-81

图 10-82

图 10-83

图 10-84

图 10-85

10.3 其他产品赏析

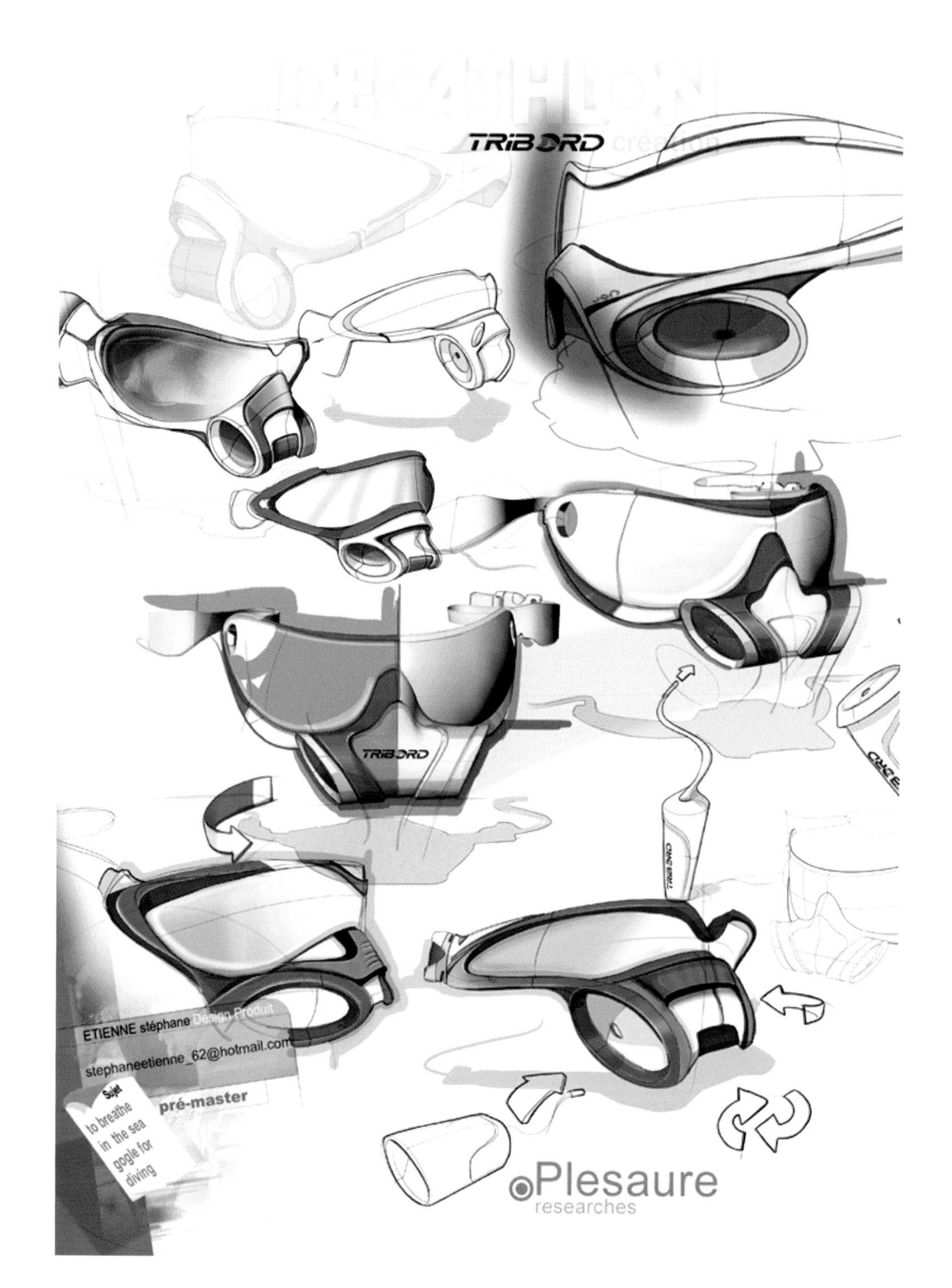

图 10-86

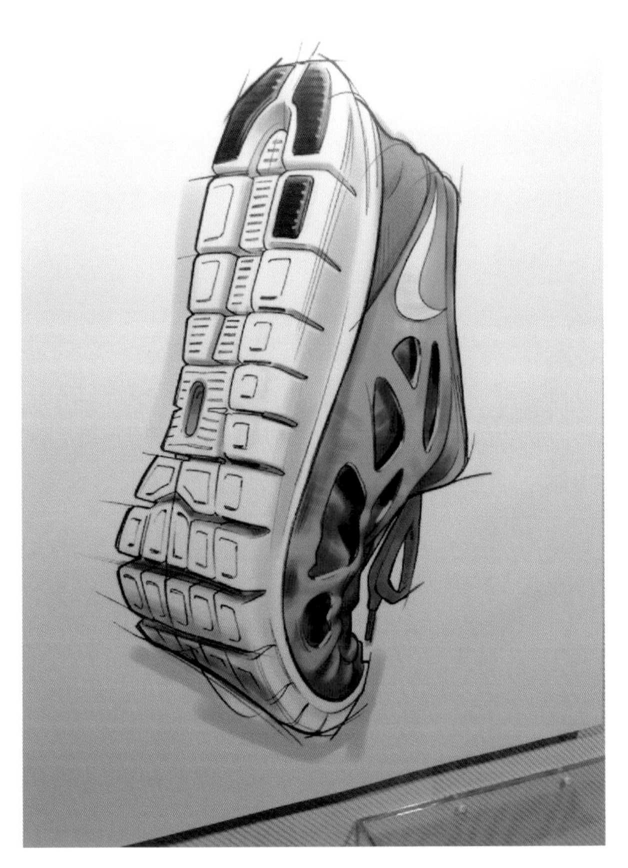

图 10-87

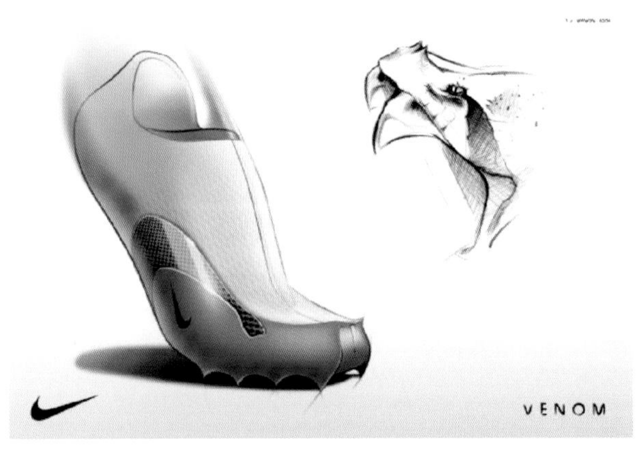

图 10-88

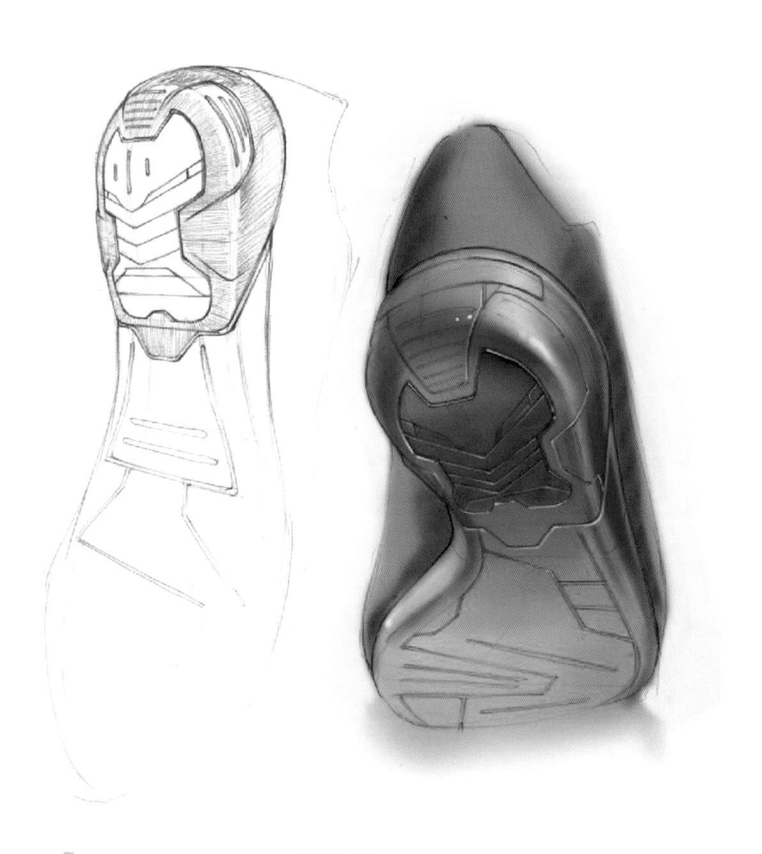

图 10-89

图 10-90

图 10-91

图 10-92

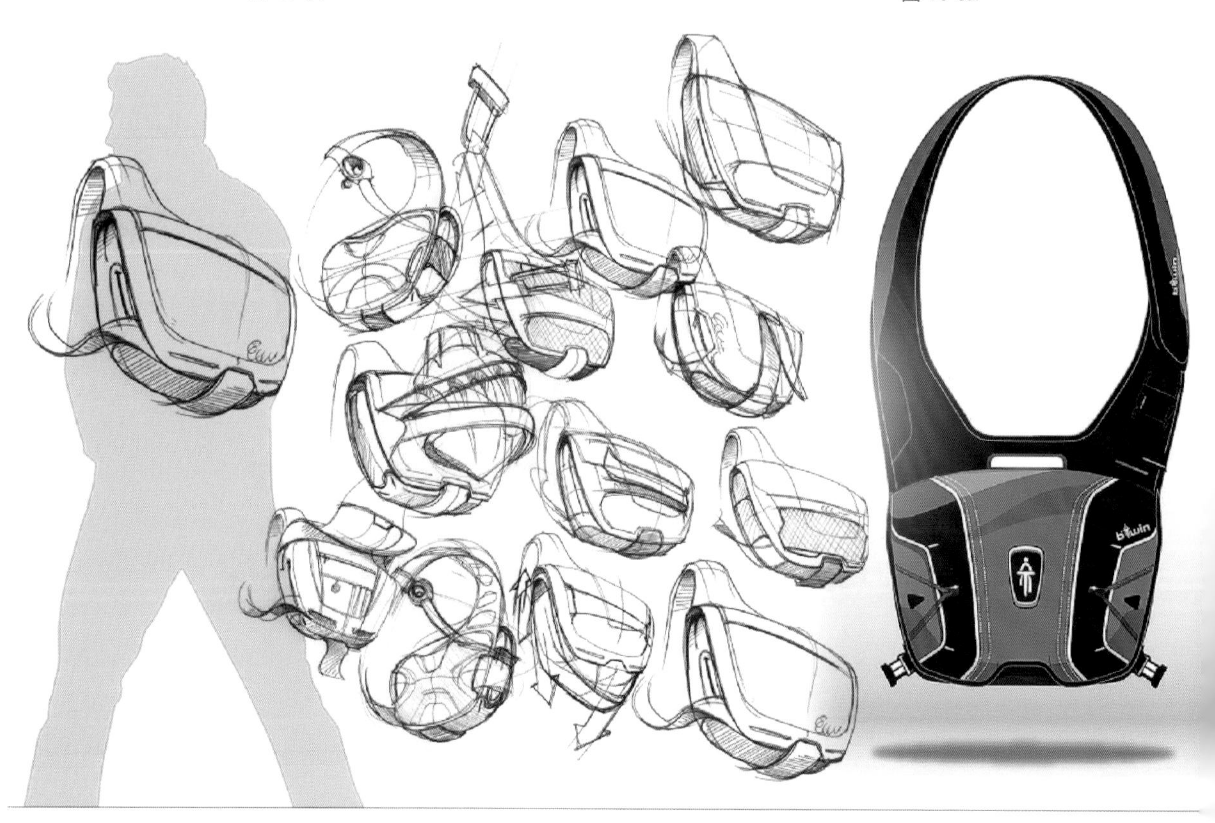

图 10-93

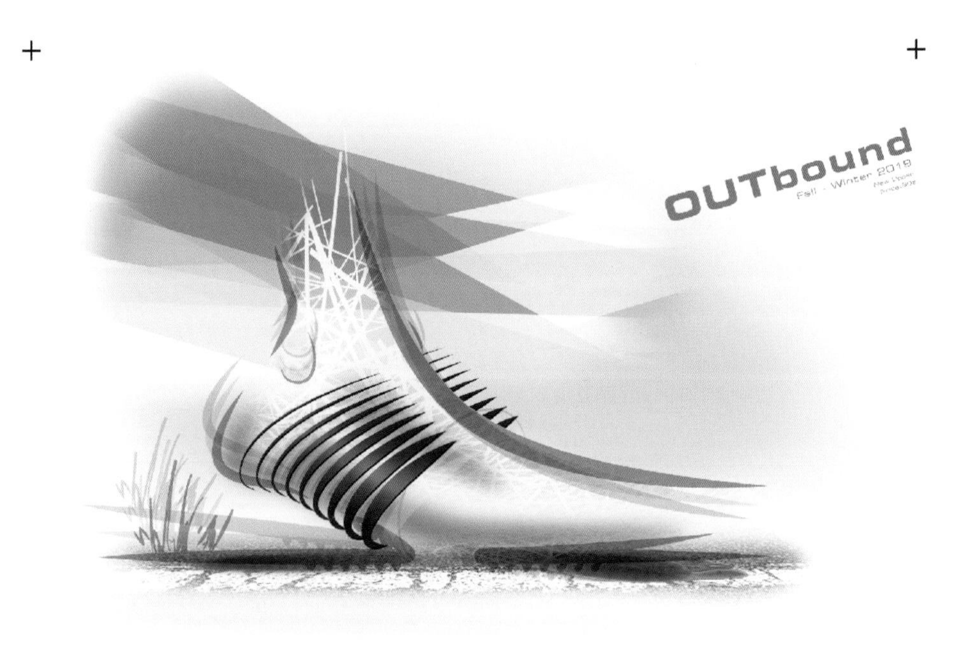
OUTbound
Fall · Winter 2019

图 10-94

EQT x PREDATOR IDEATIONS
SOCCER/ HYBRIDATION/ MODERNITY/ LIFESTYLE

图 10-95

图 10-96

课后作业

交通类产品中选取一张画稿分析并临摹。